彩图 1　放大矢量（右上左）、位图（右上右）文件对比

彩图 3　加色颜色模型

彩图 4　减色颜色模型

彩图 2　淡泊明志

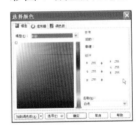

彩图 5　"模型"选项卡

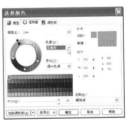

彩图 6　"混和器"选项卡

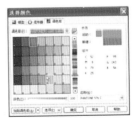

彩图 7　"混和器"选项卡

彩图 8 购物女孩

彩图 9 知心好友

彩图 10 亮度/对比度/强度调整

彩图 11 尘埃与刮痕效果

彩图 12 反显效果

彩图 13 极色化效果

彩图 14 透明效果

彩图 15 阴影效果

彩图 16 使明亮透镜

彩图 17 色彩限度透镜

彩图 18 热图透镜

彩图 19 放大透镜

彩图 20 剪贴画描摹

彩图 21 水族世界

彩图 22 异域风情

彩图 23 爱鸟邮票

彩图 24 新婚双喜

彩图 25 红梅一朵

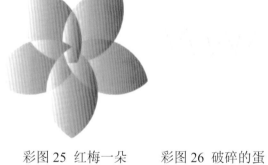

彩图 26 破碎的蛋

彩图 27 一"箭"钟情

彩图 28 单色蜡笔画

彩图 29 立体派

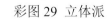

彩图 30 印象派

彩图 33 花语传情

彩图 31 葵花向阳

彩图 32 彩蝶闹春

彩图 34 山花浪漫

彩图 35 素描

彩图 36 水彩画

彩图 37 水印画

彩图 38 宝贝不哭

彩图 39 奥运福娃

彩图 40 圣诞快乐

彩图 41 浮雕三维效果

彩图 42 卷页三维效果

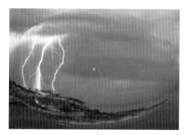

彩图 43 球面三维效果

彩图 44 放射状模糊效果

彩图 45 柔和式模糊效果

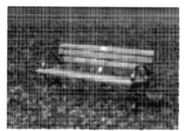

彩图 46 半色调颜色转换效果

彩图 47 梦幻色调颜色转换效果

彩图 48 描摹轮廓效果

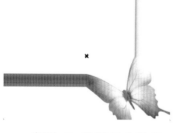

彩图 49 偏移扭曲效果

彩图 50 风吹扭曲效果

彩图 51 月光遐想

彩图 52 童年录影

彩图 53 心语心愿

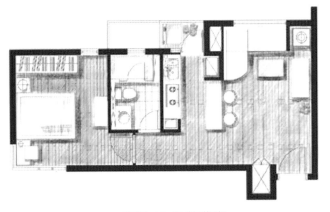

彩图 54 温馨港湾

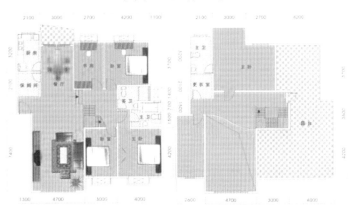

彩图 55 别墅生活

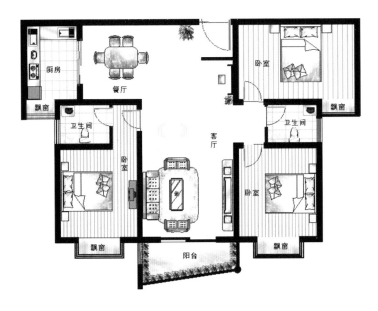

图 56 阳光家园

彩图 57 框架效果

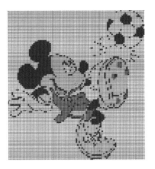

彩图 58 数字绘画效果

彩图 59 粒子工艺效果

彩图 60 旋涡工艺效果

CorelDRAW X8 中文版标准实例教程

三维书屋工作室
吴秋彦　胡仁喜　杨雪静　等编著

机械工业出版社

本书是一本基础入门教材。全书介绍了 CorelDRAW X8 基础，基本操作，对象编辑，对象组织，对象属性，图形绘制与编辑，文本应用，特效应用，打印输出、综合应用实例等内容，每章在讲述基础知识的同时都给出了丰富的实例，并安排了上机操作实例。

本书可以作为初学者的入门教材，也可作为设计人员的参考工具书。

图书在版编目（CIP）数据

CorelDRAW X8 中文版标准实例教程/吴秋彦等编著.—3 版.—北京：机械工业出版社，2018.1
ISBN 978-7-111-58533-6

Ⅰ. ①C⋯　Ⅱ. ①吴⋯　Ⅲ. ①图形软件—教材　Ⅳ. ①TP391.413

中国版本图书馆 CIP 数据核字(2017)第 285371 号

机械工业出版社（北京市百万庄大街 22 号　邮政编码 100037）
责任编辑：曲彩云　　责任印制：孙　炜
北京中兴印刷有限公司印刷
2018 年 1 月第 3 版第 1 次印刷
184mm×260mm · 21.25 印张 · 4 插页 · 510 千字
0001－3000 册
标准书号：ISBN 978-7-111-58533-6
定价：59.00 元

前　言

CorelDRAW 是加拿大 Corel 公司推出的著名的图形图像设计、制作及文字编排软件。CorelDRAW X8 是当前较新版本。

CorelDRAW X8 的功能非常强大，在图形设计、图像合成和排版印刷、网页制作等方面，都能达到理想的效果。撰写本书的目的在于引领读者从总体上对 CorelDRAW X8 软件有基本的了解和认识，最后达到熟练应用。CorelDRAW X8 集设计、绘图、制作、编辑、合成、高品质输出、网页制作和发布等功能于一体，能够帮助读者创作出具有专业水平的作品。

本书主要面对那些对于 CorelDRAW 的基本操作、命令和各种工具的使用已经有一定了解的读者。如果在阅读本书之前尚未使用过 CorelDRAW，也可以从这里开始成为 CorelDRAW 高手，书中给出了详细的辅助图片，这既有助于使用 CorelDRAW 的新手找到各种操作的位置，也方便读者在按照本书制作实例时进行对比参照。

本书共 10 章，逐步深入介绍 CorelDRAW X8 的使用方法，使读者最终能够在具备理论知识的同时，独立完成作品从设计、构图、草稿、绘制到渲染、输出的全过程。

本书"以激发创作灵感为第一目标"的理念贯穿始终；强调最大限度地保护读者的学习热情；倡导"寓学于练，寓教于行"，着力提高读者的上机实操能力。

使用本书学习 CorelDRAW X8 可大致分为 5 个环节。首先对 CorelDRAW X8 建立初步印象，在这一环节，各项操作的介绍都极为详尽，以帮助读者打消对 CorelDRAW X8 的陌生感；然后学习对象编辑、对象组织和对象属性处理的方法，让读者用最快的速度创作出自己的作品，感受到设计的快乐与神奇，这个环节加大了上机实验的训练量，以提高读者的熟练程度；继而接触图形绘制、文本处理的方法，使读者的创作能够独立化、自由化，这个环节在实例和实验部分加强了与前面章节的综合，更具开放性和自由性，让读者在复习前面学习内容的同时对创作作品的全过程有比较全面的感知；接下来了解使用特效能达到的处理效果，为作品增色，这个环节不再介绍每一项操作的详尽方法，代之以大量的实例，让对 CorelDRAW X8 已经有一定了解的读者不感觉乏味，能够专心体验艺术之美，激发读者的创作灵感；最后学习打印输出的方法，以便展示精心雕琢的佳作。在本书的末尾，还特别为读者准备了"实用知识"一章，通过对名词和快捷键的总结让本书从一本单纯的学习参考书变成可查阅的工具书；通过相关职业认证大纲及样卷的展示帮助读者检验学习效果，明确努力方向。

在体例编排上，本书亦有独到之处。针对每一项命令，本书将操作效果与方法分开介绍，使读者先对操作的效果、用途构建全面、整体的印象，再了解能够实现此效果的全部操作方法，便于上机练习。除此之外，文本中加入了"操作技巧"与"特别提示"栏，它们是设计人员宝贵实践经验的总结。前者侧重于方法技巧，有助于读者站在前人的肩膀上更加轻松有效地开展设计工作；后者侧重于操作及实例创作中需要注意的相关事项，让读者少走弯路并对经常使用 CorelDRAW 的行业有初步的了解，开阔眼界，拓展创作范围。

为了方便广大读者更加形象直观地学习本书，随书配赠电子资料包，分为创作素材、操作演示、作品集锦 3 个部分。其中，"创作素材"中包含书中涉及到的所有实例所用资料，以求给读者的练习提供最大便利；"操作演示"中包含各章实例以及基础章节中的操作演示动画，保证无论是设计零基础还是电脑操作零基础的读者都能开展学习；"作品集锦"中包含各章实例、实验、功能操作演示中的所有作品，回归"激发创作灵感"的目标。读者可以登录百度网盘（读者如果没有百度网盘，需要先注册一个才能下载），下载地址：http://pan.baidu.com/s/1mitB1e4，密码：q18k。

本书由三维书屋工作室策划，主要由吴秋彦、胡仁喜和杨雪静编写，王敏、康士廷、张俊生、王玮、孟培、王艳池、阳平华、袁涛、闫聪聪、王培合、王义发、王玉秋、刘昌丽、张日晶、卢园、李瑞、王兵学、董伟、万金环、李兵、徐声杰、李亚莉等参与部分章节编写。本书的执笔和参与作者都是各高校多年从事艺术设计或计算机图形学教学研究的一线人员，他们具有丰富的教学实践经验与教材编写经验，能够准确地把握学生的学习心理与实际需求。值此 CorelDRAW X8 版本面市之际，精心组织几所高校的教师根据学生工程应用学习需要编写了此书，书中处处凝结着设计者的艺术灵感和教育者的经验与体会，贯彻着他们的设计理念和教学思想，希望能够给广大读者的学习起到抛砖引玉的作用，为广大读者的学习提供一个简洁有效的捷径。

虽然作者几易其稿，但由于时间仓促，加之水平有限，书中纰漏与失误在所难免，恳请广大读者登录网站 www.sjzswsw.com 或联系 hurenxi2000@163.com 批评指正。也欢迎加入三维书屋图书学习交流群(QQ：512809405)交流探讨。

编　者

目　录

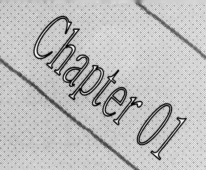

第1章 CorelDRAW X8 基础

本章导读

本章学习有关 CorelDRAW Graphics Suite X8 的基本知识。应掌握 CorelDRAW 的启动退出和界面的组成，了解其发展史及设计所需的色彩学基本概念，为后面进入系统学习做必要的准备。

- CorelDRAW X8 的启动与退出
- 熟悉 CorelDRAW X8 的界面组成
- 了解 CorelDRAW 的发展历史
- 了解图像类型、分辨率、色彩模式、
  图像格式等概念

1.1 Corel 与 CorelDRAW 简介

1.1.1 Corel 及其产品

1985年，Michael Cowpland博士在加拿大创立了Corel公司（Corel Corporation），其产品包括图形设计（CorelDRAW）、日常办公（WordPerfect）、图像处理（Paint Shop Pro）、自然绘图（Corel Painter）、桌面压缩（WinZip）等方面，主要有以下软件产品。

CorelCAD，Corel Visual CAD：专业设计和绘图软件，侧重于工程设计。

Corel Designer Technical Suite：专门为优化产品工艺制图和产品设计而开发的软件，用来创建、管理、绘制、共享和重复使用工程图、插图及原理图和图表，从而保证在工业绘图流程中的文件共享。

CorelDRAW：为专业图形设计师和桌面排版者设计的绘图工具软件。

Corel Paint Shop：高级绘图软件，用于加工处理照片、图片或数码艺术品。

Corel Painter：电脑美术绘画软件，以其特有的"Natural Media"仿天然绘画技术为代表，将传统的绘画方法和电脑设计结合。

Corel Painter Essentials：以Corel Painter IX为基础，为家庭用户设计的软件。通过易于掌握的界面，帮助刚开始接触数码图片以及从图片库中创造绘画的用户。

Corel Photo Album：面向初级用户的软件，体积小巧，用于保存、管理、处理数码照片。

Corel WordPerfect Suite：文字处理、电子表格和图形软件等。

Corel VNTURA：传统桌面排版与联机领域的集成软件。

Corel Office for JAVA：完全以Java 语言写成的办公室组合软件。

Corel WebMaster Suite：用于网页设计、动画制作、图形编辑，三维虚拟空间（VRML）领域制作及网址管理的软件。

2003年8月，Corel公司被美国的Vector Capital Group收购，其全线产品予以保留并继续更新。

1.1.2 CorelDRAW 发展历史及主要功能

CorelDRAW是Corel系列中的主打产品，在平面设计、印刷业中深受好评，在城市规划等行业中亦有所应用。其面世至今已经历过十余次版本演进，面向全球70多个国家和地区，以超过17种语言服务于500余万用户，为Corel赢得了200多项国际性大奖。

1989年第一个CorelDraw软件出世，它引入了全色矢量插图和版面设计程序，填补了该领域的空白，这是专门为Microsoft设计的。一年后，Corel公司推出了CorelDRAW 1.01版，它在功能方面增加了滤镜，并且可以兼容其他的绘图软件。

1991年秋Corel公司推出第一款一体化图形套件CorelDRAW 2，具备了当时其他绘图软件都不具备的功能，如封套、立体化和透视效果等，使计算机图形发生革命性剧变。尽管

第 1 章　CorelDRAW X8 基础

如此，CorelDRAW的第一个里程碑是CorelDRAW 3，它的绝妙之处在于它将矢量插图、版面设计、照片编辑等众多功能融于一个软件中，是第一套专为Microsoft Windows 3.1设计的绘图软件包，包括Corel PHOTO-PAINT、CorelCHART、CorelSHOW与CorelTRACE等应用程序。

1993年5月，CorelDRAW 4问世；1994年5月，推出CorelDRAW 5，此版本兼容了以前版本中所有的应用程序，被公认为是第一套功能齐全的绘图和排版软件包。

CorelDRAW 6充分利用了32位处理器的能力，提供了用于三维动画制作与描绘的新应用程序，是专为Microsoft Windows 95设计的绘图软件包。

1996年10月推出CorelDRAW 7，但2个月后就被CorelDRAW 8取代。CorelDRAW 8整个界面发生了很大的变化，且功能更加强大，具备出版、绘图、照片、企业标志、企业图片等图像创作功能。

1999年发布的CorelDRAW 9增加了许多点阵图处理功能，在颜色、灵活性和速度方面都有重大改进，并以此作为CorelDRAW的10周年献礼。随后发布的CorelDRAW 10网络处理功能得到了更大的增强，可方便地制作更丰富的图像及输出HTML代码，新增的图像优化器可以使图像更小，以便于在网络上传输。

2002年推出的CorelDRAW 11在工作界面上有了很大改变，同时增加了一些效果和工具。随后的CorelDRAW 12集设计、绘画、制作、编辑、合成、高品质输出、网页制作与发布等功能于一体，使创作的作品更具专业水准。CorelDRAW X3的窗口视图更加人性化，增加了智能绘图工具、捕捉对象功能及文本特征。

2008年发布的套件CorelDRAW X4增加了新实时文本格式、新交互式表格和独立页面图层，以及便于实时协作的联机服务集成。该版本针对Microsoft操作系统 Windows Vista进行了优化，延续了它作为PC专业图形套件的传统。

2010年CorelDRAW X5 发布，专业平面图形套装CorelDRAW Graphics Suite X5拥有五十多项全新及增强功能。

2012年CorelDRAW X6发布，CorelDRAW Graphics Suite X6 是一个专业图形设计软件，专用于矢量图形编辑与排版，借助其丰富的内容和专业图形设计、照片编辑和网站设计软件。

2014年CorelDRAW X8发布，CorelDRAW Graphics Suite X8（简称CorelDRAW X8）。CorelDRAWX8是一款通用而且强大的图形设计软件，其丰富的内容环境和专业的平面设计，照片编辑和网页设计功能可以表达你的设计风格和创意无限的可能性。全新的外观、新增的必备工具和增强的主要功能。

2016年3月15日，CorelDRAW Graphics Suite X8新版如期和大家见面了。CorelDRAW X8通过全新自定义、字体管理、编辑工具和良好的兼容性，丰富广大用户的创意旅程。凭借对 Windows 10 的高级支持、多监视器查看和 4K 显示屏，该套件可让初始用户、图形专家、小型企业主和设计爱好者自信快速地交付专业级作品。

作为一款通用而且强大的图形设计软件，无论是一个有抱负的艺术家还是一个有经验的设计师，CorelDRAW都是值得信赖的图形设计软件解决方案。使用CorelDRAW可以完成文件管理、绘图、文字处理、位图处理、特效添加等任务，设计平面广告、图书封面、贺卡、标识等作品。

1.2　CorelDRAW X8 简介

1.2.1 CorelDRAW X8 新增功能

CorelDRAW X8较以前的版本新增了以下几项功能：

1．易用

CorelDRAW X8对于初始用户或是经验丰富的设计师来说，都是比较容易操作的。了解此图形设计软件的基本信息或通过软件的启动概览了解新增功能，并通过匹配工作流需求的工作区立即提高效率。用户还可以从高质内容中获益，从多样化产品中学到有用资源，并丰富项目设计内容。利用 Windows 10 监视器查看新增功能和新增的 4K 显示屏支持功能。

2．工艺

通过 CorelDRAW X8 高水准的直观功能，充分展现用户的设计灵活性。通过增强的字体搜索和筛选功能，为任何项目快速查找字体。通过增强的"刻刀工具"，可帮助用户沿任何路径切割矢量对象、文本和位图，提高工作效率。使用 Corel PHOTO- PAINT X8 中的"修复复制"工具精修照片，并在增强的"矫正图像"对话框中修正透视失真。

3．个性化

用户可在主页了解所有收藏工具，界面更新后，可根据需求调整设计空间并自定义图标大小、桌面和窗口边框颜色。借助于全新Corel Font Manager X8，可以了解并为自己的项目管理字体；此外，用户还可以通过在应用程序内部购买应用程序、插件和宏，扩展创意工具集合。

从与众不同的徽标和标志到引人注目的营销材料、网页和社交媒体图形等，设计师交付专业质量输出，才会在任何介质上使人过目不忘。凭借行业领先的文件格式兼容性和高级颜色管理工具，CorelDRAW X8 可提供所有项目类型所需的灵活性和精确度。了解充满活力和灵感的 CorelDRAW 用户社区，以对用户的创意之旅提供协助。

1.2.2 CorelDRAW X8 系统要求

以下列出了最低系统要求。请注意，要获得最佳性能，您的 RAM 和硬盘空间要比指定的量多。

1．系统（OS）

Windows 10、Windows 8.1 或 Windows 7（32 位或 64 位版本），全部安装最新更新和 Service Pack。

2．硬件

▪ 中央处理器：Intel Core i3/5/7 或 AMD Athlon 64。

▪ 安装内存：2 GB RAM。

▪ 1 GB 硬盘空间。

电子软件下载需要更多的空间，以用于完成下载、存放未压缩的安装文件以及进行实

第 1 章 CorelDRAW X8 基础

际安装，其中也包括源文件的副本。

· 多点触控屏幕、鼠标或手写板。

· 1280×720 屏幕分辨率，100% 缩放（96 dpi）；1920×1080 屏幕分辨率，150% 缩放；以及 2560×1440 屏幕分辨率，200% 缩放。

· DVD 驱动器（安装软件的硬盒装版本时需要）。

· Microsoft Internet Explorer 11 或更高版本。

· Microsoft .NET Framework 4.6。

如果用户的计算机上未安装 Microsoft .NET Framework，则会在产品安装期间安装该软件。

CorelDRAW X8需要.NET Framework 4.6组件支持，如果用户的计算机没有.NET Framework 4.6组件，软件会提示用户安装.NET Framework 4.6。不过编者在测试过程中发现，如果让软件自行安装会比较慢。所以建议最好先自行下载.NET Framework 4.6安装好后，再来启动CorelDRAW X8安装程序，这样会快很多。

3．网络

· 需要连接 Internet 进行登录，以验证 CorelDRAW Graphics Suite身份、接收性能和稳定性更新、访问在线功能，并使用二维码、内容中心等功能。

只要用户至少每月连接一次因特网，以便我们验证软件许可证，用户就可以脱机使用CorelDRAW Graphics Suite。

1.3 启动和退出 CorelDRAW X8

单击"开始"→"所有程序"，在列表中找到CorelDRAW Graphics Suites X8，其中包括Corel CAPTURE X8、Corel CONNECT X8、Corel PHOTO-PAINT X8、CorelDRAW X8、Duplexing Wizard、Video Tutorials X8等几个程序组件，以及有关Corel PHOTO-PAINT X8 VBA对象模型、Corel PHOTO-PAINT教程、CorelDRAW Graphics Suite X8入门、CorelDRAW Graphics Suite X8 Readme、CorelDRAW X8 VBA编程指南、CorelDRAW X8 VBA对象模型、CorelDRAW X8教程的帮助文档，如图1-1所示。读者可以试用各组件的功能，阅读相关文档学习软件的使用方法。本书仅介绍程序组件CorelDRAW X8。

单击  ，出现启动屏幕，CorelDRAW X8的标志正居其上，同时显示程序启动的过程以及版权信息等内容，如图1-2所示。

如果使用的是正式版，将直接进入欢迎屏幕。如图1-3所示。

单击"立即开始"按钮，打开如图1-3所示的界面，在"最近用过的文档"选项中列出了最近使用过的设计文件，单击文件名，可从离开处继续工作；单击"从模板新建"按钮，打开如图1-4所示的对话框，单击左侧的选项选择模板种类，再具体确定应用的模板。模板可以编辑和自行设置。

单击"新增功能"按钮，打开如图1-5所示的界面，"新增功能"是帮助文档的一部分，主要为升级用户服务，可以突出显示自CorelDRAW10、CorelDRAW11、CorelDRAW12、CorelDRAW13、CorelDRAW14、CorelDRAW15等出现的新功能。

图 1-1 CorelDRAW Graphics Suite X8 启动菜单

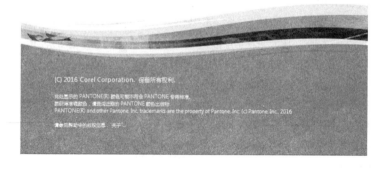

图 1-2 启动屏幕

退出CorelDRAW X8程序时，可单击"文件"→"退出"（指文件选项卡中的退出命令）；或单击标题栏上的×按钮，文档窗口中的×按钮用于关闭当前文件而与程序无关；也可使用快捷键"Alt+F4"。

第 1 章　CorelDRAW X8 基础

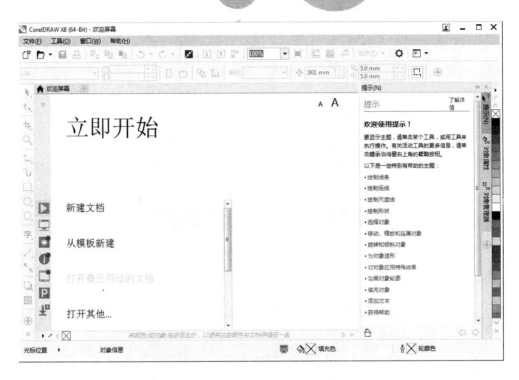

图 1-3　欢迎屏幕

图 1-4　"从模板新建"对话框

7

X8 新增功能

图 1-5 "新增功能"界面

1.4 CorelDRAW X8 工作界面

下面以经典界面进行介绍，进入CorelDRAW X8，可以看到如图1-6所示的工作界面，它由标题栏、菜单栏、工具栏、属性栏、工具箱、页面、页面控制栏、状态栏、调色板、泊坞窗等部分组成。

图 1-6 CorelDRAW X8 工作界面

第1章 CorelDRAW X8 基础

1.4.1 标题栏

标题栏位于页面的最顶端，与其他应用程序大致相同，显示了应用程序的名称、当前文件名。可控制程序窗口的大小，执行窗口最小化 ▬，窗口最大化 □/窗口还原 ⊡、关闭窗口 ✕ 操作。

1.4.2 菜单栏

菜单栏位于标题栏的下方，包括12个菜单，如图1-7所示。在菜单栏中，CorelDRAW X8几乎全部的命令和选项根据其功能和使用方法分类放置。

文件(F) 编辑(E) 视图(V) 布局(L) 对象(C) 效果(C) 位图(B) 文本(X) 表格(T) 工具(O) 窗口(W) 帮助(H)

图 1-7 菜单栏

"文件"菜单主要用于文件操作、打印输出、环境设置、文件夹管理等，如图1-8所示。

"编辑"菜单主要用于选定图像、选定区域进行各种编辑修改操作，如图1-9所示。

"视图"菜单主要用于显示绘图和图形编辑过程中界面的各种参数，包括图像显示方式、预览方式、显示辅助工具等，如图1-10所示。

"布局"菜单中包括插入页面、再制页面、页面设置以及页面背景等命令，如图1-11所示。

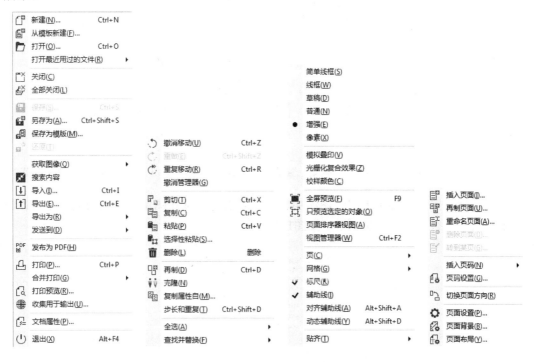

图 1-8 "文件"菜单　　　图 1-9 "编辑"菜单　　　图 1-10 "视图"菜单　　　图 1-11 "布局"菜单

"对象"菜单中提供了很多非常快捷好用的方法，关于对象的细节编辑和排列分布对象等，都是特别重要的。变换与造型是绘图过程中常用的选项，除了可以在菜单中选择外，也可以在"窗口>泊坞窗"中调用。如图1-12所示。

"效果"菜单为图形添加各种特殊效果的工具和裁剪、复制、克隆工具，如图1-13所示。

"位图"菜单的命令主要是用于编辑位图特殊效果以及位图转换，如图1-14所示。

"文本"菜单包含文本编辑功能、文本属性统计功能，如图1-15所示。

图 1-12 "对象"菜单　　图 1-13 "效果"菜单　　图 1-14 "位图"菜单　　　图 1-15 "文本"菜单

"表格"菜单主要用于向绘图添加表格，以创建文本和图像的结构布局。还可以绘制表格或从现有文本中创建表格，如图1-16所示。

图 1-16 "表格"菜单

第 1 章　CorelDRAW X8 基础

"工具"菜单主要是用来设置CorelDRAW X8的各个方面属性，还可用于进行二次开发，如图1-17所示。

"窗口"菜单命令可改变各个窗口的显示与排列方式，如图1-18所示。

"帮助"菜单显示帮助文档，如图1-19所示。

图 1-17　"工具"菜单　　　　图 1-18　"窗口"菜单　　　　图 1-19　"帮助"菜单

1.4.3　工具栏

工具栏位于菜单栏的下方，包括常用的工具按钮，可以进行基本的操作，图1-20为系统默认的标准工具栏，上面的命令可自定义。工具栏的按钮实际上是菜单栏上常用命令的集成，以提高工作效率。与工具箱、属性栏相同，工具栏是可以拖放的命令栏。在可拖放的命令栏上有部分区域为抓取区，拖动抓取区可改变其在页面上的位置。对于停放的工具栏（初次启动时的位置），工具栏顶部或左边缘处的双线标识即为抓取区，如图1-21所示；对于浮动的工具栏（相对于停放状态，见图1-20），其标题栏为抓取区，如果没有显示标题，则抓取区仍由工具栏的顶部或左边缘处的双线标识。

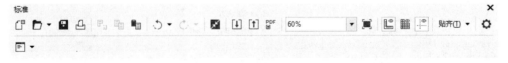

图 1-20　标准工具栏（浮动）

图 1-21　停放的工具栏标识

1.4.4　属性栏

属性栏位于工具栏的下方，显示当前指定对象的属性，当选择不同的对象或工具时，属性栏中的内容将会发生变化，如图1-22所示。通过属性栏，可对指定对象的属性进行精确的调节。

图 1-22　属性栏

1.4.5　工具箱

工具箱位于页面的左侧，可执行常用的图形绘制、文本创建、颜色选取填充等任务，如图1-23所示。除文本工具和表格工具外，各种工具按钮的右下角都有一个小三角形◢，单击小三角形◢，会出现弹出式工具栏，每个弹出式工具栏中包含一系列作用相似的工具：它们是选择工具（见图1-23）、形状工具（见图1-24）、裁剪工具（见图1-25）、缩放工具（见图1-26）、手绘工具（见图1-27）、矩形工具（见图1-28）、椭圆形工具（见图1-29）、多边形工具（见图1-30）、文本工具（见图1-31）、平行度量工具（见图1-32）、连接工具（见图1-33）、阴影工具（见图1-34）、滴管工具（见图1-35）、交互式填充工具（见图1-36）、轮廓笔（见图1-37）、快速自定义（见图1-38）。

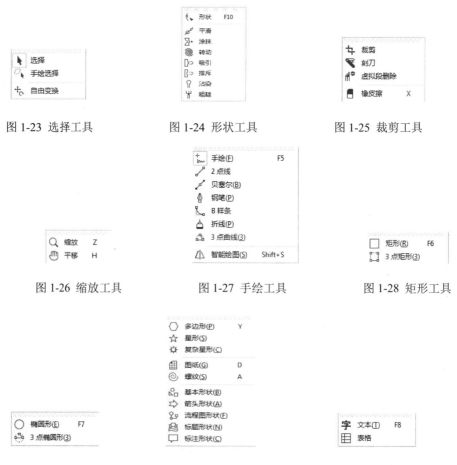

图 1-23　选择工具　　　　图 1-24　形状工具　　　　图 1-25　裁剪工具

图 1-26　缩放工具　　　　图 1-27　手绘工具　　　　图 1-28　矩形工具

图 1-29　椭圆形工具　　　　图 1-30　多边形工具　　　　图 1-31　文本工具

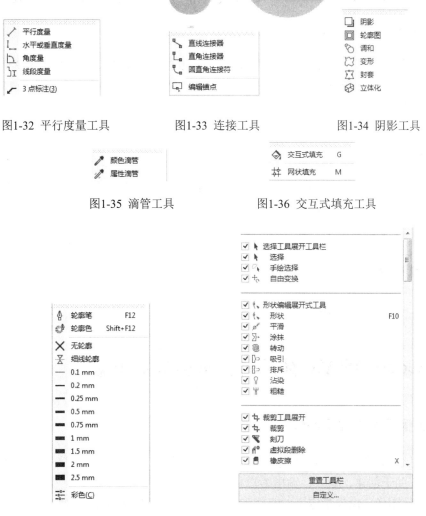

图1-32 平行度量工具　　　　图1-33 连接工具　　　　图1-34 阴影工具

图1-35 滴管工具　　　　图1-36 交互式填充工具

图1-37 轮廓笔　　　　图1-38 快速自定义

1.4.6 页面

页面是绘图、编辑操作的矩形区域，仅此区域内的对象会被保存为文件或者打印。页面的属性可由属性栏中的下拉列表设置。

1.4.7 页面控制栏

页面控制栏位于窗口的左下角，如图1-39所示，其中显示了当前打开的面页及页面状态、当前页面页码与总页数等信息。可以执行更改活动页面、跳转到首末页、添加新页面等操作。

图1-39 页面控制栏

1.4.8 泊坞窗

泊坞窗默认状态下显示在页面的右侧，可以根据用户要求打开、关闭或调整位置。泊坞窗可以同时展开一个或多个，单击其右上角的 ➤ 可最小化，变成只显示内容名的垂直条，再次单击对应的泊坞窗口可还原。

1.4.9 调色板

调色板位于窗口的右侧，显示各种常用色彩，用户可自定义显示的色彩，默认情况下按CMYK模式的色彩比例设定。使用调色板可为当前执行操作选定颜色，完成线条绘制、色块填充等任务。

1.4.10 状态栏

状态栏显示鼠标的当前位置，允许继续的操作以及有关选定对象（如颜色、填充类型和轮廓）的信息。

1.5 CorelDRAW 涉及的色彩学基本概念

1.5.1 矢量图像与位图图像

计算机绘图时使用的静态数字图像分为位图图像和矢量图形两大类，认识他们的特色和差异，有助于创建、输入、输出编辑和应用图像。

1）矢量图像：由矢量定义的直线和曲线组成，CorelDRAW、Adobe Illustrator、CAD等软件主要以矢量图像为基础进行创作。矢量图像根据轮廓的几何特性进行描述。图形的轮廓画出后，被放在特定位置并填充颜色。移动、缩放或更改颜色不会降低图像的品质。矢量图像缩放到任意大小，以任意分辨率在输出设备上打印，都不会影响清晰度。

2）位图图像：也叫作栅格图像，Photoshop一般多使用位图图像作为创作基础。位图图像由像素组成，每个像素都被分配一个特定位置和颜色值。在处理位图图像时，编辑的是像素而不是对象或形状，也就是说，编辑的是每一个点。位图图像与分辨率有关，即在一定面积的图像上包含有固定数量的像素。因此，如果在屏幕上以较大的倍数放大显示图像，或以过低的分辨率打印，位图图像会出现锯齿边缘。

3）矢量图像与位图图像比较：矢量图像和位图图像没有好坏之分，只是用途不同而已。矢量图像可以更好地保证作品的真实性，适用于创作文字（尤其是小字）和线条图形（如徽标）；位图文字对图像颜色过度的表现较为理想，适用于表现自然界物体（尤其是光线作用下的物体）。

通过图例来感受一下矢量图像与位图图像放大后的差别。图1-40为原始位图，在图像为矢量格式情况下，将车牌局部放大，得到如图1-41的效果；而在图像为位图格式下，同比例放大，相同的位置效果如图1-42所示。

图 1-40　原始图像

图 1-41　放大的矢量图像

图 1-42　放大的位图图像

1.5.2　分辨率

　　分辨率包含图像分辨率、屏幕分辨率、打印机分辨率、扫描仪分辨率4种，熟悉分辨率的概念，正确地选择分辨率，可以有效地保证设计作品的输出效果，并在设计效果与系统空间占用上达到平衡。

　　1）图像分辨率：以每英寸的像素数目度量，单位为ppi（pixels per inch）。像素是可在屏幕显示的最小元素，像素与屏幕无关。在同样的显示尺寸的前提下，高分辨率的图像包含的像素比低分辨率的图像要多。例如：$1in^2$的图像，在150ppi的分辨率下包含了22500个像素（150×150），而同样大的图像，在300ppi的分辨率下包含了90000个像素（300×300）。高分辨率的图像通常比低分辨率图像包含更多的细节和敏感的颜色转变，但会占用更多的磁盘空间，图像处理与输出也需花费更多的时间。

　　2）显示器分辨率：通常由每英寸像素或点阵数目来度量，以dpi为单位（dots per inch）。显示器分辨率依赖于显示器的尺寸以及显示器的像素设置，一般为72 dpi。在一些图像处理软件中，图像的像素被直接转化成显示器的像素（或点阵）。因此当图像分辨率高于显示器分辨率时，屏幕显示图像大于它指定的输出尺寸。例如，在72dpi的显示器上，实际大小为$1 in^2$的144 ppi的图像，显示大小为$2in^2$。

3）打印机分辨率：以每英寸墨点的数目来度量，单位为dpi（dots per inch）。高分辨率照排机等输出设备的分辨率也常以每英寸线数来度量，单位为lpi（lines per inch）。打印机分辨率影响到打印时色调和颜色的精细程度，较高dpi 的打印机能产生较平滑和较清晰的输出。大多数激光打印机有300～600dpi的输出分辨率，高档次的在1200dpi左右。喷墨打印机的分辨率一般最高可达1440dpi，照排机的打印分辨率通常为1270 dpi 或2540 dpi。打印机的dpi和lpi难以准确换算，如300dpi激光打印机的线频率通常是45~60lpi。

在实际工作中，打印文件的效果受图像分辨率和打印机分辨率中的低值影响的同时也与二者的匹配性有关。这就需要在打印时使用合适分辨率的图像。一般情况下，可先了解使用打印机线频率（lpi），用它的2倍作为当前打印用图像分辨率（ppi），将高分辨率的设计文件保存，再保存当前打印用分辨率的副本，执行打印操作。这里，保存高分辨率的设计文件是为了以后用于其他方式输出或用其他打印机输出。而用合适分辨率的副本打印既可保证打印效果，又能最大限度地节约打印处理时间，并可防止过多占用系统资源导致的死机等问题。

4）扫描分辨率：通常以每英寸点阵的数目（dpi）来度量，它决定扫描记录的图像的细致程度。通过扫描软件，扫描的点阵直接转化成图像的像素。因此扫描分辨率越大，获得的图像文件尺寸也越大，需要更长的时间、更多的内存。扫描仪的分辨率指标通常有两个：光学分辨率与插值分辨率。光学分辨率是扫描仪的实际分辨率，它是决定图像清晰和锐利度的关键因素；而插值分辨率则是通过软件运算的方式来提高分辨率的数值，对扫描黑白图像或放大较小的原稿等工作具有一定的应用价值，但是想通过插值大幅度提高图像质量或弥补扫描仪光学分辨率低对图像质量的损失是不现实的。

1.5.3 色彩模式

在进行图形图像处理时，色彩模式以建立好的描述和重现色彩的模型为基础，每种模式都有它自己的特点和适用范围，用户可以按照制作要求来确定色彩模式，并且可以根据需要在不同的色彩模式之间转换。下面介绍一些常用的色彩模式的概念。

1）RGB色彩模式：自然界中绝大部分的可见光谱可以用红、绿和蓝三色光按不同比例和强度的混合来表示。RGB分别代表着3种颜色：R代表红色、G代表绿色、B代表蓝色。RGB模型也称为加色模型，如图1-43所示。RGB模型通常用于光照、视频和屏幕图像编辑。RGB色彩模式使用RGB模型为图像中每一个像素的RGB分量分配一个0~255范围内的强度值，如图1-44所示。例如：纯红色R值为255，G值为0，B值为0；灰色的R、G、B三个值相等（除了0和255）；白色的R、G、B值都为255；黑色的R、G、B值都为0。RGB图像只使用三种颜色，就可以使它们按照不同的比例混合，在屏幕上呈现16581375种颜色。

2）CMYK色彩模式：CMYK颜色模式是针对印刷而设计的模式，使用的是青色（cyan）、洋红（magenta）、黄色（yellow）和黑色（black）4种油墨。由于颜色不是直接来源于光线颜色，而是由照射在对象上反射回来的光线所产生的，因此当所有颜色被物体吸收或者没有任何光线照射时，该物体的颜色显示为黑色。这种颜色重叠的方式称为减色法。所以CMYK颜色就是一种减色法的颜色模式，如图1-45所示。

CMYK色彩模式以打印油墨在纸张上的光线吸收特性为基础，图像中每个像素都是由靛青（C）、品红（M）、黄（Y）和黑（K）色按照不同的比例合成，如图1-46所示。每个像素的每种印刷油墨会被分配一个百分比值，最亮（高光）的颜色分配较低的印刷油墨颜色百分比值，较暗（暗调）的颜色分配较高的百分比值。例如，明亮的红色可能会包含2%青色、93%洋红、90%黄色和0%黑色。在 CMYK 图像中，当所有4种分量的值都是0%时，就会产生纯白色。

图 1-43 加色模型

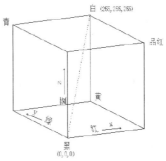

图 1-44 RGB 颜色模型

图 1-45 减色模型

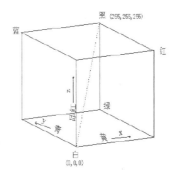

图 1-46 CMYK 颜色模型

　　在制作用于印刷色打印的图像时，要使用CMYK色彩模式。RGB色彩模式的图像转换成CMYK色彩模式的图像会产生分色。如果所用的图像素材为RGB色彩模式，最好在编辑完成后再转换为CMYK色彩模式。

　　3）HSB色彩模式：HSB色彩模式是根据日常生活中人眼的视觉特征而制定的一套色彩模式，最接近于人类对色彩辨认的思考方式。HSB色彩模式以色相（H）、饱和度（S）和亮度（B）描述颜色的基本特征。

　　色相指从物体反射或透过物体传播的颜色。在0～360°的标准色轮上，色相是按位置计量的。在通常的使用中，色相由颜色名称标识，比如红、橙或绿色。饱和度是指颜色的强度或纯度，用色相中灰色成分所占的比例来表示，0%为纯灰色，100%为完全饱和。在标准色轮上，从中心位置到边缘位置的饱和度是递增的。 亮度是指颜色的相对明暗程度，通常将0%定义为黑色，100%定义为白色。

　　HSB色彩模式比前面介绍的两种色彩模式更容易理解。但由于设备的限制，在计算机屏幕上显示时，要转换为RGB模式，作为打印输出时，要转换为CMYK模式。这在一定程度上限制了HSB模式的使用。

4）Lab色彩模式：由光度分量（L）和两个色度分量组成，这两个分量即a分量（从绿到红）和b分量（从蓝到黄）。Lab色彩模式与设备无关，不管使用什么设备（如显示器、打印机或扫描仪）创建或输出图像，这种色彩模式产生的颜色都保持一致。Lab色彩模式通常用于处理Photo CD（照片光盘）图像、单独编辑图像中的亮度和颜色值、在不同系统间转移图像。

5）Indexed Color（索引）色彩模式：索引色彩模式最多使用256种颜色，当图像转换为索引色彩模式时，通常会构建一个调色板存放并索引图像中的颜色。如果原图像中的一种颜色没有出现在调色板中，程序会选取已有颜色中最相近的颜色或使用已有颜色模拟该种颜色。

在索引色彩模式下，通过限制调色板中颜色的数目可以减小文件大小，同时保持视觉上的品质不变。在网页中常常需要使用索引模式的图像。

6）Bitmap（位图）色彩模式：位图模式的图像由黑色与白色两种像素组成，每一个像素用"位"来表示。"位"只有两种状态：0表示有点，1表示无点。位图模式主要用于早期不能识别颜色和灰度的设备。如果需要表示灰度，则需要通过点的抖动来模拟。

位图模式通常用于文字识别，如果扫描需要使用OCR（光学文字识别）技术识别的图像文件，须将图像转化为位图模式。

7）Grayscale（灰度）色彩模式：灰度模式最多使用256级灰度来表现图像，图像中的每个像素有一个0（黑色）～255（白色）之间的亮度值。灰度值也可以用黑色油墨覆盖的百分比来表示（0%表示白色，100%表示黑色）。 在将彩色图像转换灰度模式的图像时，会扔掉原图像中所有的色彩信息。与位图模式相比，灰度模式能够更好地表现高品质的图像效果。

需要注意的是，尽管一些图像处理软件允许将灰度模式的图像重新转换为彩色模式的图像，但转换后不可能将原先丢失的颜色恢复，只能为图像重新上色。所以，在将彩色模式的图像转换为灰度模式的图像时，应尽量保留备份文件。

1.5.4 图像格式

图像格式指计算机中存储图像文件的方法，它们代表不同的图像信息——矢量图像或位图图像、色彩数、压缩方法。图形图像处理软件通常会支持多种图像文件格式。在选择输出的图像文件格式时，应考虑图像的应用目的以及图像文件格式对图像数据类型的要求。下面介绍几种常用的图像文件格式及其特点。

1）BMP格式：BMP是DOS和Windows兼容计算机系统的标准Windows图像格式。BMP格式支持RGB、索引色、灰度和位图色彩模式，但不支持Alpha通道。彩色图像存储为BMP格式时，每一个像素所占的位数可以是1位、4位、8位或32位，相对应的颜色数也从黑白一直到真彩色。

2）JPEG格式：JPEG是一种有损压缩格式，当图像保存为此格式时，可以指定图像的品质和压缩级别。当压缩量最小时，图像的品质最佳，图像文件也最大。JPEG文件的通用性很好，市面上常见的各种绘图软件基本都支持此格式。

3）TIFF格式：TIFF是一种应用非常广泛的位图图像格式，几乎被所有绘画、图像编辑和页面排版应用程序所支持。此格式常常用于在应用程序之间和计算机平台之间交换文件，它支持带Alpha通道的CMYK、RGB和灰度文件，不带Alpha通道的Lab、索引色和位图文件也支持LZW压缩。在将图像保存为TIFF格式时，通常可以选择保存为IBM PC兼容计算机可读的格式或者Macintosh计算机可读的格式，并且可以指定压缩算法。

4）GIF格式：GIF格式的文件体积小巧，可以极大地节省存储空间，常常用于保存作为网页数据传输的图像文件。该格式不支持Alpha通道，最多只能处理256种色彩，不能用于存储真彩色的图像文件。但GIF格式支持透明背景，可以较好地与网页背景融合在一起，为诸多绘图软件所支持。

5）EPS格式：EPS格式可以用于存储矢量图形，几乎所有的矢量绘制和页面排版软件都支持该格式。此格式在色彩上支持Lab、CMYK、RGB、索引颜色、灰度和位图色彩模式，不支持Alpha 通道。但该格式支持剪贴路径。

6）PSD格式：PSD是Photoshop特有的图像文件格式，可以记录图像文件中的所有有关图层和通道的信息下来。用此格式保存图像时，图像没有经过压缩，当图层较多时，会占很大的硬盘空间。

7）CorelDRAW X8 支持的图像格式：CorelDRAW X8基本上支持所有流行图像软件使用的图像格式。但是对于某些图像格式仅可读取其图形、颜色等属性，而不能保存其图形通道信息。为了防止CorelDRAW X8在解译其他软件专有格式图像时出现失真的情况，在引用图像时，可考虑用特有的支持软件打开专有格式图像，存储为通用格式，再引入CorelDRAW X8进行处理。而使用CorelDRAW X8进行设计时，除保存CorelDRAW X8特有的CDR格式文件外，如立即使用其他软件进行下一步处理，还应保存为后续软件可读格式副本；如不立即执行其他处理，也应保存最终稿的通用格式副本，以便于使用其他软件读取。表1-1列出了CorelDRAW X8可读取或生成的所有文件格式，以及其格式的主要支持软件。

表1-1 CorelDRAW X8可读取或生成的文件格式及其格式的主要支持软件

文 件 格 式	主 要 支 持 软 件	读 取	生 成
CDR	CorelDRAW	√	
CLK	Corel R.A.V.E.	√	
DES	Corel DESIGNER	√	
CSL	Corel Symbol Library	√	
CMX	Corel Presentation Exchange	√	√
AI	Adobe Illustrator	√	√
EPS，PS，PRN	PostScript	√	仅EPS
WPG	Corel WordPerfect Graphic	√	√
WMF	Windows Metafile	√	√
EMF	Enhanced Windows Metafile	√	√
SVG	Scalable Vector Graphics	√	√
CGM	Computer Graphics Metafile	√	√
PDF	Adobe Portable Document Format	√	

（续）

文 件 格 式	主 要 支 持 软 件	读 取	生 成
SVGZ	Compressed SVG	√	√
PCT	Macintosh PICT	√	√
DSF，DRW，DST，MGX	Corel/Micrografx Design	√	
DXF	AutoCAD	√	√
DWG	AutoCAD	√	√
PLT	HPGL Plotter File	√	√
FMV	Frame Vector Metafile	√	√
PIC	Lotus Pic	√	
FH	Macromedia Freehand	√	
CMX	Corel Presentation Exchange 5.0	√	√
CPX	Corel CMX Compressed	√	
CDX	CorelDRAW Compressed	√	
PPF	Picture Publisher	√	√
CPT	Corel PHOTO-PAINT Image	√	√
PSP	Corel Paint Shop Pro	√	
JPG	JPEG Bitmaps	√	√
JP2	JPEG 2000 Bitmaps	√	√
BMP	Windows Bitmap	√	√
GIF	CompuServe Bitmap	√	√
GIF	GIF Animation	√	
TIF	TIFF Bitmap	√	√
FPX	Kodak FlashPix Image	√	√
PSD	Adobe Photoshop	√	√
PCX	PaintBrush	√	√
TGA	Targa Bitmap	√	√
BMP	OS/2 Bitmap	√	√
PP4	Picture Publisher 4	√	
MAC	MACPaint Bitmap	√	√
CAL	CALS Compressed Bitmap	√	√
PNG	Portable Network Graphics	√	√
PP5	Picture Publisher 5.0	√	√
RIFF	Painter	√	
DOC	MS Word for Windows 6/7	√	√
DOC	MS Word for Windows 2.x	√	√
TXT	ANSI Text	√	√

（续）

文 件 格 式	主 要 支 持 软 件	读 取	生 成
DOC	MS Word 97/2000/2002	√	√
RTF	Rich Text Format	√	√
WPD	Corel WordPerfect 6/7/8/9/10/11	√	√
WP5	Corel WordPerdect 5.1/5.0	√	√
WP4	Corel WordPerfect 4.2	√	√
WSD	WordStar 7.0/2000	√	√
WQ,WB	Corel Quattro Pro	√	
XLS	Microsoft Excel	√	
WK	LOTUS1-2-3	√	
SWF	Macromedia Flash		√
PFB	Adobe Type 1 Font		√

1.6　实验

1.6.1 实验——新增功能

启动CorelDRAW X8，阅读关于其新增功能的介绍。

> ➤ **特别提示**
>
> 从"开始"→"所有程序"→"CorelDRAW Graphics Suite X8"→"文档"进入；
> 或启动CorelDRAW X8后在菜单栏的"帮助"中进入。

1.6.2 实验——工具试用

拖动可抓取的命令栏，移动并还原其位置；查看工具箱里各项工具的作用。

> ➤ **特别提示**
>
> 参考1.4节。

1.7　思考与练习

1．CorelDRAW是（　　）的产品。

　　A．美国　　B．芬兰　　C．加拿大　　D．印度

3．在CorelDRAW X8 中，使用（　　）效果可将三维深度添加到图形和文本对象。

　　A．斜角　　B．拉伸　　C．三维　　D．自由变换

4．在CorelDRAW X8 中总共有（　　）个菜单栏。

A．9　　B．10　　C．11　　D．13

5．（　　）不是可以拖放的命令栏。

A．工具箱　B．控制栏　C．属性栏　D．工具栏

6．停放的工具栏抓取区的标识是（　　）。

A．标题　　B．"抓取区"字样　　C．周围的边框　　D．左侧或上方的双线

7．应用加色模型的色彩模式是（　　）。

A．RGB　　B．CMYK　　C．HSB　　D．Lab

8．支持透明背景的图像格式为（　　）。

A．BMP　　B．JPEG　　C．TIFF　　D．GIF

B．网格　　C．辅助线　　D．动态导线

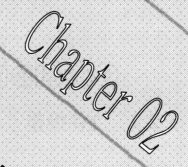

第 2 章　基本操作

本章学习 CorelDRAW X8 的基本操作方法。应掌握有关文件、页面的
简单操作；能够熟练地设置页面，调整显示状态以满足设计作品需要；了
解各种辅助工具的作用、设置方法以及适用环境，为今后的设计工作打下
良好基础。

　　📖 掌握文件操作、页面操作的方法

　　📖 了解页面设置的方法及效果

　　📖 了解各种显示模式的区别及适用情况

　　📖 掌握各种辅助工具的设置方法及作用

2.1 文件操作

2.1.1 新建文件

用CorelDRAW X8开始设计工作，需要先新建文件或打开文件。新建文件通常有以下4种方法。

欢迎屏幕：单击欢迎屏幕上的"立即开始"→"新建文档"或"从模板新建"。

菜单命令：执行"文件"→"新建"或"文件"→"从模板新建"菜单命令。

快捷键：{Ctrl+N}（大括号中的内容为快捷键组合，用"+"连接不同的按键，使用时应同时按下各键，下同）新建文件。

工具栏按钮：⌐。

2.1.2 打开文件

欢迎屏幕：单击欢迎屏幕上的"打开其他"。

菜单命令：执行"文件"→"打开"菜单命令。

快捷键：{Ctrl+O}。

工具栏按钮：▭。

2.1.3 导入文件

导入文件是指将在其他应用程序中创建的非CorelDRAW格式文件或CorelDRAW 早期版本中与操作系统所用语言文字不同的文件加入到CorelDRAW，可通过以下几种方式完成。

菜单命令：执行"文件"→"导入"菜单命令，弹出"导入"对话框，如图2-1所示。

图 2-1 "导入"对话框

第2章 基本操作

在"导入"对话框中单击需要的文件，然后单击"导入"命令，页面上没有直接显示文件，而是出现如图2-2所示的介绍文件信息的光标提示。单击页面的任意位置，显示导入文件定位提示，如图2-3所示。此时可按住鼠标左键拖放移动光标至适当放置，文件的左上角即定位于此。

全屏预览(F)		F9
视图(V)		▶
创建对象(B)		▶
导入(I)...		Ctrl+I
插入新对象(W)...		
粘贴(P)		Ctrl+V
撤消删除(U)		Ctrl+Z
文档属性(P)...		
对象属性(I)		Alt+Enter

　　　　图 2-2 导入文件提示 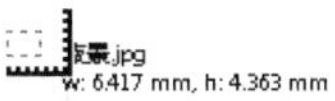　　　　　　　图 2-3 导入文件定位 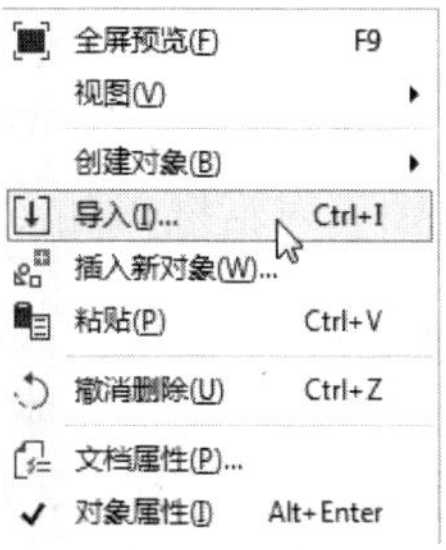　　　　　　　图 2-4 快捷菜单

快捷菜单：单击鼠标右键，弹出如图2-4所示的快捷菜单，单击"导入"。

快捷键：{Ctrl+I}。

工具栏按钮：。

2.1.4 查看文档信息

菜单命令：执行"文件"→"文档属性"菜单命令，弹出"文档信息"对话框，如图2-5所示。对话框中列出了文档属性中显示的内容，包括当前打开的文件、文档、颜色、图形对象、文本统计、位图对象、样式、效果、填充、轮廓等内容。

图 2-5 "文档信息"对话框

快捷菜单：单击鼠标右键，在如图2-4所示的快捷菜单中单击"文档属性"。

2.1.5 保存文件

保存是将设计作品以文件的形式存储在计算机硬盘里的操作。

菜单命令：对于尚未保存的文件，执行"文件"→"保存"菜单命令，会弹出"保存绘图"对话框，如图2-6所示。

> ▶ **操作技巧**
>
> 保存文件正本时应保持较高的品质，在执行打印、Web输出等受文件体积影响较大的工作前再另存为品质较低的适合副本。

> ▶ **特别提示**
>
> 为了避免由于系统资源不足等问题引起的计算机运行故障导致文件丢失，在设计工作中，应养成及时保存的习惯，而不是等作品全部完成后再执行保存操作。

图2-6 "保存绘图"对话框

在"保存在"下拉菜单中选择存储位置。在"文件名"编辑框中填入文件名，单击后面的下拉提示符会出现最近保存的文件名。在"保存类型"下拉框中选择要保存的文件类型，系统默认保存为CDR格式文件。单击"保存"按钮即可保存。如果想近一步对文件加以设置，在"保存"前还可执行如下操作。

在"版本"下拉菜单中选择保存的版本，CorelDRAW X8允许将文件保存为11.0~18.0的版本（17.0即X8）。

第2章 基本操作

保存文件时，还可以做一些特殊的选择，如压缩文件、打印输出或用Web发布文件等，在单击"高级"按钮出现的"选项"对话框中可完成这些操作，如图2-7所示。

对已经保存过的文件，再次保存时，不会再出现上述对话框，系统只保存操作中的更改信息。对于已经执行过"保存"操作且未做任何改动的文件，CorelDRAW X8中的"保存"命令以暗色显示，无法使用。

如果想重新对文件的信息进行设置，可执行"文件"→"另存为"菜单命令，保存文件的副本，操作方法同上。如果对保存过副本的文件再做修改，并执行保存任务时，改动只会保存在当前使用的副本上，不会对正本有所影响。

关闭程序时，如果有文件尚未保存，或者有文件的修改操作未做保存，会弹出如图2-8所示的提示对话框，若想保存修改，单击"是（Y）"按钮，按系统提示操作即可。

图 2-7 "选项"对话框　　　　　　　　图 2-8 保存文件提示对话框

快捷键：保存{Ctrl+S}；另存为{Ctrl+Shift+S}。
工具栏按钮：🖫。

2.1.6 导出文件

导出文件与导入文件的作用相反，是将CorelDRAW创建的文件保存为其他应用程序可读的文件格式。

菜单命令：执行"文件"→"导出"菜单命令，弹出如图2-9所示的对话框。与保存的操作方法基本相同。填入相关信息后，单击"导出"按钮，如选择的是位图，会出现如图2-10所示的对话框，可在其中进一步选择导出文件的大小、分辨率、颜色模式等参数。

也可执行"文件"→"导出为"→"Office"菜单命令，则弹出如图2-11所示的对话框。在"导出到"下拉菜单中选择WordPerfect Office或Microsoft Office，如选择后者，还需进一步在"图形最佳适合"下拉菜单中选择"兼容性"或"编辑"。如选择"兼容性"，在"优化"下拉菜单中将出现"演示文稿""桌面打印"和"商业印刷"3个选项。不同的选项导致文件的体积和质量有很大的区别。对于同一文件，输出体积最小的是"导出到

WordPerfect Office",最大的是"导出到Microsoft Office—图形最佳适合兼容性—优化商业印刷",如图2-11与图2-12所示的对比。

图 2-9 "导出"对话框

图 2-10 "转换为位图"对话框

图 2-11 "导出到 Office"对话框（1）

图 2-12 "导出到 Office"对话框（2）

快捷键：导出{Ctrl+E}。

工具栏按钮：导出：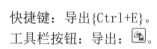。

2.2 页面操作

2.2.1 页面插入

菜单命令：执行"布局"→"插入页面"菜单命令，弹出如图2-13所示的对话框。在"页数"编辑框中填入想插入的页数。使用"现存页面"编辑框及"之前""之后"复选

第 2 章　基本操作

框确定新插入页的位置，即新插入页位于原有某页（填写在"现存页面"编辑框）的前面或后面。自定义页面大小及放置方向。

　　页面控制栏：用鼠标右键单击页面控制栏上的页面标签，如图2-14所示，出现如图2-15所示的菜单，可以执行页面插入、删除、重命名等各项操作。

图 2-13　"插入页面"对话框　　　　　图 2-14　光标指向页面控制栏的页面标签

图 2-15　"页面操作"菜单

2.2.2　页面删除

　　菜单命令：执行"布局"→"删除页面"菜单命令，弹出如图2-16所示的对话框，在"删除页面"编辑框中填入要删除页的页码。

2.2.3　重命名

　　菜单命令：执行"布局"→"重命名页面"菜单命令，弹出如图2-17所示的对话框，在"页名"编辑框中填入新的页名。此操作为当前活动页面命名，对程序中打开的非活动页面无影响。

2.2.4　页面跳转

　　菜单命令：执行"布局"→"转到某页"菜单命令，弹出如图2-18所示的对话框，在"转到某页"编辑框中填入要转到的页码，单击"确定"按钮。

29

图2-16 "删除页面"对话框　　图2-17 "重命名页面"对话框　　图2-18 "转到某页"对话框

2.2.5 页面切换

　　菜单命令：执行"布局"→"切换页面方向"菜单命令，可在页面横向与纵向之间进行切换。

2.3 页面设置

2.3.1 页面大小

　　菜单命令：执行"布局"→"页面设置"菜单命令，单击左侧任务栏中的"文档"→"页面尺寸"，弹出如图2-19所示的对话框。

图2-19 "页面大小"对话框　　　　图2-20 "自定义页面类型"对话框

　　在"高度"编辑框后面可选择页面纵向还是横向。单击"大小"下拉框，选择合适的页面大小，所选纸张的宽度和高度会自行出现在下面的"宽度""高度"栏中。如其中没有合适的纸张大小，可选择最下方的"自定义"，在"宽度""高度"栏中填入所需数值。直接改变"宽度""高度"栏中的数值，"纸张"下拉列表中也会自动出现与"宽度"、"高度"相匹配的纸张类型。当纸张类型为"自定义"时，对话框右方的"保存"按钮 🖫 处于激活状态，单击此按钮，在随后出现的"自定义页面类型"对话框（见图2-20）中填

第 2 章　基本操作

入页面类型，单击"确定"按钮保存。

在"出血"栏中确定图像可以超出裁剪标记的距离。如果使用出血将打印作业扩展到页面边缘，必须设置出血限制。单击"添加页框（A）"按钮，会在页面的边缘出现细黑线框，这种线框在打印的作品中会有显示，一般用于用实际打印用纸张大于设计所需纸张时，确定设计纸型。

> **➤特别提示**
>
> 出血要求打印用的纸张比最终所需的纸张大，而且打印作业必须扩展到最终纸张大小的边缘之外。

属性栏：当处于无选定范围的情况下（即用鼠标单击操作区内页面以外的范围所处状态），属性栏前半部分的按钮也可设置页面大小。

单击工具栏中的 ≡ 按钮，也会弹出"选项"对话框，同样可完成页面大小、版面、标签、背景等属性的设置。

2.3.2　页面布局

菜单命令：执行"布局"→"页面设置"菜单命令，单击左侧任务栏中的"文档"→"布局"，弹出如图2-21所示的对话框。在"布局"下拉列表中选择所需的版面样式：全页面、活页、屏风卡、帐篷卡、侧折卡、顶折卡或三折小册子，对话框上会出现相应的说明及图形预览。版面的样式对作品设计影响不大，主要影响打印时的排版方式。执行"文件"→"打印预览"菜单命令，可感受到其中的差异。

> **➤特别提示**
>
> 在除"全页面"设置下，从页面布局的预览区看到的多页面文档不是按页的顺序排列的，不必担心，这是系统自动以有效的装订方式排列页面的结果。

图 2-21　"布局"对话框

2.3.3　页面标签

菜单命令：执行"布局"→"页面设置"菜单命令，单击左侧任务栏中的"文档"→"标签"，弹出如图2-22所示的对话框。单击"标签"，下拉列表框中以制造商的字母先后为序显示800多种预先定义的标签。

图 2-22 "标签"对话框

如果列表框中没有合适的标签，也可自定义标签：单击"自定义标签（U）..."按钮，弹出如图2-23所示的对话框。可在"标签样式"下拉列表中选择与需求最相近的标签样式进行改进；也可直接在标签尺寸、页边距、栏间距、版面选项栏中分别输入要求的值。

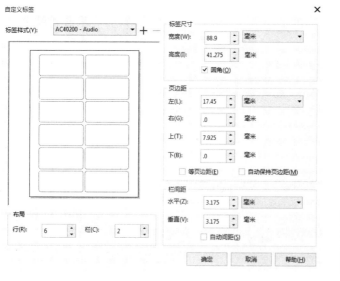

图 2-23 "自定义标签"对话框　　　　　　　图 2-24 "保存设置"对话框

单击标签样式右边的 ＋ 按钮，在弹出的"保存设置"对话框（见图2-24）中填入标签名称，再单击"确定"按钮保存。系统允许删除自定义的标签，选定要删除的标签，单击"自定义标签"对话框"标签样式"右侧的 ─ 即可。

第 2 章　基本操作

2.3.4 页面背景

菜单命令：执行"布局"→"页面背景"菜单命令，单击左侧任务栏中的"文档"→"背景"，弹出如图2-25所示的对话框。默认为"无背景"。

可选择"纯色"，单击其后的下拉按钮，出现包含常用色盘的下拉框（见图2-26），在其中选择需要的背景色。如果没有合适的色彩，单击"更多（O）..."按钮，出现"选择颜色"对话框。

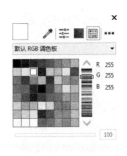

图 2-25　"背景"对话框　　　　　　　图 2-26 常用色盘下拉框

"颜色滑块"选项卡（见图2-27）可通过"颜色滑块"下拉列表选择颜色模型，选取颜色模式后，可拖动每个色值的颜色滑块来调整和选取颜色。"颜色查看器"选项卡（见图2-28）实际上是一个完整的色盘，可以拉动颜色条选取大致的颜色范围，并在对话框左侧的色盘中用鼠标取色。"调色板"选项卡（见图2-29）应用系统定义的各种类型色块取色。具体操作请读者自行尝试。需要注意的是，"纯色"只能对页面添加单一没有变化的背景颜色。

图 2-27　"模型"选项卡　　　图 2-28　"混和器"选项卡　　　图 2-29　"调色板"选项卡

回到"页面背景"对话框，选择"位图"，并单击后面的"浏览（W）"按钮，出现"导入"对话框，其操作方法与导入文件相同。

一旦选择了背景文件，"来源"选项即被激活，可选择"链接"或"嵌入"。"链接"没有将背景图片真正地加入文件，只是添加了链接信息，有利于减小文件体积；"嵌入"在文件通用性方面的表现更为理想，不会因为文件位置的移动而引起链接丢失。

"位图尺寸"同时也被激活，默认尺寸为文件的自然尺寸，用户也可自定义尺寸。这里的自定义尺寸指的是引用的图片表现的尺寸，如其尺寸与页面大小不匹配，将以平铺的方式填充页面。

如果让设置的背景出现在打印作品中，选择"打印和导出背景"复选项（单击"打印和导出背景"前面的复选框，至出现"√"），否则背景将只出现在设计视图中。

2.4 显示状态

2.4.1 显示模式

CorelDRAW X8中允许将文件显示为简单线框、线框、草稿、普通、增强、像素6种模式。各种视图模式的显示精度依次提高，占用系统资源也逐渐增大。其中简单线框模式和线框模式为纯单色显示，与位图实际效果有较大差别，前者隐藏填充、立体模型、轮廓图和中间调和形状，后者隐藏填充但显示立体模型、轮廓线和中间调和形状。这两种模式适用于计算机运行较慢时使用。在草稿视图中，位图、矢量图形显示为单色，均匀填充、渐变填充、低分辨率的底纹填充及低分辨率的位图正常显示。另外3种显示模式的显示效果与位图实际效果差别不大，均以彩色显示，但是要求计算机有较大的内存和较高的屏幕刷新率。图2-30～图2-37所示是对同一位图应用不同模式显示的效果。

菜单命令：执行"视图"→"简单线框""视图"→"线框""视图"→"草稿""视图"→"普通""视图"→"增强""视图"→"像素""视图"→"模拟叠印""视图"→"光栅化复合效果"菜单命令，进行各种视图的切换。

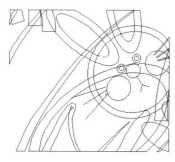 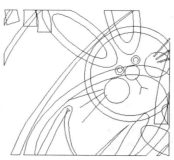 

图2-30 "简单线框"显示模式　图2-31 "线框"显示模式　图2-32 "草稿"显示模式

第 2 章 基本操作

图 2-33 "普通"显示模式　　图 2-34 "增强"显示模式　　图 2-35 "像素"显示模式

图 2-36 "模拟叠印"显示模式　　图 2-37 "光栅化复合效果"显示模式

2.4.2 显示预览

使用CorelDRAW X8，可以将设计文件以全屏预览、只预览选定的对象、页面排序器视图等几种方式显示预览。设计状态下，以完整模式显示单一页面文件，如图2-38所示，可执行文件编辑的各种操作。

图2-38 默认显示状态

35

在"页面排序器视图"中，操作窗口显示所有页面，只能进行与文件设置、页面设置有关的有限操作，如图2-39所示。

图 2-39 页面排序器视图

"全屏预览"是将选定文件显示在整个桌面上，无法进行任何编辑操作，如图2-40所示。"只预览选定的对象"可显示设计文件的一个或几个图层对象，也是以全屏的方式显示，如图2-41所示。如无选定对象，则显示空白页面。

> ➤特别提示
>
> 在"全屏预览"时，屏幕上显示的文件并非设计文件的全部，而是设计状态下窗口显示的部分。

图 2-40 全屏预览

图 2-41 只预览选定的对象

第2章 基本操作

菜单命令：执行"视图"→"页面排序器视图"菜单命令切换到页面排序器视图。再次执行"视图"→"页面排序器视图"菜单命令返回到设计视图。

执行"视图"→"全屏预览"菜单命令切换到全屏预览状态，单击文件的任意位置返回设计视图。

单击需预览的对象选定对象；需预览多个对象时，在选定第一个对象后按住Shift键，继续单击要加入的对象。单击已选定的对象，可取消选定。执行"视图"→"只预览选定的对象"菜单命令，即可预览。

快捷菜单：单击鼠标右键，在弹出的快捷菜单中，单击"全屏预览"。

快捷键：{F9}。

2.4.3 显示比例

工具箱按钮：单击缩放工具按钮 Q，属性栏显示为如图2-42所示的样式。有时，工具箱中找不到放大镜样的按钮，而是出现 🖑 按钮，单击此按钮右下角的 ◢ 标志，单击出现的 Q，属性栏会有同样的显示。

单击下拉按钮，在下拉列表中选择合适的比例，也可在编辑框中直接填入数值。

> ➤**特别提示**
>
> 在"比例"编辑框中填入的数值必须使用百分比才有效。

图 2-42 属性栏

按比例放大可单击 Q 按钮，鼠标指针变成放大镜的形状，同时文件放大1倍。想继续放大文件，可再次单击 Q 按钮，也可直接在文件的任意位置单击鼠标。需要注意的是，如果直接单击鼠标，鼠标指针指向的位置将成为变化显示比例后显示的中心位置。Q 按钮的作用与 Q 恰好相反，请读者自行尝试。

Q 按钮用于对选定范围进行缩放操作，使用前需先选定一些对象，单击此按钮后，会在窗口中以最大比例完整地显示出所选定的对象。Q 是"缩放全部对象"按钮，即让页面中有对象的部分全部显示在窗口中。

> ➤**操作技巧**
>
> 当光标为 Q 时，按住Shift键，放大镜中的"+"变为"–"号，可执行缩小操作，释放Shift键，光标还原为 Q；此操作也适用于光标为 Q 时。
>
> 当光标为 Q 时，在页面某一位置按住鼠标左键移动鼠标指针，文件上会出现一个虚线框，释放鼠标左键，画出的虚线框内的部分即为新的显示范围。

属性栏中的后3个按钮的作用分别是：Q 显示页面、Q 按页宽显示和 Q 按页高显示。前者多用于整体地观看设计效果，后两个保证文件的纵横比不变，分别让页面充满显示区的宽度和高度。

工具栏：工具栏最右侧的下拉列表可用于设定显示比例，用法与属性栏的下拉列表相同。

鼠标滚轮：将鼠标滚轮向前推动为放大操作，向后推动为缩小操作。

泊坞窗：执行"视图"→"视图管理器"菜单命令，窗口右侧出现如图2-43所示的泊坞窗。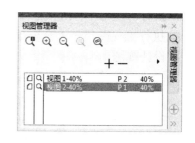按钮用于对文件执行放大1次操作。＋可把当前的显示界面加入到泊坞窗列表中，以后只要单击此显示状态名就可直接回到当前界面。选定某一显示状态名，单击－，系统不再保存此

图2-43 "视图管理器"泊坞窗

前界面显示状态信息。这些自建的显示状态名还会出现在属性栏和工具栏显示比例下拉列表的最后。

快捷键：缩放显定范围为{Sihft+F2}；缩放全部对象为{F4}；显示页面为{Shift+F4}。

2.4.4 视图平移

工具箱按钮：单击缩放工具按钮，发现工具箱中没有手形按钮，而是出现 按钮，单击此按钮右下角的▲标志，单击隐藏的 ，鼠标指针会变成手形，直接拖动页面到合适的位置即可。

2.5 定位辅助工具

2.5.1 标尺

标尺（见图2-44）是辅助设计对象定位或确定尺寸的工具，默认状态下，出现在程序操作区的上方和左侧，类似于平面直角坐标系的X轴和Y轴。与其他辅助工具一样，对打印以及对象的实际位置并无影响。标尺设置主要是改变标尺的开启状态及原点位置。

图2-44 标尺

进行页面操作：把鼠标指针移动到标尺交叉点的 符号上，按住鼠标左键，拖动鼠标指针至屏幕的任意位置，屏幕上会出现一横一竖两条交叉的虚线，在合适的位置释放鼠标左键，标尺上的数值发生变化，释放鼠标处成为新的坐标原点。

辅助工具设置：如果想精确地设定标尺的原点位置，用鼠标右键单击标尺交叉点的 按钮，弹出如图2-45所示的快捷菜单，单击"标尺设置"，出现"标尺"对话框，如图2-46所示。精确的标尺设定包括原点位置、标尺单位的选取，主要用于工业设计、建筑设计、地图设计等对尺寸要求严格或有比例尺的设计工作中，具体方法请读者自行体验。

菜单命令：执行"视图"→"标尺"菜单命令可开启或关闭标尺。执行"视图"→"设置"→"网格和标尺"菜单命令可精确设置标尺。

▶ 操作技巧

如果"原始"下的"水平"和"垂直"值都为0，原点恰好位于页面的左下角。

栅格设置(D)…
标尺设置(R)…
辅助线设置(G)…

图 2-45 "定位辅助工具设置"快捷菜单　　　　　图 2-46　"标尺"对话框

2.5.2　网格

网格与标尺一样，也是辅助定位的工具，系统默认为5mm×5mm方格。其设置包括开启状态、网格线间隔和显示方式。

辅助工具设置：在如图2-46所示的"选项"菜单中单击"网格"，弹出"网格"对话框，如图2-47所示。网格可以通过自定义网格中的"频率"或者"间距"进行设置，频率是指在每一水平和垂直单位之间显示的线数或点数。间距是指每条线或每个点之间的精确距离。高频率值或低间距值会使网格更密，有助于精确地对齐和定位对象。"显示网格"复选框用于选择是否开启网格。"将网格显示为线"和"将网格显示为点"是网格的两种不同显示方式，前者以方格形式出现，后者在点上以"+"标记显示。 如果选择"贴齐网格"，移动对象时，对象就会在网格线之间跳动，以网格线为准对齐。

图 2-47　"网格"对话框

菜单命令：显示或隐藏网格，执行"视图"→"网格" 菜单命令；精确设置网格，执行"视图"→"设置"→"网格和标尺" 菜单命令；对象贴齐网格，执行"视图"→"贴齐" 菜单命令。

属性栏：贴齐网格，单击 贴齐(T) ˅ 按钮。

快捷键：贴齐网格，{Ctrl+Y}。

2.5.3 辅助线

辅助线分为垂直、水平和倾斜3种，可以作为标尺刻度的延伸，比网格更为灵活有效地协助定位。

进行页面操作：单击并拖动标尺，会出现一条与所选标尺平行的虚线，在适当位置释放鼠标左键，此位置出现辅助线。单击辅助线没有穿过对象的部分，按下并移动鼠标指针，辅助线随鼠标指针移动，在适当的位置释放鼠标左键，辅助线即被移动。

辅助工具设置：需要精确地设置辅助线时，可在如图2-45所示的"定位辅助工具设置"菜单中单击"辅助线设置"，弹出"辅助线"泊坞窗，如图2-48所示。也可以执行"布局"→"页面设置"菜单命令，单击左侧任务栏中的"文档"→"辅助线"，弹出"辅助线"对话框，如图2-49所示。选择"显示辅助线"或"对齐辅助线"，"对齐辅助线"的作用和"对齐网格"相似。在这个对话框中可以改变辅助线的颜色。

图 2-48　　"辅助线"泊坞窗

单击左侧控制栏里"辅助线"前面的"+"，"辅助线"下面出现"水平""垂直""辅助线""预设"等4个选项。用于设置各种方向的辅助线。

单击"水平"选项，出现如图2-50所示的对话框，在"水平"选项下面的编辑框中填入数值，在后面的下拉框中选择长度单位，单击对话框右侧的"添加（**A**）"按钮，数值编辑框下方显示此辅助线的信息，标尺相应刻度的位置上会出现水平方向的辅助线。在已经有辅助线的情况下，单击列表中的某一辅助线，使其出现蓝色背景，在数值框中填入新的数值，单击"移动（**M**）"按钮，所选辅助线被移动到新数值的位置。如选择某一辅助

第 2 章　基本操作

线，单击"删除（D）"按钮，此辅助线被删除。"清除（L）"按钮用于去掉所有辅助线。垂直辅助线的设置方法与水平辅助线相同，请读者自行体会。

图 2-49　"辅助线"对话框　　　　　　　图 2-50　"水平辅助线"对话框

"辅助线"对话框用于设置倾斜的辅助线，首先在"指定"下拉列表中选择定位方式："2点"或"角度和1点"。如选择"2点"方式，如图2-51所示，在"X1""Y1"和"X2""Y2"编辑框中分别输入数值，设置通过（X1，Y1）、（X2，Y2）两点的辅助线。

> 📌 **操作技巧**
>
> 当X1与X2值相等时为垂直线（Y1不等于Y2），当Y1与Y2值相等时为水平线（X1不等于X2）。系统不允许X1与X2，Y1与Y2值同时相等。

如选择"角度和1点"方式，如图2-52所示，在"X""Y"和"角"编辑框中分别输入数值，设置通过点（X，Y）、倾斜角为指定度数的辅助线。

在辅助线对话框的左侧列表中会出现所有的辅助线，包括垂直和水平线。因为垂直、水平线实际上就是角度为90°和0°的导线。所有辅助线均可在导线对话框中执行移动、删除操作。

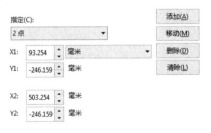
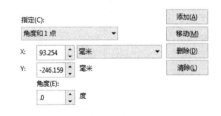

图 2-51　"2点"定位方式　　　　　　　图 2-52　"角和1点"定位方式

> 📌 **特别提示**
>
> 角度值的允许范围在-360°～360°之间。其中，0°、±180°是水平线；±90°、±270°是垂直线。角度转动按顺时针方向计。

菜单命令：开启或关闭辅助线，执行"视图"→"辅助线"菜单命令；贴齐辅助线，执行"视图"→"贴齐"→"辅助线"菜单命令；设置辅助线，用右键单击标尺交叉点的 按钮，在弹出的快捷菜单中选择"辅助线设置"。

属性栏：贴齐辅助线，单击 贴齐⓵ ▾ 按钮。

2.5.4 贴齐对象

"贴齐"即对齐，CorelDRAW X8支持的方式包括节点、交集、中心、象限、正切、垂直、边缘、中心、文本基线等9种，可同时开启一种或多种至全部。如图2-53所示，在开启"边缘贴齐"的情况下，在已经绘制的矩形附近绘制正五边形，五边形相邻的两个角会自动贴齐在矩形的两边上，这样可以把两个图形结合在一起。

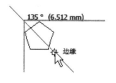

图 2-53 "边缘贴齐"效果

菜单命令：开启或关闭贴齐对象，执行"视图"→"贴齐"→"对象"菜单命令。

> ➤ **特别提示**
>
> 应用"贴齐对象"有利于达到图形对齐或贴紧的效果，但会影响不同图形微距绘制。

贴齐对象设置：执行"工具"→"选项"菜单命令，在弹出的对话框中选择工作区中的"贴齐对象"，如图2-54所示的对话框。在其中选择是否贴齐对象和贴齐对象的种类。各种方式的贴齐命令在后面章节中运用非常广泛，读者可在设计案例中感受它们的区别。"贴齐半径"是指在多大的距离范围内实行贴齐操作。

图 2-54 "贴齐对象"对话框

属性栏：贴齐对象，单击 贴齐⓵ ▾ 按钮。

快捷键：贴齐对象，{Alt+Z}。

> ➤ **操作技巧**
>
> 提高"贴齐半径"的值可以使贴齐操作更加容易，但会使绘制不贴齐图形的距离变大。

第 2 章　基本操作

2.5.5 动态辅助线

动态辅助线是从对象中的部分贴齐点（中心、节点、象限和文本基线）处显示的临时导线。有助于相对于其他对象准确地移动、对齐和绘制对象。沿动态辅助线拖放对象时，可以查看对象与用于创建动态辅助线的贴齐点之间的距离，并准确放置对象；也可以显示交叉的动态辅助线，然后将对象放置在交叉点上。图2-55显示出30°动态辅助线的效果。

菜单命令：开启或关闭动态辅助线，执行"视图"→"动态辅助线"菜单命令；动态辅助线设置，用右键单击标尺交叉点的 ⌐ 按钮，在弹出的快捷菜单中选择"辅助线设置"。在弹出如图2-48所示的"辅助线泊坞窗"中点击右侧 ⊕ 按钮，在弹出的列表中选择"对齐和动态辅助线"。出现如图2-56所示的泊坞窗。

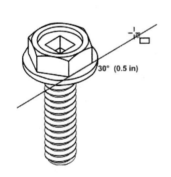

图 2-55　"动态辅助线"效果

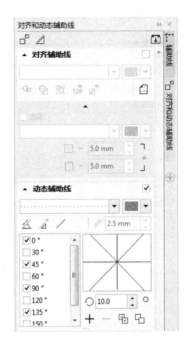

图 2-56　"对齐和动态辅助线"泊坞窗

在设置动态辅助线时，可以只选择一条，也可以同时使用多条。在对话框的"度数"复选框中，选择使用哪个角度的导线，复选框中有"√"角度的动态导线会在使用时出现。在"辅助线"下方的编辑框中填入度数，单击"添加（D）"按钮，可添加自定义度数的导线。"沿段扩充"指作为线段延长线的动态导线。"删除"、"选择全部"、"全部取消"等按钮的作用这里不再详述，在后面的章节中，对于已经介绍过的相似用法的内容也不会做太多的详细说明。

属性栏：开启或关闭动态导线，单击 贴齐⊙ ▾ 按钮。

快捷键：开启或关闭动态导线，{Alt+Shift+D}。

2.6 实例——购物女孩

01 新建文件。

02 导入随书光盘"源文件/素材/第2章"文件夹中的文件"夏季.cdr",如图2-57所示。

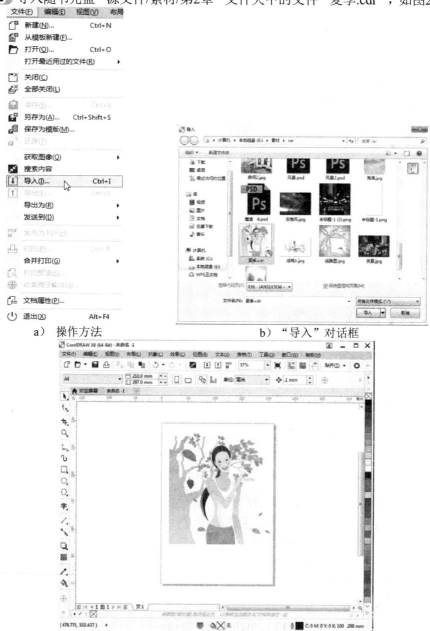

a）操作方法   b）"导入"对话框

c）操作效果

图 2-57 导入文件

03 查看文档属性,如图2-58所示。

文件(F)
编辑(E)
视图(V)
布局
新建(N)... Ctrl+N
从模板新建(F)...
打开(O)... Ctrl+O
打开最近用过的文件(R)
关闭(C)
全部关闭(L)
保存(S)... Ctrl+S
另存为(A)... Ctrl+Shift+S
保存为模版(M)...
获取图像(Q)
搜索内容
导入(I)... Ctrl+I
导出(E)... Ctrl+E
导出为(R)
发送到(D)
发布为 PDF(H)
打印(P)... Ctrl+P
合并打印(G)
打印预览(R)...
收集用于输出(U)...
文档属性(P)...
退出(X) Alt+F4

a） 操作方法

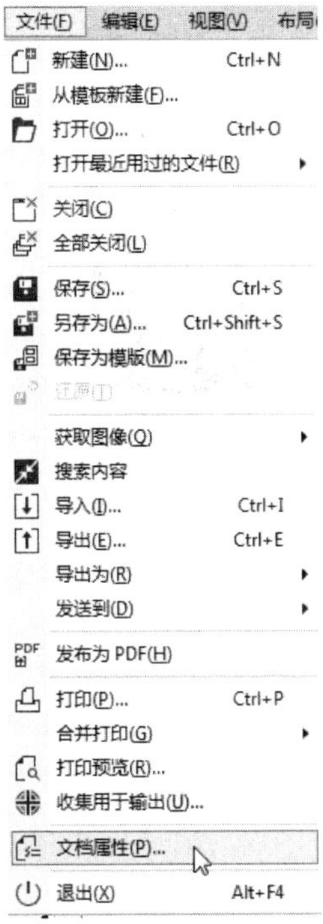

文档属性
语言:
中文(简体)
标题:
主题:
作者:
B
版权所有:
关键字:
注释:
等级:
无
文件
名称和位置:
未命名 -1
文档
页:
1
图层:
1
页面尺寸:
A4 (210.000 x 297.000mm)
页面方向:
纵向
分辨率 (dpi):
300
颜色
RGB 预置文件:
sRGB IEC61966-2.1
CMYK 预置文件:
Japan Color 2001 Coated
灰度预置文件:
Dot Gain 15%
原色模式:
CMYK
匹配类型:
相对比色
图形对象
对象数:
222
点数:
7564
最大曲线点数:
2260
确定
取消
帮助

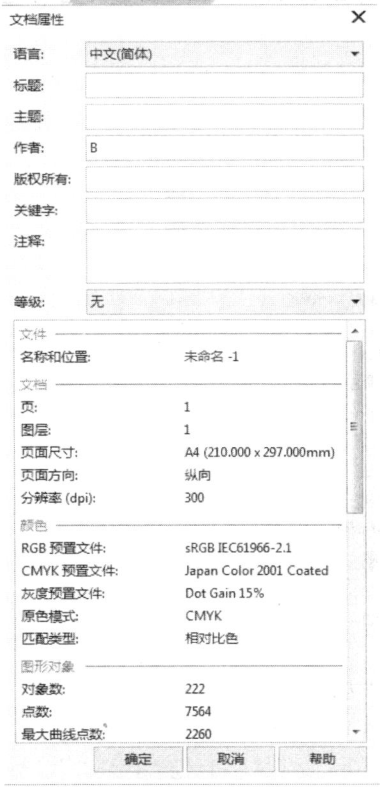

b） “文档信息”对话框

图 2-58 查看文档属性

04 在属性栏中调整页面大小，将长、宽分别设为277mm、249mm，使页面尺寸恰好与导入文件的最大范围相同，如图2-59所示。

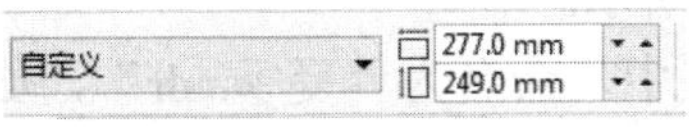

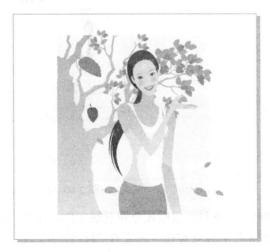

自定义
277.0 mm
249.0 mm

a） 操作方法

b） 操作效果

图 2-59 调整页面尺寸

05 为页面设置与文件协调的背景色，如RGB模型：R227，G251，B235，如图2-60

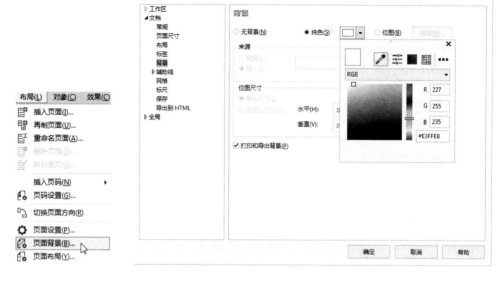

所示。

a）操作方法   b）"选择颜色"对话框

c）操作效果

图 2-60 设置背景颜色

06 使用8种显示模式分别观察文件，如图2-61所示。

07 将文件保存在"源文件/设计作品"文件夹中，命名为"夏季.cdr"，如图2-62所示。

08 将文件导出到"设计作品"文件夹，命令为"夏季.jpg"，各种参数采用系统默认设置，如图2-63所示。

第 2 章 基本操作

a）操作方法

b）简单线框视图

c）线框视图

d）草稿视图

e）正常视图

f）增强视图

g）像素视图

h）模拟叠印视图

i）光栅化复合效果视图

图 2-61 显示模式

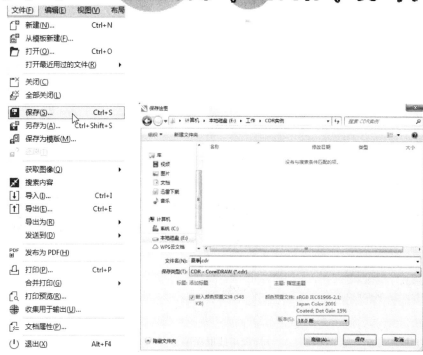

a) 操作方法

b) "保存绘图"对话框

图 2-62 保存文件

a) 操作方法

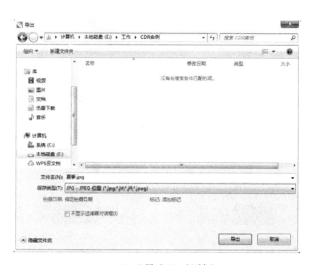

b) "导出"对话框

图 2-63 导出文件

c)　"JEPG导出"对话框

图 2-63　导出文件（续）

09 新建1个页面，如图2-64所示。

a)　操作方法　　　　　　　　　　　　b)　操作效果

图 2-64　新建页面

10 将新页面命名为"夏季—位图格式"，如图2-65所示。

a)　操作方法　　　　b)　"重命名页面"对话框　　　　c)操作效果

图 2-65　重命名页面

11 设置6条辅助线，要求水平、垂直、倾斜各两条，且水平垂直辅助线交叉产生的矩形框架尺寸恰与旧页面的尺寸相同，2条倾斜辅助线恰为矩形的两条对角线，如水平辅助线位置为0mm、249mm，垂直辅助线位置为0mm、277mm，倾斜辅助线用两点式，分别过点（0，249）、（277，0）和（277，249）、（0，0），如图2-66所示。

a）操作方法   b）"选项"对话框之"水平"选项

 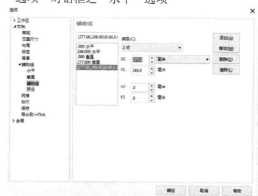

c）"选项"对话框之"垂直"选项   d）"选项"对话框之"辅助线"选项

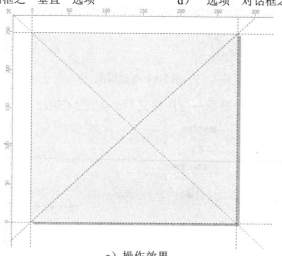

e）操作效果

图 2-66 设置辅助线

12 启动"贴齐辅助线"，如图2-67所示。

50

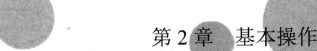

第 2 章　基本操作

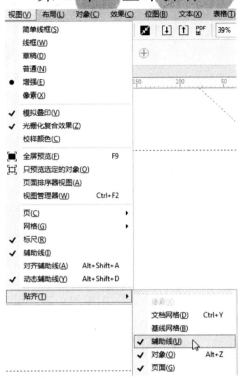

图 2-67　贴齐辅助线操作方法

13 在页面"夏季—位图格式"中导入图片"夏季.jpg"，使图片恰好在辅助线构成的矩形框架中，如图2-68所示。

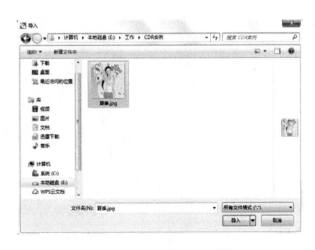

a）操作方法　　　　　　　　　　　　　　　　b）"导入"对话框

图 2-68　导入图片

c）选择导入对象位置

d）操作效果

图 2-68 导入图片（续）

14 在两个页面间切换，使用缩放工具将文件放大查看，比较视图查看细节，注意观察位图格式与矢量格式的区别，如图2-69所示。

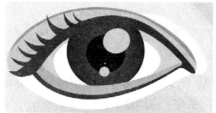

a）位图

b）矢量图

图 2-69 查看图片细节

最终作品如图2-70所示。

图 2-70 最终作品

第 2 章　基本操作

2.7　实验——知心好友

完成如图2-71所示的作品"和服女孩.cdr"。

> ➤ **特别提示**
>
> 　使用随书光盘"源文件/素材/第2章"文件夹中的文件"知心好友.ai"，按2.6节中的步骤做练习。

图 2-71　和服女孩

2.8　思考与练习

1．可以从CorelDRAW X8的欢迎屏幕开始的操作是（　　）。

　　A．插入页面　　B．打开文件　　C．显示预览　　D．设置辅助线

2．在CorelDRAW X8中使用非CorelDRAW格式的文件应使用的操作是（　　）。

　　A．新建文件　　B．打开文件　　　C．导入文件　　D．插入文件

3．在CorelDRAW X8 中，页面背景不包括（　　）选项。

　　A．无背景　　B．纯色　　C．效果　　D．位图

4．最节约系统资源的显示模式是（　　）。

　　A．简单线框　　B．草稿　　C．正常　　D．增强

5．下列显示模式中，只对部分对象采取单色显示的是（　　）。

　　A．简单线框　　B．草稿　　C．正常　　D．增强

6．在调整面页比例时，当光标为🔍状，按住键盘上的（　　）键可执行缩小操作。

　　A．Ctrl　　B．Shift　　C．Alt　　D．Enter

7．单击标尺左上角的🔲图标，弹出的辅助工具设置菜单不包括（　　）设置。

　　A．标尺　　B．网格　　C．辅助线　　D．动态导线

53

第 3 章　对象编辑

本章导读

　　本章学习有关对象编辑的基本知识。应掌握对象增删、变换、重制、查找与替换、新建等操作方法，了解不同命令的作用差别，习惯鼠标与键盘的配合操作。

　📖 熟练掌握增删、重制对象的方法及不同
　　　命令的差别

　📖 熟悉对象变换的方法及形成的效果

　📖 了解对象查找、替换的方法及适用范围

　📖 了解特殊对象的插入方法及用途

第 3 章　对象编辑

3.1　对象增删

3.1.1　对象选取

　　菜单命令：执行"编辑"→"全选"菜单命令，弹出"全选"子菜单，如图3-1所示。单击"对象""文本""辅助线""节点"可分别全选文档中的相关命令。

　　工具箱按钮：单击工具箱中的 ⌖ 按钮，光标变为 ⌖，单击要选取的对象。

　　当要选取的对象不止1个时，可以在选取1个或多个对象后按　　　　　图3-1 "全选"子菜单
住Shift键再单击其他对象。

　　如果要选取的多个对象位置接近，在单击 ⌖ 按钮后，在所有要选取对象外围的矩形区域的一角按下鼠标左键，拖动鼠标指针至矩形的对角，矩形区域出现蓝色的虚线框，如图3-2所示，释放鼠标左键，框内的所有对象都被选取，如图3-3所示。

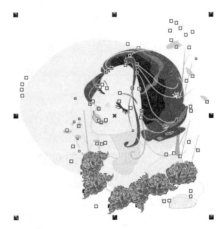

　　　　图3-2 拖动鼠标指针出现的线框　　　　　　　　图3-3 线框内的对象被选取

　　➤ 操作技巧

　　如果想去掉已选取的多个对象中的某一个，按住Shift键再单击要去掉的对象。

3.1.2　对象删除

　　菜单命令：选定要删除的对象，执行"编辑"→"删除"菜单命令。

　　快捷菜单：选定要删除的对象，单击鼠标右键，弹出如图3-4所示的快捷菜单，单击"删除"按钮。在选定多个对象的情况下，删除操作针对所有的对象。

　　快捷键：选定要删除的对象{Delete}。

3.1.3 对象复制

菜单命令:选定要复制的对象,执行"编辑"→"复制"菜单命令,对象被复制到剪贴板中,但在视图中没有变化。

快捷菜单:选定要复制的对象,单击鼠标右键,在弹出的菜单中选择"复制"命令。

工具栏按钮:选定要复制的对象,单击囗按钮。

快捷键:选定要复制的对象{Ctrl+C}。

图3-4 快捷菜单

3.1.4 对象剪切

菜单命令:选定要剪切的对象,执行"编辑"→"剪切"菜单命令。对象从视图中被剪切,同时保存在剪贴板中。

快捷菜单:选定要剪切的对象,单击鼠标右键,在弹出的菜单中选择"剪切"命令。

工具栏按钮:选定要剪切的对象,单击『』按钮。

快捷键:选定要剪切的对象{Ctrl+X}。

3.1.5 对象粘贴

菜单命令:"粘贴"命令常与"复制"或"剪切"共同使用。当剪贴板中有文件信息时,执行"编辑"→"粘贴"菜单命令。剪贴板中最新存入的对象被粘贴在其原位置,如果在不同于对象来源的文件中操作,对象会被粘贴在新文件相对于原文件的同一位置。

如果剪贴板中确定有信息,但执行"粘贴"命令后没有对象出现在视图中,可能是对象被当前层遮挡,可以调整显示模式查找或将页面中的上层文件下移。

当剪贴板中的最新信息来自于其他程序时,"编辑"→"选择性粘贴"菜单命令为激活状态,执行此命令会弹出如图3-5所示的对话框。对话框中显示粘贴对象的来源,并要求选择作为怎样的对象粘贴。读者可以从.doc(来源于Word等)或.txt(来源于系统自带的写字板、记事本等)的文件中复制一段文本,尝试按不同种类的对象引入CorelDRAW X8。

第3章 对象编辑

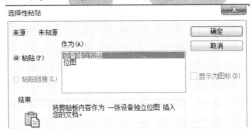

图 3-5 "选择性粘贴"对话框

快捷菜单:单击鼠标右键,在弹出的菜单中选择"粘贴"。

工具栏按钮:单击 按钮。

快捷键:{Ctrl+V}。

3.1.6 对象撤消

对象撤消是指取消已执行的某些操作步骤,将文件还原到一定步骤范围内某一步骤前的效果。

菜单命令:执行"编辑"→"撤消……"菜单命令,"撤消"后面的文字由上一步进行的操作种类而定,如"撤消移动""撤消粘贴"等。使用菜单命令,每次只能撤消1个操作步骤。

快捷菜单:单击鼠标右键,在弹出的菜单中选择"撤消……"。

工具栏按钮:单击 按钮,逐一撤消操作。如想一次性撤消多步操作,单击 按钮后的 ▼,弹出如图3-6所示的下拉菜单,单击其中的某个步骤,此步骤及其后进行的操作都将被撤消。

快捷键:{Ctrl+Z}。

图3-6 "撤消"下拉菜单

3.1.7 对象重做

"重做"是指将某些已撤消的步骤还原的操作。

菜单命令:执行"编辑"→"重做……"菜单命令,"重做"后面的文字由上一步进行的操作种类而定。使用菜单命令,每次只能重做1个操作步骤。

工具栏按钮:单击 按钮,逐一重做对象。如想一次性重做多个步骤,单击 按钮后的 ▼,弹出与"撤消"下拉菜单类似的菜单,单击其中的某个步骤,此步骤及以前撤消的操作都将被恢复。

快捷键:{Ctrl+Shift+Z}。

3.1.8 对象重复

"重复"是将刚刚执行的操作再次执行的过程。例如,刚刚移动某一对象,执行"重复"命令,对象会在上次移动对象的相同方向移动相同的距离。

菜单命令：执行"编辑"→"重复……"菜单命令，与"撤消""重做"相同，"重复"后面的文字也因上一步进行的操作种类而定。

快捷键：{Ctrl+R}。

3.2 对象变换

对象变换包括对象位置、形状、尺寸、角度的变化，可以使用自由变换工具完成。所有出现在CorelDRAW X8中的对象，包括文本、图形、位图等，都可以执行此操作。所有的操作都可由鼠标直接完成。

3.2.1 对象移动

鼠标：选定要移动的对象，对象所占据的矩形位置周围出现8个■状的控制点，如图3-7所示，移动鼠标，当指针变成✛形时，单击并拖动对象至适当位置。

属性栏：当需要精确移动对象位置时，可通过属性栏上的坐标进行操作。单击要移动的对象，在属性栏的最左侧出现如图3-8所示的对象坐标，标示出所选对象中心的位置，直接修改编辑框中的数字即可定位。

> ➤ **操作技巧**
>
> 按住Ctrl键可让对象仅沿水平或垂直方向移动。
>
> 如果想移动对象的同时又保留原位置的对象，在拖动鼠标指针的过程中单击鼠标右键或按空格键。

泊坞窗：执行"对象"→"变换"→"位置"菜单命令，或执行"窗口"→"泊坞窗"→"变换"→"位置"菜单命令，开启泊坞窗，如图3-9所示；或在开启的"变换"泊坞窗中单击⊕按钮。选取要移动的对象，在水平、垂直编辑框中填入要移动的距离，按键盘上的Enter（回车）键确定执行。

X: 97.039 mm
Y: 173.965 mm

图 3-7 被选取状态的对象　　　图 3-8 选取对象坐标　　　图 3-9 "变换"泊坞窗"位置"选项

当“相对位置”复选框没被选中时，“水平”“垂直”编辑框中显示对象当前实际位置，此位置与标尺上显示的刻度对应，新填入值为移动后的实际位置。当“相对位置”复选框被选中时，“水平”“垂直”编辑框中显示对象选取点相对于对象当前中心的相对位置，与标尺上显示的坐标无关。对象的选取点可从“相对位置”下方的复选框中选择，包括对象的中心以及4个角点、4个边中心点共9点。

快捷键：{Alt+F7}。

> **特别提示**
>
> 在“相对位置”复选框被激活的情况下，不管 “水平”“垂直”编辑框中显示的是当前的值还是新填入的值，只要确定执行都会相对于原位置移动编辑框中值确定的距离。

> **操作技巧**
>
> 当“相对位置”复选框处于激活状态时，在其下方选择除中心点以外的点，可以在“水平”“垂直”编辑框中获取该点相对于中心点的位置，从而得到所选对象的尺寸信息。

3.2.2 对象缩放

鼠标：选定要缩放的对象，把鼠标移动到■状的控制点上，光标在不同位置会有如图3-10所示的形状变化。当光标为↔形状时，按住鼠标左键并左右移动，对象高度保持不变，横向放大或缩小。↕状的光标用于使对象在宽度保持不变的情况下在纵向进行缩放。⤢、⤡光标用于保持对象的纵横比进行缩放。使用左右两个会使光标变为↔的控制点的区别在于：当使用左侧的控制点缩放对象时，对象以右侧控制点为中心缩放；而使用右侧的控制点缩放对象时，对象以左侧控制点为中心缩放。其他控制点也有相似的区别。

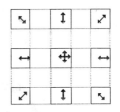

图 3-10 光标指针样式

属性栏：属性栏可以帮助精确缩放对象。选取要缩放的对象，属性栏里对象坐标右侧为对象尺寸栏，如图3-11所示。↕、↔后面的编辑栏里显示的分别是对象当前的宽度和高度，可以直接在其中填入预期的对象尺寸，%前的编辑框里自动显示指定尺寸相对于原始尺寸横向、纵向的缩放比例。如果修改%前的编辑框里的数值，↕、↔后面编辑栏里的数值同样会自动变化。

166.383 mm
100.0
%
120.001 mm
100.0
%

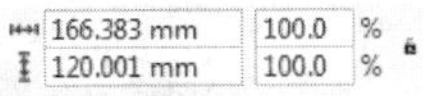

图 3-11 选取对象尺寸

%后面🔒的标志指是否锁定纵横比，可单击切换。当锁定纵横比时，只要改变横向或纵向的尺寸之一，另一个也会随之变化。

> **操作技巧**
>
> 在拖动对象的过程中单击鼠标右键或按空格键，可在缩放对象的同时又保留源对象。

泊坞窗：执行"对象"→"变换"→"缩放和镜像"菜单命令，或执行"窗口"→"泊坞窗"→"变换"→"缩放和镜像"菜单命令，开启泊坞窗；或在开启的"变换"泊坞窗中单击 按钮。选取要缩放的对象，在"缩放"下方的"水平""垂直"编辑框内填入要缩放的比例，当"按比例"复选框处于选中状态时，只要填入"水平"或"垂直"中的一个值即可。

执行"对象"→"变换"→"大小"菜单命令，或执行"窗口"→"泊坞窗"→"变换"→"大小"菜单命令，开启泊坞窗；在开启的"变换"泊坞窗中单击 按钮。选取要缩放的对象，在"大小"下方的"水平""垂直"编辑框内填入选取对象需达到的大小。当"按比例"复选框处于选中状态时，只要填入"水平"或"垂直"中的一个值即可。

➤ **操作技巧**

在"变换"泊坞窗中的"缩放和镜像""大小"选项卡中都可使用"按比例"下方的9点复选框选择在缩放过程中相对位置不变的点。

快捷键：比例，{Alt+F9}；大小，{Alt+F10}。

3.2.3 对象旋转与倾斜

鼠标：单击被选取的对象，其周围的控制点变为如图3-12所示的样式。将鼠标移动到4个角上的控制点周围，光标变成如图3-13所示中左边的样式。按下并拖动鼠标，图片以⊙为中心旋转。⊙所在的位置，即图片旋转的中心点，可用鼠标拖动⊙调节。图3-14、图3-15分别体现出以图片中心点和左下角⊙处1点固定时旋转的效果。

图 3-12 可旋转状态的对象　　　图 3-13 光标在角、上下边、左右边上控制点附近的样式

当光标移动到各边上形如↔、↕的控制点时，光标变为如图3-13中间和右侧所示的两种形状。此时按下并拖动鼠标，图片会以线固定的形式旋转（也叫"倾斜"），图3-16、图3-17分别体现出以图片的上方边线和左侧边线固定旋转的效果。以线固定的旋转经常用于创建立体效果。

属性栏：选定对象后的群组属性栏的第三栏（见图3-18）用于旋转对象，对象会以逆时针方向旋转编辑框中填入的角度。填入的角度可精确到0.1°，在0.0°~359.9°范围内有效。

第 3 章　对象编辑

图 3-14　图片中心点固定旋转效果　　　　　图 3-15　图片左下角点固定旋转效果

图3-16　图片上方边线固定旋转效果

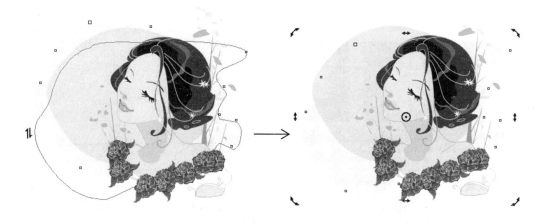

图 3-17　图片左侧边线固定旋转效果

　　泊坞窗：旋转，执行"对象"→"变换"→"旋转"菜单命令，或执行"窗口"→"泊坞窗"→"变换"→"旋转"菜单命令，开启泊坞窗；或在开启的"变换"泊坞窗中单击⟳按钮。执行"对象"→"变换"→"倾斜"菜单命令，或执行"窗口"→"泊坞窗"→"变换"→"倾斜"菜单命令，开启泊坞窗；或在开启的"变换"泊坞窗中单击

⟳ 5.5 　○

图 3-18　选取对象旋转

□按钮。

> **操作技巧**
>
> 在旋转对象过程中单击鼠标右键或按空格键，可在旋转对象的同时保留源对象。

快捷键：旋转，{Alt+F8}。

3.2.4 对象镜像

"镜像"简单的解释就是"镜子里的像"，用于制造对象关于线对称的效果。CorelDRAW X8中提供水平和垂直两种基本镜像命令。水平镜像是以垂直线作为对称轴将对象翻转（如图3-19a到b的效果）；垂直镜像则是以水平线作为对称轴将对象翻转（如图3-19a到c的效果）。

属性栏：选定对象后，群组属性栏的第四栏（见图3-20）用于对象镜像，上下两个按钮分别为水平镜像和垂直镜像。

泊坞窗：比例，执行"对象"→"变换"→"缩放和镜像"菜单命令，或执行"窗口"→"泊坞窗"→"变换"→"缩放和镜像"菜单命令，开启泊坞窗，如图3-21所示；或在开启的"变换"泊坞窗中单击 按钮。单击 或 按钮，并按钮"应用"按钮执行垂直或

> **操作技巧**
>
> 在拖动对象的过程中单击鼠标右键或按空格键，可在对象镜像的同时又保留源对象。

水平镜像操作。

| a） | b) | c) | | |

图3-19 镜像效果　　　　　图3-20 镜像　　图3-21 "缩放和镜像"选项

> **操作技巧**
>
> 将"旋转"与"镜像"按钮结合起来使用，可得到任意角度镜像的效果。

3.3 对象重制

3.3.1 对象再制

"再制"与"复制""粘贴"相似，都是增加相同对象的数量。但是由于"再制"可

第 3 章　对象编辑

以在绘图窗口中直接放置一个副本，而不使用剪贴板，因此速度比复制和粘贴快。

菜单命令：选取要再制的对象，执行"编辑"→"再制"菜单命令，弹出如图3-22所示的对话框，询问再制的偏移量。在"水平偏移"和"垂直偏移"编辑框中填入数值，以后的再制都会依此执行。偏移以右、上为正方向。

图 3-22　"再制偏移"对话框

快捷键：{Ctrl+D}。

> ➤ **特别提示**
>
> 只有在初次设置时"再制偏移"对话框会出现，以后修改偏移值需在"选项"对话框的"文档"→"常规"面板中进行。"选项"对话框可以用多个菜单命令打开，如"视图"→"设置"→"辅助线设置"。

3.3.2 对象克隆

"克隆"是对所选对象执行与上次操作相同的新建副本操作。如对如图3-23a所示的气球对象执行完缩小并复制命令后得到如图3-23b所示的效果，此时执行"克隆"命令，会得到如图3-23c所示的效果。

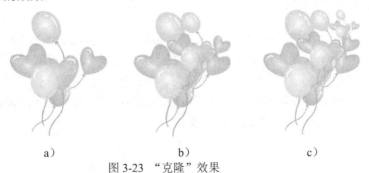

　　　　a）　　　　　　　　　　　b）　　　　　　　　　　　c）

图 3-23　"克隆"效果

菜单命令：选取要再制的对象，执行"编辑"→"克隆"菜单命令。

3.3.3 对象属性复制

"对象属性复制"不再是复制完整的对象，而是将对象的某些属性，如轮廓、填充色等信息复制到其他对象中，从而达到多个对象的结合。

63

快捷菜单：如果希望将对象A的某些属性复制到B中，用鼠标右键拖动A到B上，释放鼠标，弹出如图3-24所示的快捷菜单。在菜单中选择要复制的属性，"所有属性"包括"填充"和轮廓。

> **操作技巧**
>
> 使用"复制所有属性"命令时，目标对象的位置常会发生改变，而使用"复制填充""复制轮廓"命令时目标对象一般不受影响。因此，为了保证目标对象的位置，可分两次执行"复制填充""复制轮廓"命令，替代"复制所有属性"。

菜单命令：单击目标对象，执行"编辑"→"复制属性自…"菜单命令，弹出如图3-25所示的对话框。选择要复制的属性，单击"确定"按钮。用 ➡ 状的光标单击属性来源对象。

> **特别提示**
>
> "复制轮廓"中的"轮廓"指的并非轮廓的形状，而是轮廓的宽度、样式、颜色和端点形状 。

| 图 3-24 "对象"快捷菜单 | 图 3-25 "复制属性"对话框 |

3.3.4 对象步长和重复

泊坞窗：执行"编辑"→"步长和重复"菜单命令，弹出如图3-26所示的泊坞窗。在"份数"编辑框中填入要新建对象的个数。在"水平设置"和"垂直设置"下拉列表中选择"无偏移""偏移"或"对象之间的间隔"。当选择"无偏移"时，无需填写任何信息；当选择"偏移"时，仅需填写两对象之间偏移的距离；当选择"对象之间的间隔"时还需填入"方向"。 单击"应用"按钮执行操作。

图 3-26 "步长和重复"泊坞窗

> ▶ **特别提示**
>
> 当选择"偏移"时，移动的方向与"距离"编辑框中填入值的正负有关，右上为正方向。当选择"对象之间的间隔"时，移动的方向只与"方向"下拉列表中的选择有关，与"距离"编辑框中值的正负无关。

> ▶ **特别提示**
>
> "重复"与"步长与重复"命令的区别在于前者可再次执行对于对象的任何操作；后者仅能在保持对象尺寸的情况下在新位置创建对象，但可一次完成多个对象的创建任务。

3.4 对象查找与替换

3.4.1 对象查找

菜单命令：执行"编辑"→"查找并替换"→"查找对象"菜单命令，弹出如图3-27所示的"查找向导"对话框。这里提供"从当前文件搜索""从磁盘搜索"和"查找与当前对象相匹配的选项"3种选择。

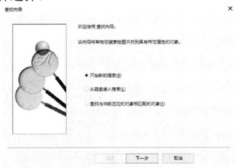

图3-27 "查找向导"对话框

单击"开始新的搜索"前的单选按钮，然后单击"下一步"按钮，弹出如图3-28所示的"查找向导"对话框，准备从当前文件进行搜索任务。可以通过对象的属性或对象名称、样式来查找对象。

如使用对象的属性查找，不选择"查找对象的名称或样式"复选框，"对象类型""填充""轮廓""特殊效果"等4个选项卡处于激活状态。在任意选项卡（见图3-28～图3-31）中单击想查找的对象类型，选择对应的复选框，单击"下一步"。如果只选择一项，随后会弹出如图3-32所示的提示确认对话框，显示已选定的内容，按操作提示执行，单击"下一步"按钮，打开如图3-33所示的对话框，单击"完成"按钮进行搜索，或单击两次"后退"按钮重新选择；如果选择的查找内容不止一项，在提示确认对话框出现前还会出现如图3-34所示的对话框，可单击"编辑"按钮进一步确定各查找对象之间的关系。

如使用对象的名称或样式查找，在如图3-28所示的"查找向导"对话框中选择"查找对象的名称或样式"复选框,单击"下一步"按钮,弹出如图3-35所示的"查找向导"对话框。

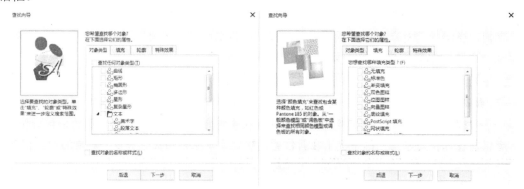

图 3-28 "查找向导"对话框"对象类型"选项卡　　图 3-29 "查找向导"对话框"填充"选项卡

图 3-30 "查找向导"对话框"轮廓"选项卡　　图 3-31 "查找向导"对话框"特殊效果"选项卡

图 3-32 "查找向导"对话框 1　　　　　　图 3-33 "查找向导"对话框 2

填入对象名或样式,单击"下一步",弹出如图3-36所示的对话框,其操作方法与通过属性查找对象一样,这里不再详细介绍。

> **操作技巧**

在查找向导的确认提示对话框中单击"保存"按钮,可把当前搜索的条件信息保存为.fin格式的文件,以后可使用此文件再次搜索相同条件的对象,而不是相同的对象。

图 3-34 "查找向导"对话框 3

图 3-35 "查找向导"对话框 4　　　　　　　　图 3-36 "查找向导"对话框 5

在如图3-27所示的"查找向导"对话框中单击"从磁盘装入搜索"前的单选按钮，弹出如图3-37所示的"打开"对话框，准备从当前文件进行搜索任务。在"打开"对话框中选择一个查找条件文件并单击"打开"按钮，随后出现的"查找向导"对话框（见图3-38）中显示此文件包括的查找条件。可以对此条件进行编辑或执行搜索。

图 3-37 "打开"对话框　　　　　　　　图 3-38 "查找向导"对话框

选定一个对象，在如图3-27所示的"查找向导"对话框中选择"查找与当前选定的对象匹配的对象"，弹出如图3-39所示的"查找向导"对话框，其中显示出当前选择对象的属性信息，单击"完成"按钮可查找与选定对象具有相同属性信息的对象。

图 3-39 "查找向导"对话框

3.4.2 对象替换

CorelDRAW X8允许针对颜色、颜色模型或调色板、轮廓笔属性、文本属性进行替换。替换范围可以是当前文件中的所有对象，也可以自行选定。

菜单命令：执行"编辑"→"查找并替换"→"替换对象"菜单命令，弹出如图3-40所示的"替换向导"对话框。如果只想作用于选定对象，选中"只应用于当前选定的对象"复选框，否则替换操作面向当前文件中的所有对象。

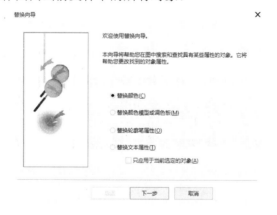

图 3-40 "替换向导"对话框

选择"替换颜色"，执行"下一步"操作，弹出如图3-41所示的"替换向导"对话框。在"查找"和"替换为"后的下拉列表中选择要替换掉的颜色和替换成的颜色。在"替换颜色用作"单选按钮中选择"填充"或"轮廓"。 这些概念会在后面的章节详细的介绍，这里可将"填充"简单地理解为一个图形的内部，将"轮廓"理解为一个图形的边缘线。对于"填充"，可使用渐变颜色、双色图案以及单色位图；而对于轮廓只能选择"单色位图"，如图3-42所示。

在如图3-40所示的"替换向导"对话框中选择"替换颜色模型或调色板"，执行"下一步"操作，弹出如图3-43所示的对话框。在其中可以分别选择"颜色模型""调色板"进行替换。所有的替换均可作用于"填充"或"轮廓"，与"替换颜色"相同，对于"填充"，可使用渐变颜色、双色图案以及单色位图；而对于轮廓只能选择"单色位图"，如

图3-43和图3-44所示。

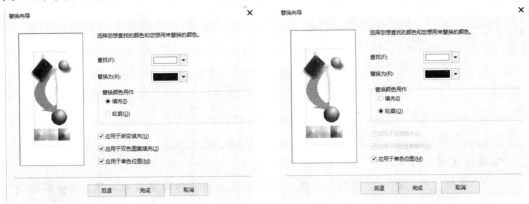

图 3-41　"替换向导"对话框"替换填充颜色"　　图 3-42　"替换向导"对话框"替换轮廓颜色"

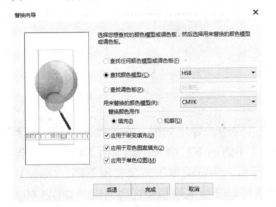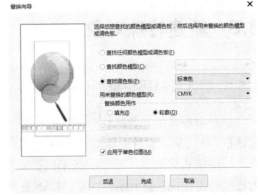

图 3-43　"替换向导"对话框"替换颜色模型"　　图 3-44　"替换向导"对话框"替换调色板"

　　在如图3-40所示的"替换向导"对话框中选择"替换轮廓笔属性",执行"下一步"操作,弹出如图3-45所示的对话框。可替换轮廓宽度、轮廓缩放以及轮廓叠印。

　　在如图3-40所示的"替换向导"对话框中选择"替换文本属性",执行"下一步"操作,弹出如图3-46所示的对话框。可对字体、精细以及大小进行替换。

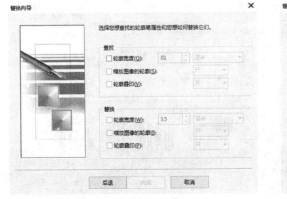

图 3-45　"替换向导"对话框"替换轮廓笔属性"　　图 3-46　"替换向导"对话框"替换文本属性"

在任何一个选项中，单击"完成"按钮后，系统会先选取满足查找条件的对象，并弹出如图3-47所示的"查找并替换"对话框，进一步让用户确认是否替换，单击"替换"或"全部替换"按钮即可执行替换操作。

图 3-47 "查找并替换"对话框

> **操作技巧**
>
> "替换"用于逐一替换对象属性，有助于更加明确地确定目标对象；"全部替换"一次性完成所有满足条件对象的操作，一般用于对设计作品特别了解时，有助于在完成大量相同工作时提高效率。

3.5 新建特殊对象

3.5.1 插入条形码对象

菜单命令：执行"对象"→"插入条码"菜单命令，弹出如图3-48所示的"条码向导"对话框。在"从下列行业标准格式中选择一个："下方的下拉列表中选择所需的格式标准。在不同的格式标准下，设定的条形码在长度、分布、字符类型等方面有所不同。CodaBar为连续码，如图3-48所示；UPC、EAN系列的条形码分基本码和验证码两组，如图3-49和图3-50所示。POSTNET码为单纯数字码，且对数字的个数有限制，如图3-51所示；Code系列码允许数字和其他字符混排，如图3-52所示。最短的FIM码只有4种类型选择，如图3-53所示；最长的Code-128码可包含多达70个数字或字符，如图3-54所示；还有一种比较特殊的字符码ISBN码，标码的本身不以黑白线条显示，而是直接以特殊字体的字符形式出现，如图3-55所示。选择格式标准之后，在编辑框内填写符合要求的原码字符，单击"下一步"按钮继续操作。

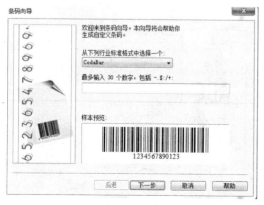

图 3-48 "条码向导"对话框"CodaBar"样本 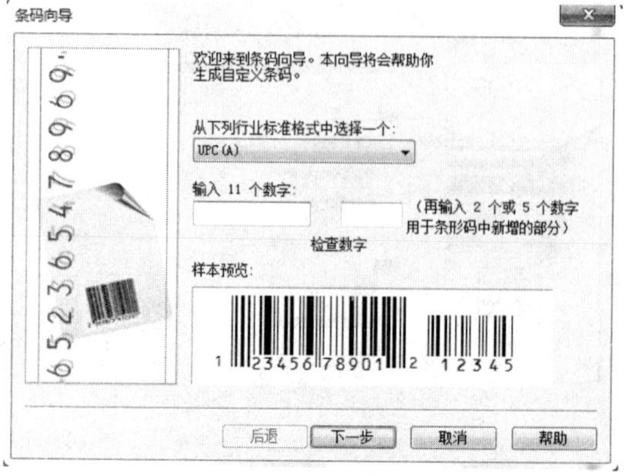　　图 3-49 "条码向导"对话框"UPC(A)"样本

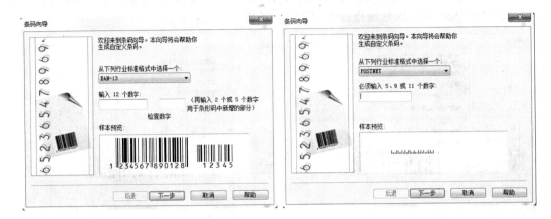

图 3-50　"条码向导"对话框"EAN-13"样本　　图 3-51 "条码向导"对话框"POSTNET"样本

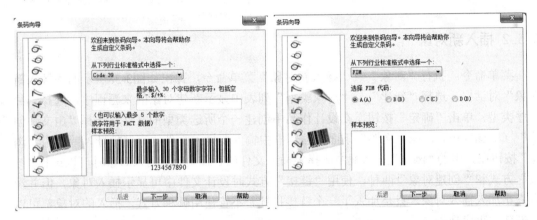

图 3-52　"条码向导"对话框"Code 39"样本　　图 3-53 "条码向导"对话框"FIM"样本

图 3-54　"条码向导"对话框"Code 128"样本　　图 3-55 "条码向导"对话框"ISBN"样本

　　在弹出的"条码向导"对话框（见图3-56）中设置打印机分辨率，条形码的长、宽等属性，继续执行"下一步"操作，并在新的"条码向导"对话框（见图3-57）选择配合条形码使用的文字的相关属性，如字体、大小、精细、对齐方式、排列位置等。如果使用的条码是ISBN或ISSN形，这些选择并不会影响到条码上字符的样式。

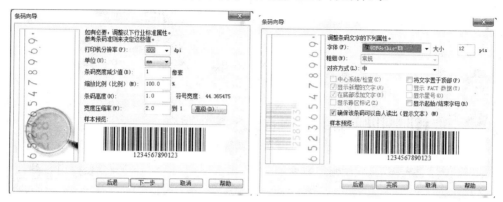

图 3-56 "条形码向导"对话框（打印属性）　　图 3-57 "条形码向导"对话框（文本属性）

3.5.2 插入新对象

菜单命令：执行"对象"→"插入新对象"菜单命令，弹出如图3-58所示的"插入新对象"对话框。选择"新建"，"对象类型"列表中显示新建对象的来源程序，选择一种程序类型，单击"确定"按钮，在设计作品中创建一个所选类型的文件。选择"由文件创建"（见图3-59），在"文件"下面的编辑框中输入要插入文件的存储地址，或单击"浏览"按钮在弹出的"浏览"对话框中选择要插入文件的存储地址。插入对象时可以选择"链接"方式和"创建对象"两种，使用"链接"方式时设计文件中可显示插入对象，但并没有真正加入插入对象，只是加入了一个链接指针。不管使用哪种方式，插入的对象都可以用创建的程序启动。

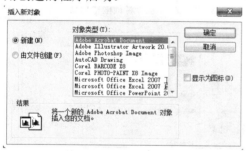

图 3-58 "插入新对象"对话框"新建"　　图 3-59 "插入新对象"对话框"由文件创建"

> ➤ 操作技巧
>
> 如果想让插入CorelDRAW X8的内容随源文件的修改而实时更新，可将文件内容"链接"到设计文件中；如果要改变源文件或设计文件的存储位置，则就将文件作为"对象"插入设计文件。另外，当插入文件体积较大时，使用"链接"方式在一定程度上有助于控制设计文件的体积。

3.6　实例

3.6.1　实例——精美相框

01 打开随书光盘"源文件/素材/第3章"文件夹中的文件："相框素材",将文件另存在"设计作品"文件夹中,命名为"精美相框.cdr",如图3-60所示。

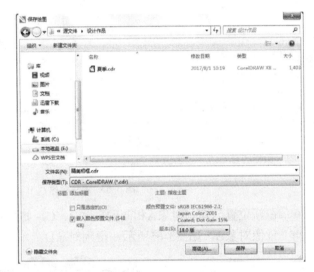

a) 操作方法　　　　　　　　　　b)"保存绘图"对话框

图 3-60　保存文件

02 选择全部对象,锁定纵横比,如图3-61所示。

图 3-61　锁定纵横比操作方法

03 选定全部对象,将长度调整为25mm,宽度调整为10mm,得到对象A,如图3-62所示。

a) 操作方法　　　　　　　　　　b)　操作效果

图 3-62　调整对象尺寸

04 显示网格，然后设置间距为10mm的网格，并开启贴齐网格选项，如图3-63所示。

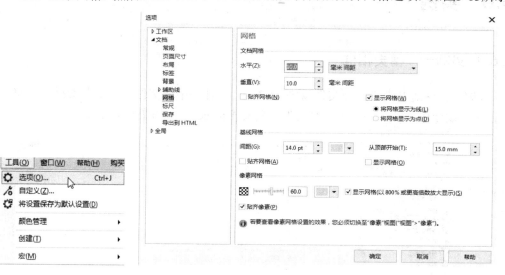

a）　操作方法　　　　　　　　b）　"选项"对话框"网格"选项卡

图 3-63　调整对象尺寸

05 在新位置创建与对象A相同的副本B、C，如图3-64所示。

06 镜像对象B，如图3-65所示，得到对象D。

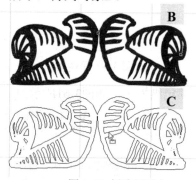

图 3-64　创建新副本

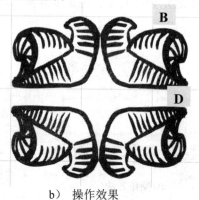

a）　操作方法　　　　　　　　b）　操作效果

图 3-65　对象镜像

07 将对象D与对象A相接，如图3-66所示，共同作为对象E，并移动对象E，贴齐网

格对齐。

08 全选对象E，在新位置创建与其相同的副本F，如图3-67所示。

09 移动对象F，使其与E相接，如图3-68所示。

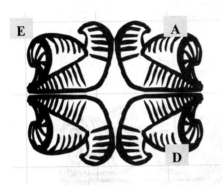

图 3-66　对象对齐

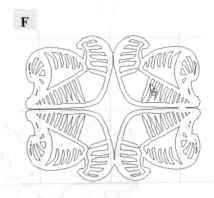

图 3-67　创建新副本

> ➤ **操作技巧**
>
> 　　在用鼠标划定区域选择对象时，只会选定完全包含在划定区域内的对象，不会选定部分包含在区域内的对象。因此，在不同对象距离较小时，可划定一个稍大的区域，只要使不需要的对象的一部分在划定区域外即可。

图3-68　移动对象

10 全选对象E、F，作为对象G，并在新位置创建与对象G相同的副本H，如图3-69所示。

11 选择对象H，使用"步长和重复"命令，创建4个新副本，各副本水平偏移50mm，垂直偏移0mm，如图3-70所示，共同作为对象I。

12 将对象 H 旋转 90°，得到对象 K，如图 3-71 所示。

13 选择对象J，使用"步长和重复"命令，创建2个新副本，各副本水平偏移0mm，垂直偏移50mm，共同作为对象K，如图3-72所示。

14 在新位置分别创建与对象I和对象K相同的新副本，并贴齐网格对齐成为矩形框架，共同作为对象L，如图3-73所示。

15 设置一条过（0，0）点倾角为135°的辅助线，如图3-74所示。

图 3-69 创建新副本

a) 操作方法

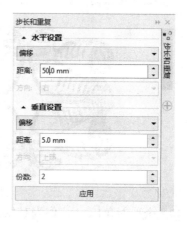

b) "步长和重复"泊坞窗

c) 操作效果

图 3-70 步长和重复

第 3 章 对象编辑

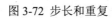

a）操作方法　　　　　　　b）操作效果

图 3-71 旋转对象

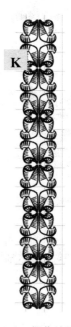

a）操作方法　　　　b）"步长和重复"泊坞窗　　　c）操作效果

图 3-72 步长和重复

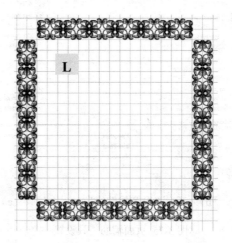

图 3-73 创建新副本并移动拼成矩形框架

a）　操作方法　　　　　　b）　"选项"对话框"辅助线"选项卡

图 3-74　设置辅助线

16 显示辅助线，开启贴齐辅助线，关闭贴齐网格，如图3-75所示。

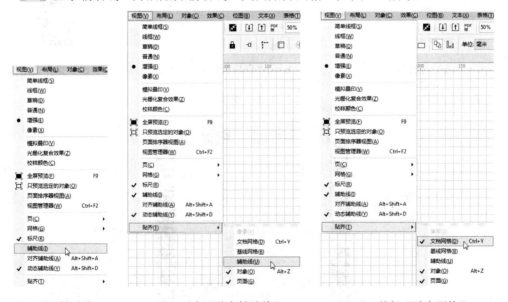

a）　显示辅助线　　　b）　开启"贴齐辅助线"　　　c）　关闭"贴齐网格"

图 3-75　页面辅助工具设置

17 将对象C,，将其中一部分删除，得到M如图3-76所示。

a）操作方法　　　　　　　　　　　　　　　　b）操作效果

图 3-76　删除部分对象

18 将对象M旋转135°，得到对象N，如图3-77所示。

19 将对象N移动到辅助线旁对齐，如图3-78所示。

a）135.0　○

图 3-77　旋转对象　　　　　　　　　　　　图 3-78　移动并对齐对象

20 将对象N水平镜像，再旋转135°，得到对象O，如图3-79所示。

a）135.0　○

a）操作方法　　　　　　　　　　　　　　　　b）操作效果

图 3-79　调整对象尺寸并镜像、旋转对象

21 移动对象O与对象N结合，得到对象P，如图3-80所示。

22 在新位置创建3个与对P相同的副本，并分别旋转90°、180°、270°，得到对象Q、R、S，如图3-81所示。

23 将对象P、Q、R、S分别移动到框架L的4个角，如图3-82所示。

选定所有对象，调整其在页面上的位置，保存文件，完成作品"精美相框"，如图3-83所示。

将作品另存为"度假.cdr"，导入随书电子资料"源文件/素材/第3章"文件夹中的文件："度假.jpg"。

调整导入图片的大小和位置，保存文件，完成作品"度假.cdr"，如图3-84所示。

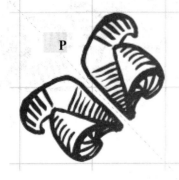

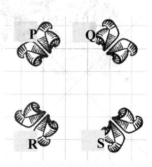

图 3-80 旋转并移动对象　　　　　　　图 3-81 创建新副本并旋转对象

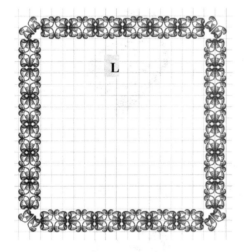

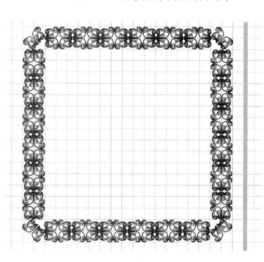

图 3-82 移动对象　　　　　　　图 3-83 作品"精美相框"

图 3-84 作品"度假"

第 3 章 对象编辑

3.6.2 实例——水族世界

01 新建文件，如图3-85所示。命名为"海底世界.cdr"。

图 3-85 新建文件

02 导入随书光盘"源文件/素材/第3章"文件夹中的文件"珊瑚.jpg"，拉伸到与页面等大，如图3-86所示。

03 打开随书光盘"源文件/素材/第3章"文件夹中的素材"鱼.cdr"，如图3-87所示。

04 全选金鱼并复制，粘贴到文件"海底世界.cdr"中，如图3-88所示。

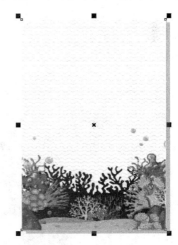

| X: 103.865 mm | ⟷ 210.0 mm | 35.0 % |
| Y: 149.533 mm | ⏸ 297.0 mm | 33.0 % |

a) 操作方法   b) 操作效果

图 3-86 调整对象尺寸

05 调整金鱼的大小，用"再制""克隆"命令创建多条金鱼并移动到合适的位置，用"旋转""倾斜"命令改变部分金鱼的姿态，用"镜像"命令改变部分金鱼游动的方向，如图3-89所示。

06 打开随书光盘"源文件/素材/第3章"文件夹中的素材"气泡.cdr"，如图3-90所示。

图 3-87 金鱼　　　　　　　　　　　　　　　图 3-88 粘贴对象

07 创建多个副本，调整气泡大小，并分散地排列成一串，如图3-91所示。

图 3-89 改变金鱼大小、姿态、方向

08 任意选取气泡串的部分气泡，粘贴到"海底世界.cdr"中的不同位置，如图3-92
所示。

图3-90 气泡   图3-91 气泡串

图 3-92 粘贴气泡

09 保存设计文件，完成作品"海底世界.cdr"，如图3-93所示。

图 3-93 作品"海底世界"

3.7 实验

3.7.1 实验——图文边框

使用3.6.1节中的素材，设计图文边框。

> ➤ **特别提示**
>
> "相框素材"里的所有对象实际上都是由一个圆形和一个矩形通过拉伸、旋转、倾斜以及颜色替换制成的，读者可使用这些命令制造出其他的基本对象，设计图文边框。

3.7.2 实验——装饰作品

在随书光盘中任意选择图片，为其设计边框。

> ➤ **特别提示**
>
> 可以3.6.1节中的素材作为基本对象，参考3.4节中的方法更改颜色，为图片设计风格符合的边框。

3.8　思考与练习

1．Ctrl加字母Z、X、C、V组成的快捷键对应的操作是（　　）。

    A．对象重做、对象剪切、对象重复、对象选取

    B．对象撤消、对象删除、对象复制、对象重复

    C．对象粘贴、对象删除、对象选取、对象粘贴

    D．对象撤消、对象剪切、对象复制、对象粘贴

2．（　　）操作一定会改变当前页面对象的数量。

    A．对象选取　　　B．对象复制　　　C．对象剪切　　　D．对象重复

3．在执行"对象旋转和倾斜"操作时，图3-94中(　　)位置上的控制点用于旋转对象。

    A．5　　　　　　　　　B．1，3，7，9

    C．2，4，6，8　　　D．1，3，5，7，9

4．（　　）操作可以使用泊坞窗自由决定新制对象
的数量。

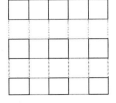

    A．"再制"　　　　　B．"仿制"

    C．"属性复制"　　　D．"步长和重复"

5．"变换"泊坞窗中不能执行的操作是（　　）。

    A．"重复"　　　B．"缩放"　　　C．"旋转"

D．"镜像"

图 3-94　光标指针位置

6．对象替换不能用于替换（　　）。

    A．形状　　　B．颜色　　　C．颜色模型　　　D．调色板

7．当需要将1个占用空间为22M的.JPG图像插入.CDR文件中时，为了尽量减少设计文件的体积，应按（　　）方式插入。

    A．"对象"　　B．"对象"或"链接"　　C．"对象"和"链接"　　D．"链接"

第 4 章　对象组织

本章导读

　　本章学习有关对象组织的基本方法，包括对象排列、群组、结合与拆分、锁定与解锁、造形以及对象与曲线的转换等。应深入理解这些操作的作用，并熟练掌握使用方法，为设计工作中的对象组织编排打好基础。

- 📖 对象对齐、分布、层次变换以及群组
- 📖 对象结合、拆分、对象造形的方法以及不同操作的区别
- 📖 对象锁定与解锁的操作方法及用途
- 📖 对象转换为曲线、提取轮廓及闭合路径

第 4 章 对象组织

4.1 对象排列

4.1.1 对象对齐

菜单命令：选定要对齐的对象，执行"对象"→"对齐和分布"菜单命令，在出现的子菜单（见图4-1）中选择对齐方式，单击即可。

"左对齐""右对齐"分别是将所有选定对象（见图4-2）的最左端、最右端纵向对齐，如图4-3和图4-4所示；"顶端对齐""底端对齐"分别是将所有选定对象顶端、底端横向对齐，如图4-5和图4-6所示；"水平居中对齐""垂直居中对齐"分别是将对象的几何中心横向、纵向对齐，如图4-7和图4-8所示。

左对齐(L)	L
右对齐(R)	R
顶端对齐(T)	T
底端对齐(B)	B
水平居中对齐(C)	E
垂直居中对齐(E)	C
在页面居中(P)	P
在页面水平居中(H)	
在页面垂直居中(V)	
✓ 对齐与分布(A)	Ctrl+Shift+A

图 4-1 "对齐和分布"菜单

图 4-2 原始对象 　　图 4-3 左对齐 　　图 4-4 右对齐 　　　图 4-5 顶端对齐 　　图 4-6 底端对齐

对齐前　　　　　对齐后　　　　　　　　对齐前　　　　　对齐后

图 4-7 水平居中对齐效果　　　　　　图 4-8 垂直居中对齐效果

> ➤ **操作技巧**
>
> 对于逐个选定的对象，对齐时以第一个选定对象为基准。对于一次性选定的对象（如选定划定区域内的所有对象），对齐时以最底层对象为基准。

菜单命令：选定要对齐的对象，执行"对象"→"对齐和分布"→"对齐与分布"菜单命令，弹出如图4-9所示的"对齐与分布"泊坞窗。在"对齐对象到"下拉列表中选择对齐的基准，除默认的"活动对象"外，还可选择"页面边缘""页面中心""网格""指定点"等。

属性栏：单击 按钮，在如图4-9所示的泊坞窗中操作。

87

4.1.2 对象分布

分布是指对象相对于指定范围或页面的位置。

> **⯈ 特别提示**
>
> "对齐"与"分布"的区别在于,"对齐"是点对于线的位置操作,而"分布"是线对于面的位置操作。

图4-9 "对齐与分布"泊坞窗

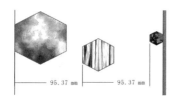

a) 以左端为基准分布

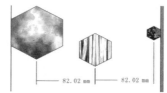

b) 以中间为基准分布

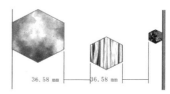

c) 以间距为基准分布

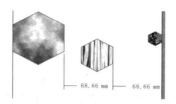

d) 以右端为基准分布

图4-10 水平分布效果

选定要改变分布方式的对象,执行"对象"→"对齐和分布"菜单命令,在出现的子菜单(见图4-1)中选择分布形式,单击即可。

菜单命令:选定要对齐的对象,执行"对象"→"对齐和分布"→"对齐与分布"菜

第 4 章 对象组织

单命令，弹出如图4-9所示的"对齐与分布"泊坞窗。

"分布"中命令的用法与"对齐"中命令的用法大致相同，不再详细介绍。

这里以针对"页面的范围"在水平方向上的操作说明各种分布效果的区别（见图4-10）。左、右端点在水平方向上分布于页面最左、右的对象的左、右端会分别以页面的左、右边缘为基准对齐。然后使对象以指定的分布基准在页面上均匀分布。如选择以左端为基准时，水平方向上位于页面两侧的六边形的左、右边分别与页面的左、右边缘对齐，此时这两个对象的左边线相距190.74mm。则页面上3个对象的左边线以95.37mm（190.74/2=95.37）的间距分布。

4.1.3 对象层次

菜单命令：选定要改变层次的对象，执行"对象"→"顺序"菜单命令，出现如图4-11所示的子菜单。单击相应命令，可直接执行"到页面前面""到页面后面""到图层前面""到图层后面""向前一层""向后一层""逆序"等操作。而执行"置于此对象前""置于此对象后"操作时，在单击相应命令后，还要使用 ➡ 状光标选择基准对象。图4-12～图4-15显示了对右侧的圆实施部分操作的效果。

图 4-11 "顺序"子菜单

图 4-12 原图像　　图 4-13 "到图层前面"　　图 4-14 "向前一层"　　图 4-15 "逆序"

快捷菜单：选定要改变层次的对象，单击右键，在出现的快捷菜单中单击"顺序"并单击相应命令。

属性栏：选定要改变层次的对象，单击 按钮，执行"到图层前面"操作；单击 按钮，执行"到图层后面"操作。

泊坞窗：执行"窗口"→"泊坞窗"→"对象管理器"菜单命令，打开如图4-16所示的"对象管理器"泊坞窗。在泊坞窗中，当前页面所有的对象按照从顶层到底层的顺序从上至下依次显示。用鼠标单击要改变层次的对象，上下拖动到预期的位置。在页面包括多个图层时，使用泊坞窗还能将对象跨层次移动。

图 4-16 "对象管理器"泊坞窗

快捷键：到页面前面，{Ctrl+Home}；到页面后面，{Ctrl+End}；到图层前面，{Shift+PgUp}；到图层后面，{Shift+PgDn}；向前一层，

{Ctrl+PgUp}；向后一层，{Ctrl+PgDn}。

> **特别提示**
> 　对于图形对象而言，一般情况下"向前/后一层""到图层前/后面""到页面前/后面"操作的层次移动量逐渐增大。当前/后仅有不超过1层对象或者页面中只有不超过1个图层时，相邻操作的层次移动量相同。

4.2　对象群组

4.2.1　对象群组

　　"群组"是将多个对象组合在一起的操作，群组后的对象会处于同一图层中，其相对关系（如位置、层次等）在执行统一操作时不会改变。

　　菜单命令：选定要群组的对象或对象组，执行"对象"→"组合"→"组合对象"菜单命令，可对多个对象或对象组进行群组操作。

　　快捷菜单：选定要群组的对象或对象组，单击鼠标右键，在出现的快捷菜单中单击"组合对象"。

　　属性栏：选定要群组的多个对象，单击 按钮。

　　快捷键：{Ctrl+G}。

4.2.2　取消群组

　　菜单命令：选定要解散的对象组，执行"对象"→"组合"→"取消组合对象"菜单命令，可将指定对象组拆散为最后一次群组前的对象或对象组。

　　快捷菜单：选定要解散的对象组，单击鼠标右键，在出现的快捷菜单中单击"取消组合对象"。

> **特别提示**
> 　当选定的对象只有一个或只有一个群组时，"群组"命令处于非激活状态或不显示。

　　属性栏：选定要解散的对象组，单击 按钮。

　　快捷键：{Ctrl+U}。

4.2.3　取消全部群组

　　菜单命令：选定要解散的对象组，执行"对象"→"组合"→"取消组合所有对象"菜单命令，可将群组的所有对象全部拆散为单一对象而不含对象组。

　　快捷菜单：选定要解散的对象组，单击鼠标右键，在出现的快捷菜单中单击"取消组合所有对象"。

属性栏：选定要解散的对象组，单击 按钮。

> **操作技巧**

　　对象群组命令可将"对象"与"对象"群组，也可将"对象"与"对象组"或"对象组"与"对象组"群组。群组的先后顺序虽然对群组的结果无关，但会影响到"取消群组"操作的结果。如将对象A、B组合成对象组[AB]，将对象C、D组合成对象组[CD]，再将对象组[AB]、[CD]组合成对象组[ABCD]，进行1次"取消群组"操作会得到对象组[AB]和[CD]。而将对象A、B、C组合成对象组[ABC]，再将对象[ABC]与对象D组合成对象组[ABCD]，进行1次"取消群组"操作会得到对象组[ABC]和对象D。因此，对多个对象执行"群组"操作时，应注意不同对象之间的相互关系，尽量相关联较近的对象先行群组，再对等级相同的对象组进行群组。这样有利于对复杂对象组的管理和局部修改。

4.3　对象结合与拆分

4.3.1 对象结合

　　"结合"是将不同对象转换为一个曲线对象的操作。曲线的属性与最底层被结合对象保持一致；曲线的形状是叠加的结果，结合前奇数层叠加的位置显示为曲线的内部，偶数层叠加的位置显示为曲线的外部，图4-17所示为"结合"操作的效果。

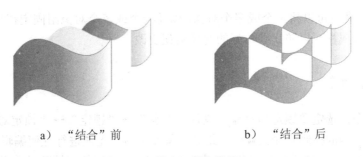

a）　"结合"前　　　　　　　　b）　"结合"后

图 4-17　"结合"操作效果

　　菜单命令：选定要结合的对象，执行"对象"→"合并"菜单命令。

　　快捷菜单：选定要结合的对象，单击鼠标右键，在出现的快捷菜单中单击"合并"。

　　属性栏：选定要结合的对象，单击 按钮。

　　快捷键：{Ctrl+L}。

4.3.2 对象拆分

　　"拆分"是将由"合并"命令而产生的曲线对象拆成"合并"前对象的操作。"拆分"后的对象与"合并"前的对象轮廓形状一致，层次关系恰好相反。图4-18a是图4-17中"结合"后的对象"拆分"的结果；图4-18b、c则分别是对图4-18 a再次"合并""拆分"后的结果；图4-18a、c对比显示"拆分"操作对对象层次的影响。

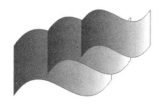

a）"拆分"后　　　　　　b）再次"合并"后　　　　　c）再次"拆分"后

图4-18　"拆分"操作效果

> **特别提示**
>
> 不能将"拆分"当作"合并"的逆操作，因为"拆分"由"合并"操作产生的曲线后，仅能还原原对象的形状，但不能还原源对象的属性信息。

菜单命令：选定要拆分的对象，执行"对象"→"拆分"菜单命令。

快捷菜单：选定要拆分的对象，单击鼠标右键，在出现的快捷菜单中单击"拆分曲线"。

属性栏：选定要拆分的对象，单击 器 按钮。

快捷键：{Ctrl+K}。

4.4 对象锁定

"锁定"命令可以将一个或多个对象，以及一个或多个对象组固定在页面的指定位置，并同时锁定其属性，以防止编辑好的对象被误更改。

4.4.1 对象锁定

菜单命令：选定要锁定的对象，执行"对象"→"锁定"→"锁定对象"菜单命令。被锁定对象周围的控制点变为 🔒 状，此时对象除解锁外无法进行任何编辑。

快捷菜单：选定要锁定的对象，单击鼠标右键，在出现的快捷菜单中单击"锁定对象"。

4.4.2 解除锁定对象

菜单命令：选定要解除锁定的对象，执行"对象"→"锁定"→"解锁对象"菜单命令。指定对象周围的控制点恢复为 ■ 状，可进行任何编辑。

快捷菜单：选定要解除锁定的对象，单击鼠标右键，在快捷菜单中单击"解锁对象"。

4.4.3 解除全部锁定对象

菜单命令：执行"对象"→"锁定"→"对所有对象解锁"菜单命令，当前页面中的所有对象被解除锁定。

4.5 对象造型

4.5.1 对象焊接

"焊接"是指用单一轮廓将两个对象组合成单一曲线对象。当被焊接对象重叠时，它们会结合为单一的轮廓；当被焊接对象不重叠时，它们虽不具有单一轮廓，但可作为单一对象进行后续操作。在"焊接"操作中，对象被分为"来源对象"和"目标对象"，"焊接"后，来源对象将具备目标对象属性信息。

图4-19显示了将椭圆形对象和矩形对象焊接成酒杯的过程：图4-19a、b将最上方的椭圆和矩形焊接在一起并保留椭圆对象；图4-19b、c将最下方的椭圆和矩形焊接在一起并保留矩形对象；图4-19c、d将上方焊接后的椭圆和矩形与中间的椭圆焊接在一起并保留上方对象；图4-19d、e将两对象焊接在一起并保留上方对象。

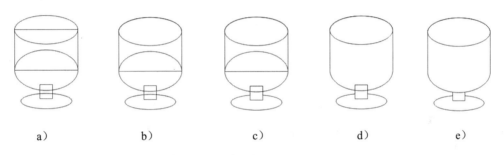

a)　　　　b)　　　　c)　　　　d)　　　　e)

图 4-19 用"焊接"操作制作"香槟酒杯"

菜单命令：先选定源对象，再选定目标对象，执行"对象"→"造型"→"合并"菜单命令。

属性栏：选定要焊接的对象，单击 按钮。

> **特别提示**
> 如划定区域选择对象，最底层的对象将作为"目标对象"。

泊坞窗：执行"对象"→"造型"→"造型"菜单命令，或"窗口"→"泊坞窗"→"造型"菜单命令，打开如图4-20所示的"造型"泊坞窗。在下拉列表中选择"焊接"，下方显示出"焊接"操作的效果。选择要焊接的对象，如果需要保留源对象或目标对象，单击相应选项前的复选框。单击"焊接到"按钮，光标指针变成 状，单击目标对象，完成操作。

> **操作技巧**
> 如果想在"焊接"的同时保留对象，使用泊坞窗操作。

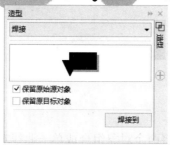

图4-20"造型"泊坞窗"焊接"选项

4.5.2 对象修剪

"修剪"是通过移除重叠的对象区域来创建形状不规则的对象。"修剪"前，需确定目标对象（要修剪的对象）和源对象（用于执行修剪的对象），"修剪"后，目标对象在源对象外的区域会被去除。图4-21显示了以椭圆形为"源对象"，不规则折线形为"目标对象"，通过"修剪"操作创建破碎蛋壳的效果。

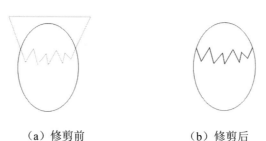

（a）修剪前   （b）修剪后

图 4-21 用"修剪"操作制作"破碎的蛋"

菜单命令：先选定源对象，再选定目标对象，执行"对象"→"造型" →"修剪"菜单命令。

属性栏：选定要修剪的对象，单击 按钮。

泊坞窗：执行"对象"→"造型" →"造型"菜单命令，或"窗口"→"泊坞窗"→"造型"菜单命令，在下拉列表中选择"修剪"，打开如图4-22所示的"造型"泊坞窗。泊坞窗中显示出"修剪"操作的效果。选择要修剪的对象，如果需要保留源对象或目标对象，单击相应选项前的复选框。单击"修剪"按钮，光标指针变成 状，单击目标对象，完成操作。

图 4-22"造型"泊坞窗"修剪"选项

4.5.3 对象相交

"相交"是将1个或多个对象与目标对象相重叠部分创建为新对象的操作,新对象保持与目标对象相同的属性信息。图4-23显示了使用"相交"命令,用1个圆形对象创建梅花的过程:图4-23a将圆形对象创建4个相同副本并旋转排列;图4-23a、b对相邻的圆形两两做"相交"操作,保留目标对象和源对象;图4-23b、c删除5个圆形对象;图4-23c、d将相邻的花瓣两两做"相交"操作,保留目标对象和源对象;图4-23d、e将右侧花瓣调整至页面底层;图4-23e、f全选所有对象,做"相交"操作,保留目标对象和源对象,并将新创建的对象移至页面最上层。

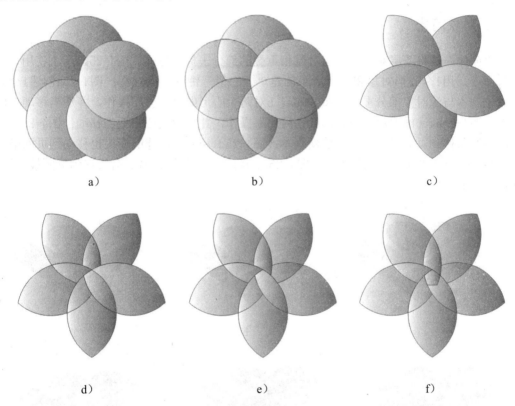

a)　　　　　　　　b)　　　　　　　　c)

d)　　　　　　　　e)　　　　　　　　f)

图 4-23 用"相交"操作制作"梅花一朵"

菜单命令:选定对象,执行"对象"→"造型"→"相交"菜单命令。

属性栏:选定对象,单击🖻按钮。

> ➤ **操作技巧**
> 　　如果想保留源对象和目标对象,可以直接使用菜单命令或属性栏操作。

泊坞窗:执行"对象"→"造型"→"造型"菜单命令,或"窗口"→"泊坞窗"→"造型"菜单命令,在下拉列表中选择"相交",打开如图4-24所示的"造型"泊坞窗。泊坞窗中显示出"相交"操作的效果。选择对象,如果需要保留源对象或目标对象,单击相应选项前的复选框。单击"相交"按钮,光标指针变成🖻状,单击目标对象,完成操作。

图4-24 "造型"泊坞窗"相交"选项

4.5.4 对象简化

"简化"是将下层对象与上层对象相重叠的部分去掉的操作。图4-25显示了使用"简化"命令，用1个心形对象和一个箭头创建"一'箭'钟情"的过程：图4-25a创建1个心形对象副本与源对象部分重叠；图4-25a、b对两个心形做"简化"操作，并适当移动右侧心形；图4-25b、c再次对两个心形做"简化"操作，并将右侧心形适当移动；图4-25c、d将箭头对象移到页面最下层并创建新副本；图4-25d、e将新创建的箭头也移动到页面最下层，并与两个心形做"简化"操作；图4-25e、f将"简化"操作后的箭头移到页面最上层，并移动到适当位置。

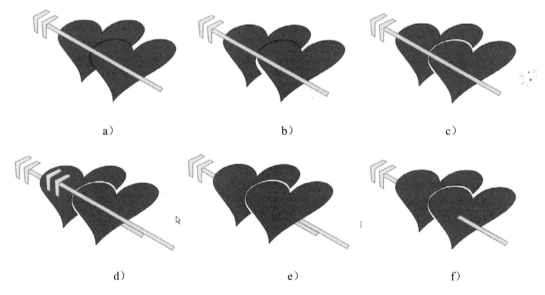

图 4-25 用"相交"操作制作"一'箭'钟情"

菜单命令：选定对象，执行"对象"→"造型"→"简化"菜单命令。

属性栏：选定对象，单击🖵按钮。

泊坞窗：执行"对象"→"造型"→"造型"菜单命令，或"窗口"→"泊坞窗"→"造型"菜单命令，在下拉列表中选择"简化"，打开如图4-26所示的"造型"泊坞窗。泊坞窗中显示出"简化"操作的效果。选择"简化"操作的源对象和目标对象，单击"应用"按钮，完成操作。

4.5.5 对象叠加

"对象叠加"操作包括"前剪后"和"后剪前"两种。"前剪后"即"移除后面对象"，是以位于页面前的对象为基础，去除位于页面后面的对象与其重叠的范围，创建新对象的操作；"后剪前"则恰好相反，即"移除前面对象"。图4-27显示了使用"前剪后"和"后剪前"命令，创建"月儿弯弯"的过程：图4-27a创建1个新的圆形

图 4-26 "造型"泊坞窗"简化"选项

副本并移动至与源对象部分重叠；图4-27a、b对两个圆形对象进行"前剪后"操作；图4-27a、c对两个圆形对象进行"后剪前"操作。

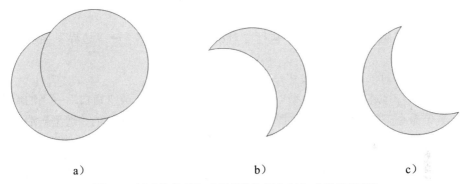

a)   b)   c)

图 4-27 用"前剪后""后剪前"操作制作"月儿弯弯"

菜单命令：选定前后两个对象或对象组，执行"对象"→"造型"→"移除后面对象"或"对象"→"造型"→"移除前面对象"菜单命令。

属性栏："移除后面对象"，选定对象，单击 按钮；"移除前面对象"：选定对象，单击 按钮。

泊坞窗：执行"对象"→"造型"→"造型"菜单命令，或"窗口"→"泊坞窗"→"造型"菜单命令，在下拉列表中选择"移除后面对象"（或"移除前面对象"），打开如图4-28（或图4-29）所示的"造型"泊坞窗。泊坞窗中显示出"移除后面对象"（或"移除前面对象"）操作的效果。选择源对象和目标对象，单击"应用"按钮。

图 4-28 "造型"泊坞窗"移除后面对象"选项

图 4-29 "造型"泊坞窗"移除前面对象"选项

97

4.5.6 创建边界

在CorelDRAW X8中，可以自动在图层上选定对象的周围创建路径，从而创建边界。此边界可用于各种用途，例如生成拼版或剪切线。可以沿选定对象的形状的闭合路径创建边界。默认的填充和轮廓属性将应用于依据该边界创建的对象。如图4-30所示，图4-30a选定对象，图4-30b创建边界，图4-30c将生成的边界用作其他对象的剪切线。

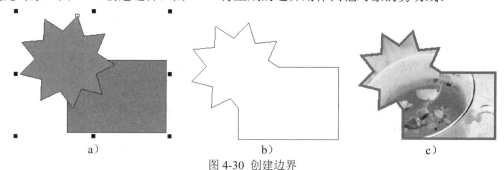

a)   b)   c)

图 4-30 创建边界

菜单命令：选定对象或对象组，执行"对象"→"造型"→"边界"菜单命令。如图4-31所示。

属性栏：选定对象，单击 🖫 按钮。

泊坞窗：执行"对象"→"造型"→"边界"菜单命令，或"窗口"→"泊坞窗"→"造型"菜单命令，在下拉列表中选择"边界"，打开如图4-32所示的"造型"泊坞窗。泊坞窗中显示出"边界"操作的效果。选择源对象或放到选定对象后面，单击"应用"按钮。

图 4-31 创建边界菜单命令   图 4-32 "造型"泊坞窗"边界"选项

4.6 对象转换

4.6.1 转换为曲线

"转换为曲线"是将非曲线对象转换为曲线对象的过程。转换后的对象与源对象的形状没有区别，并非通常概念里的曲线。转换得到的对象可以执行曲线对象可执行的任何操作。

菜单命令：选定要转换为曲线的对象，执行"对象"→"转换为曲线"菜单命令。

快捷菜单：选定要转换为曲线的对象，单击鼠标右键，在出现的快捷菜单中单击"转换为曲线"。

属性栏：选定对象，单击 按钮。

快捷键：{Ctrl+Q}。

4.6.2 将轮廓转换为对象

"将轮廓转换为对象"是把有轮廓线对象的轮廓线从对象中提取出来的操作。图4-33显示将最左侧矩形对象的轮廓提取出来的效果。

 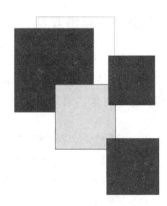

a）"将轮廓转换为对象"前   b）"将轮廓转换为对象"后

图 4-33 "将轮廓转换为对象"操作效果

菜单命令：选定要转换为曲线的对象，执行"对象"→"将轮廓转换为对象"菜单命令。

快捷键：{Ctrl+Shift+Q}。

> **特别提示**
>
> "将轮廓转换为对象"命令不能分离群组对象的轮廓。

4.6.3 连接曲线

"连接曲线"是指起始点和结束点相连的曲线。使用"连接曲线"操作可将多条曲线首尾连接。

菜单命令：使用选择工具按住Shift键选定要连接的多条线段，执行"对象"→"连接曲线"菜单命令。

泊坞窗：执行"对象"→"连接曲线"菜单命令，或"窗口"→"泊坞窗"→"连接曲线"菜单命令，打开如图4-34所示的"连接曲线"泊坞窗。

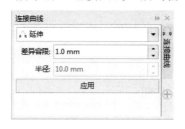

图 4-34 "连接曲线"泊坞窗

4.7 实例

4.7.1 实例——新婚双喜

01 打开随书光盘"源文件/素材/第4章"文件夹中的文件："双喜素材"，将文件另存在"设计作品"文件夹中，命名为"新婚双喜.cdr"，如图4-35所示。

02 选取对象"喜"，创建1个新副本，如图4-36所示。

图 4-35 双喜素材   图 4-36 创建新副本

03 将两个对象"喜"移动至部分重叠，并"水平居中对齐"，如图4-37所示。

04 把两个对象"喜"合并在一起，如图4-38所示。

05 选择多边形工具 ◯ 中的基本形状工具 ♧ ，然后在属性栏中，如图4-39所示，选择心形图形。可以在此选项的后面设置轮廓线的粗细。

a）操作方法   b）操作效果

图 4-37 水平居中对齐

a）操作方法   b）操作效果

图 4-38 合并

06 绘制心形，将轮廓线设置为0.1mm，如图4-40所示。

图4-39 基本图形属性栏　　　　　　　　　　图4-40　绘制心形

07 选中心形，然后再调色板中选择红色，将心形填充颜色，如图4-41所示，使用"对象"→"顺序"菜单命令将心形对象移动至双喜图层的后面，如图4-42所示。

图4-41 填充颜色　　　　　　　　　　图4-42 改变图层顺序

08 适当调整心形和双喜字的大小，如图4-43所示。

图4-43 调整大小

第 4 章 对象组织

09 打开随书光盘"源文件/素材"文件夹中的文件:"梅花",选择全部对象,组合成群组,如图4-44所示。

| a)操作方法 | b)操作效果 |

图 4-44 对象群组

10 复制群组后的对象粘贴到文件"新婚双喜.cdr"中,如图4-45所示,缩小粘贴的梅花对象,如图4-46所示。

图 4-45 粘贴对象　　　　　　　　图 4-46 缩小对象

11 创建大小不同的多个梅花副本,随意置于心形对象的边缘,保存文件,完成作品,如图4-47所示。

图 4-47 "新婚双喜"作品

4.7.2 实例——爱鸟邮票

01 打开随书光盘"源文件/素材/第4章"文件夹中的文件："邮票素材.cdr"，将文件另存在"设计作品"文件夹中，命名为"爱鸟邮票.cdr"，如图4-48所示。

02 使用椭圆形工具绘制圆形，将圆形对象的大小设置为10mm×10mm，如图4-49所示。

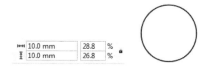

图 4-48 邮票素材　　　　　　　　　　　图 4-49 改变对象尺寸

03 使用"步长和重复"命令创建8个相同的圆形对象副本，水平偏移0mm，垂直偏移-20mm，如图4-50所示。

04 使用"群组"命令将9个圆形对象做成对象组，如图4-51所示。

05 在新位置创建两个圆形对象组，如图4-52所示。

06 将其中的1个圆形对象组旋转90°，如图4-53所示。

07 创建1个与旋转后水平的圆形对象组相同的对象组，如图4-54所示。

08 将灰色矩形的尺寸改为长200mm、宽160mm，如图4-55所示。

09 使灰色矩形对象在页面上居中分布，如图4-56所示。

10 开启"贴齐对象"选项，如图4-57所示。

11 移动原始圆形对象组至矩形的右侧，使对象组中最上方圆形的中心与矩形的右上角贴齐，如图4-58所示。

图 4-50 "步长和重复"创建新副本

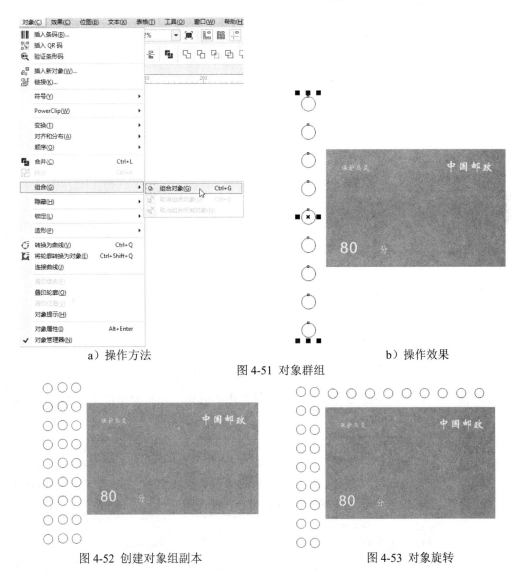

a）操作方法

b）操作效果

图 4-51 对象群组

图 4-52 创建对象组副本

图 4-53 对象旋转

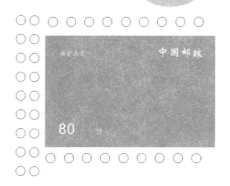

图 4-54 创建对象组副本　　　　　　　　　图 4-55 调节对象尺寸

a）操作方法　　　　　　　　　b）操作效果

图 4-56 对象"在页面居中"分布

12 移动上、下两个圆形对象组，使其垂直中心分别与矩形对象的上、下边缘贴齐；移动左侧圆形对象组，使其水平中心与矩形对象的左侧边缘贴齐。

13 选择左侧圆形对象组，使其在页面垂直居中分布，如图4-59所示。

14 选择上、下圆形对象组，使其在页面水平居中分布，如图4-60所示。

15 选定所有圆形对象组及矩形对象，执行"移除前面对象"操作，如图4-61所示。

16 导入随书光盘"源文件/素材/第4章"文件夹中的文件："鸟.jpg"，如图4-62所示。

17 拖动图片选择所有文字对象将其移到页面前面，如图4-63所示。

18 修改文字对象的大小颜色，并移动页面上的文字对象"保护鸟类""中国邮政"

第 4 章 对象组织

"80""分"至适当位置，并调节到适当尺寸，保存文件，完成设计作品"爱鸟邮票"。
如图4-64所示。

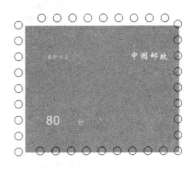

图 4-57 开启"贴齐对象"　　　　　　图 4-58 移动圆形对象组使最上方圆与矩形对象贴齐

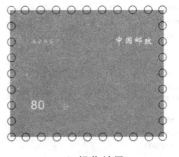

a）操作方法　　　　　　　　　　b）操作效果

图 4-59 对象"在页面垂直居中"分布

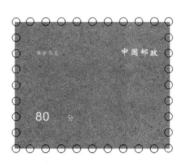

a）操作方法　　　　　　　　　　　b）操作效果

图 4-60　对象"在页面水平居中"分布

a）操作方法　　　　　　　　　　　b）操作效果

图 4-61　"移除前面对象"操作

第 4 章 对象组织

图 4-62 导入图片

a）操作方法　　　　　　　　　　　　　　b）操作效果

图 4-63 移动对象"到页面前面"

图4-64 调整文字对象

19 调节图片"鸟"在页面居中分布，保存文件，完成设计作品"爱鸟邮票"，如图4-65所示。

a）操作方法

b）操作效果

图4-65 对象"在页面居中"分布

4.8 实验

4.8.1 实验——红梅映雪

完成剪纸风格的作品"红梅映雪"。

> ➤ **特别提示**
>
>   "剪纸"作品一般颜色较为简单，造型线条清晰，对象连接充分。由此可在白色背景的基础上，选用本章中的图形素材，得到外形大致接近的基本造型，再使用4.5节中的命令对对象进行反复处理。对有重复性的对象，可以充分使用对象复制、粘贴等命令。图4-66给出了参考效果。

图 4-66 作品"红梅映雪"

4.8.2 实验——电影胶片

    完成电影胶片效果。

> ➤ **特别提示**
>
>   使用4.6.2节中的设计素材，以黑色矩形为背景，小矩形为前景，做"前剪后"操作。

4.9 思考与练习

1. 当对齐对象到"页边"时，如果水平、垂直方向均选择"居中"，（　　）。
    A. 对象被拉伸至其各边缘的长度与面边一致

    B．保持源对象尺寸，对象中心与页面中心对齐

    C．对象的中心在页面的4条边的中心上移动，让操作者进一步选择位置

    D．页面的尺寸变为对象的尺寸，页面中心与对象中心一致

2．对于用鼠标逐个选择的对象，对齐以（　　）为基准。

    A．位于页面最底层的对象

    B．位于页面最顶层的对象

    C．第一个选定的对象

    D．最后一个选定的对象

3．下列说法正确的是（　　）。

    A．在图层最前面的对象一定在页面最前面

    B．在页面最前面的对象一定在图层最前面

    C．在图层最前面的对象一定不可以执行"向前一层"操作

    D．在页面最前面的对象可能可以执行"向前一层"操作

4．下列操作中，不是可逆操作的是（　　）。

    A．"向前一层"与"向后一层"　　　　B．"组合对象"与"取消组合对象"

    C．"对象结合"与"对象拆分"　　　　D．"对象锁定"与"解锁对象"

5．对于面积分别为10cm²、40cm²的两个部分重叠的对象，如不改变其相对位置及尺寸、形状，但可随意改变其层次，执行一次下列操作，除（　　）外，均可得到相同的新对象。

    A．"修剪"　　　B．"相交"　　　C．"前剪后"　　　D．"后剪前"

6．（　　）操作产生的新对象所覆盖的区域一定与操作前对象覆盖的区域相同。

    A．"焊接"　　　B．"修剪"　　　C．"简化"　　　D．"前剪后"

7．（　　）操作产生的新对象会超过操作前对象覆盖的区域。

    A．"焊接"　　　B．"修剪"　　　C．"相交"　　　D．"闭合路径"

第 5 章 对象属性

本章导读

　　一般的对象均具有轮廓和填充两种属性,本章学习有关对象属性的概念以及设置、更改对象属性的方法。适当更改对象的属性信息可以使设计作品更加精美,并能在一定程度上减少绘制的工作量。

📖 熟练掌握轮廓线的编辑方法

📖 熟练掌握填充的编辑方法

📖 熟悉填充开放式对象的设置方法

📖 CorelDRAW X8 内置的轮廓样式及填充效果

5.1 轮廓属性

　　"轮廓"是定义对象形状的线条，在CorelDRAW X8中可以对其颜色、宽度、样式、端头等进行设置。

5.1.1 轮廓线颜色

　　调色板：调色板默认状态下出现在页面的右侧，如图5-1所示。选定对象，用鼠标右键单击调色板上的颜色，对象的轮廓颜色即可改变。如调色板的当前色块中没有理想的颜色，可以单击调色板上、下方的 ︿ 、 ﹀ 按钮，使用更多颜色。

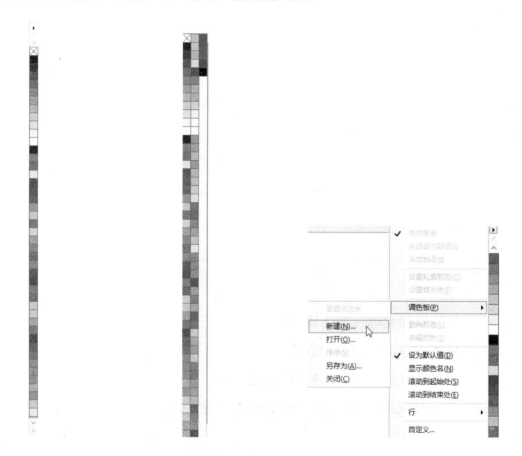

图 5-1　常规调色板　　　　图 5-2　宽幅调色板　　　　　图 5-3　调色板设置菜单

　　CorelDRAW X8允许用户自定义调色板的颜色模型以及显示的颜色。默认状态下，调色板采用CMYK颜色模型，如想做更改，单击调色板上方的 ▶ 按钮，弹出如图5-3所示的调色板设置菜单。单击其中的"调色板"→"新建"和"调色板"→"打开"可分别打开如图5-4、图5-5所示的对话框，用于保存自定义的调色板和选用已设定的调色板模型。"调色板"→"保存""调色板"→"另存为"用于保存当前设定的调色板。"调色板"→"关

114

第 5 章　对象属性

闭"用于关闭调色板。

> ➤ **操作技巧**
>
> 　　单击调色板下方的◄按钮，可以使调色板以宽幅显示，如图5-2所示，更有利于颜色的比较调用。
>
> 　　在没有选定对象的情况下选择颜色，所选信息将应用于下一个绘制的对象，本章中的操作都有此用法，后文不再提示。

图 5-4　"新建调色板"对话框

图 5-5　"打开调色板"对话框

> ➤ **操作技巧**
>
> 　　⊠是"无颜色"，效果与完全透明相同。
>
> 　　关闭调色板后，可执行"窗口"→"调色板"菜单命令下级菜单中的任意命令，打开需要的调色板，如图5-6所示。这些命令也可用于切换调色板的颜色模型。

　　执行调色板设置菜单中的"调色板编辑器"命令，弹出如图5-7所示的"调色板编辑器"对话框，对话框上方的下拉列表用于选择调色板使用的颜色模型。左侧的颜色块可单击后编辑或删除，也可将新的颜色加入其中。使用右侧的"将颜色排序"下拉列表可以重新排序调色板中当前显示的颜色块，系统支持按"色度""亮度""饱和度""RGB值""HSB值""名称"等排序，也可将当前排序"反转"。

　　单击调色板设置菜单中的"设为默认值"可以恢复调色板的初始设置；单击"显示颜色名"可以切换显示或隐藏颜色名；单击"滚动到起始处""滚动到结束处"可以调节调色板当前显示的色块的位置。

　　执行"工具"→"自定义"命令，弹出如图5-8所示的"选项"对话框"调色板"选项。此对话框用于设置调色板的显示方式及操作方法，请读者自行试用。

> ➤ **特别提示**
>
> 　　在"选项"对话框"调色板"选项中，如选择鼠标右键"设置轮廓色"，当光标移动到轮廓色上，按下鼠标右键1s以上再释放会出现调色板设置菜单。而选择鼠标右键"上下文菜单"时，则不管按下右键多久，都不能设置轮廓色。

115

图 5-6 "调色板"菜单

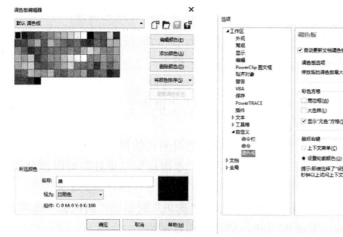

图 5-7 "调色板编辑器"对话框

图 5-8 "选项"对话框"调色板"选项

　　状态栏：选定要更改轮廓颜色的对象，属性栏中图标后显示其当前的轮廓状态，如图5-9所示。双击后面的色块，弹出如图5-10所示的"轮廓笔"对话框，使用"颜色"下拉列表选择颜色。

第5章　对象属性

（320.349, 122.319）　▶　曲线于图层1　　　　　　　　　无　　　　　　　　　C: 0 M: 0 Y: 0 K: 100 .200 mm

图 5-9　状态栏

工具箱：单击工具箱中右下角的◢，滑出如图5-11所示的"轮廓"工具条，单击工具条中的或图标，分别弹出如图5-12所示和如图5-10所示的"轮廓色"对话框和"轮廓笔"对话框，在其中设置颜色。如想设置无色的轮廓，可以直接单击"轮廓"工具条中的✕图标。

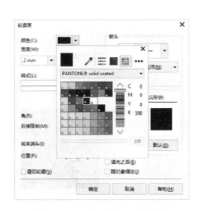

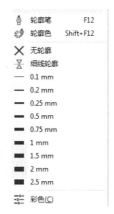

图5-10　"轮廓笔"对话框　　　　　　图5-11"轮廓"工具条

图 5-12"轮廓颜色"对话框

泊坞窗：执行"窗口"→"泊坞窗"→"对象属性"菜单命令，打开如图5-13所示的"对象属性"泊坞窗。单击颜色下拉列表右侧的▼，选择需要的颜色。如果色块中没有合适的颜色，可单击"更多"按钮，在弹出如图5-12所示的"轮廓颜色"对话框中选择。

执行"窗口"→"泊坞窗"→"彩色"菜单命令，如图5-14所示。选定要改变轮廓颜色的对象，在泊坞窗选择需要的颜色，此泊坞窗的使用方法与"选择颜色"对话框使用方法相同，选择颜色后单击"轮廓"按钮。

快捷菜单：选定要编辑的对象，单击鼠标右键，在出现的快捷菜单中单击"对象属性"，弹出"对象属性"泊坞窗。（本章的其他操作都会用到"对象属性"泊坞窗，用快捷菜单打开的方法后面不再介绍。）

快捷键：打开"对象属性"泊坞窗{Alt+Enter}；打开"轮廓画笔"对话框{F12}；打开"轮廓颜色"对话框{Shift+F12}。

图 5-13 "对象属性"泊坞窗

图 5-14 "颜色"泊坞窗

5.1.2 轮廓线宽度

属性栏：单击🖊图标右侧的 ▾，在 🖊 [细线] 下拉列表中选择宽度，包括"无""细线""0.5pt""0.75pt""1.0pt""1.5pt""2.0pt""3.0 pt""4.0pt""8.0 pt""10.0 pt""12.0 pt""16.0 pt""24.0 pt""36.0pt"等15种宽度可选。

> ➤ **操作技巧**
>
> 在设计精美的花边或突出表现文字时，较宽的轮廓线往往有更理想的装饰效果。在着重表现对象内部肌理或使用以获取信息为主要目的文字时，使用较细的轮廓甚至不用轮廓效果更好。

工具箱：单击工具箱中🖊右下角的 ◢，滑出如图5-11所示的"轮廓"工具条，单击工具条中的如图5-15所示的按钮图标均可用于设置轮廓宽度。

泊坞窗：执行"窗口"→"泊坞窗"→"对象属性"菜单命令，打开"对象属性"泊坞窗。单击"宽度"下拉列表右侧的 ▾，出现如图5-16所示的下拉列表，从中选择轮廓线宽度。

状态栏：选定要更改轮廓宽度的对象，属性栏中🖊图标后依次显示轮廓颜色、宽度，双击宽度，弹出如图5-17所示的"轮廓笔"对话框。

第 5 章　对象属性

图 5-15　"轮廓"工具条　　图 5-16　"宽度"下拉列表　　　　图 5-17　"轮廓笔"对话框

5.1.3 轮廓线样式

泊坞窗：执行"窗口"→"泊坞窗"→"对象属性"菜单命令，打开"对象属性"泊坞窗。单击"样式"下拉列表右侧的 ▾，出现如图5-18所示的下拉列表，从中选择轮廓的线形。CorelDRAW X8中提供28种常用线形，如图5-19所示。

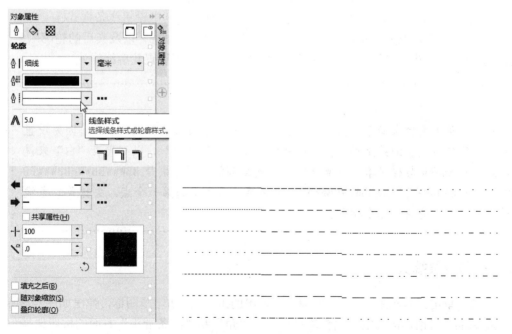

图 5-18　"对象属性"泊坞窗　　　　　　图 5-19　CorelDRAW X8 中预设轮廓线线形

除了已设定的线形外，用户还可以自行设置并存储重复单元内不超过5条虚线的线形。

单击"对象属性"泊坞窗"样式"下拉列表右侧的"设置"按钮▪▪▪,弹出如图5-20所示的"编辑线条样式"对话框。用鼠标单击样式设置条上的任意方块能够打开或关闭此方块,即切换此位置是否显示线条。用鼠标拖动滑块,调节预设样式单元的长度。注意样式设置条上的第一个方块应为开启状态(黑色),最后一个方块应为关闭状态(白色)。设置好线条样式,单击"添加"按钮可将设置的样式加入到轮廓样式列表中;单击"替换"按钮则用设置的样式替换设置时使用的初始样式。

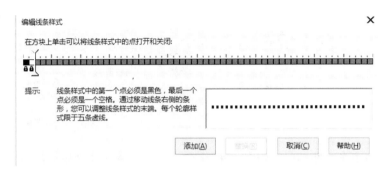

图 5-20 "编辑线条样式"对话框

属性栏:选定要编辑线形的对象,单击属性栏中"线条样式"下拉按钮,选择需要的轮廓线形,如图5-21所示。"×"表示无轮廓线,"更多"按钮用于设定系统中不包含的线形。

工具箱:单击工具箱中▪右下角的◢,滑出如图5-11所示的"轮廓"工具条,单击工具条中的▪图标,弹出如图5-22所示的"轮廓笔"对话框,在其中设置线条样式。

状态栏:选定要更改轮廓宽度的对象,双击属性栏中的▪图标,以及其后的轮廓颜色、宽度,均会弹出如图5-17所示的"轮廓笔"对话框,在其中可设置轮廓线样式。

> 操作技巧

样式设置条上用什么颜色开头、用什么颜色结束并不会影响样式的表达,因为设置的样式在一条相对较长的线上都是循环使用的。以B代表"黑",以W代表"白"来说明:样式单元BBWWW与样式单元BWWWB重复5次得到的结果分别是BBWWWBBWWWBBWWWBBWWWBBWWW、BWWWBBWWWBBWWWBBWWWBBWWWB,去掉第一条线上的第一个点,去掉第二条线上的最后一个点,两条线完全相同。

5.1.4 角和线条端头

工具箱:单击工具箱中▪右下角的◢,在弹出的工具条上单击▪图标,弹出如图5-23所示的"轮廓笔"对话框,选定要编辑的对象,在"角"和"线条端头"右面的按钮选择角和线条端头的样式。

"角"是对象轮廓折点(如矩形的角)的状态,包括尖角、圆角和切角,图5-24~图5-26分别显示出3种角的效果。

第 5 章　对象属性

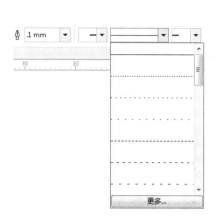

图 5-21 属性栏"轮廓样式"下拉列表

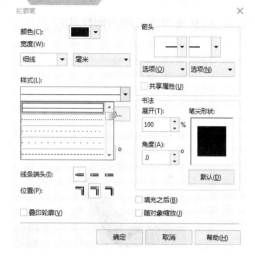

图 5-22 "轮廓笔"对话框"样式"下拉列表

> **特别提示**
>
> "平角端头"和"平角外延端头"从形态上看是一样的，但是使用"平角端头"的对象，其端头的外边缘与对象端头控制点的位置是一至的；使用"平角外延端头"的对象，其端头的外边缘会在对象端头控制点的基础上再向外延线条宽度一半的长度。即当直线段的长度为 10mm、宽度为 2mm 时，使用"平角端头"时显示的线段长为 10mm，而使用"平角外延端头"时显示的线段长为（2/2+10+2/2）=12mm。

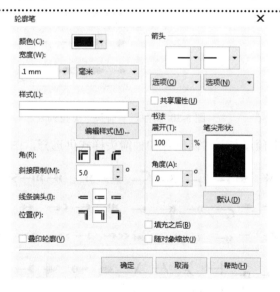

图 5-23 "轮廓笔"对话框

"线条端头"是对象轮廓端点（如直线的端头）的状态，包括平角端头、圆角端头和平角外延端头3种可选，图5-27～图5-29分别显示出3种角的效果。

泊坞窗：执行"窗口"→"泊坞窗"→"对象属性"菜单命令，打开"对象属性"泊坞窗。选择角和线条端头的样式。

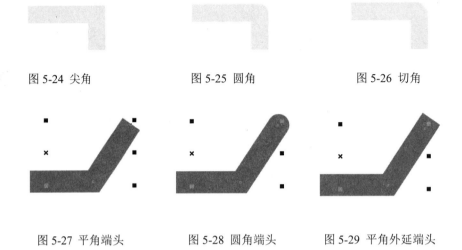

图 5-24 尖角　　　　　　　图 5-25 圆角　　　　　　　图 5-26 切角

图 5-27 平角端头　　　　　图 5-28 圆角端头　　　　　图 5-29 平角外延端头

5.1.5 箭头

属性栏：选定要编辑的对象，单击属性栏中的 ▾ 按钮，打开下拉列表，它们分别用于设置对象在左、右尽端的箭头形状，如图5-30所示。

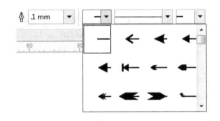

图 5-30 属性栏"箭头"下拉列表

CorelDRAW X8中预设左、右两侧各90种箭头样式供选择，图5-31列出左侧箭头样式。

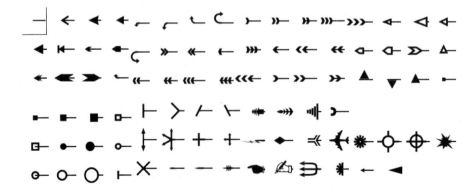

图 5-31 CorelDRAW X8 预设左侧箭头样式

第 5 章　对象属性

工具箱：单击工具箱中 右下角的 ◢，在滑出的工具条上单击 图标，弹出如图5-32所示的"轮廓笔"对话框，选定要编辑的对象，在"箭头"下拉列表中选择箭头的样式。单击箭头下方的"选项"按钮，可编辑箭头的形态。

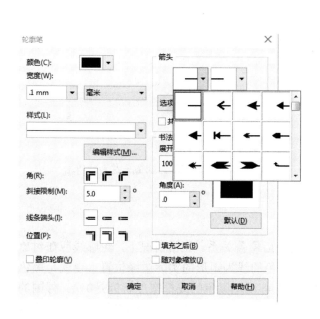
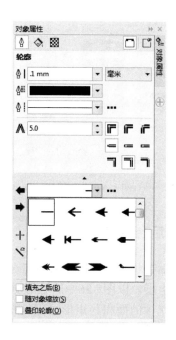

　　　图 5-32　"轮廓笔"对话框"箭头"下拉列表　　　图 5-33　"对象属性"泊坞窗"箭头"下拉列表

泊坞窗：执行"窗口"→"泊坞窗"→"对象属性"菜单命令，打开"对象属性"泊坞窗。选定要编辑的对象，在 ← 和 → 两个下拉列表中选择箭头形态，如图5-33所示。单击 ← 和 → 两个下拉列表右侧的"箭头设置"按钮，可编辑箭头样式。

状态栏：选定要更改轮廓宽度的对象，属性栏中 图标后依次显示轮廓颜色、宽度，双击宽度，弹出如图5-23所示的"轮廓笔"对话框。

5.1.6　书法

工具箱：单击工具箱中 右下角的 ◢，在弹出的工具条上单击 图标，弹出如图5-34所示的"轮廓笔"对话框，选定要编辑的对象，在"书法"栏中设定。"展开"的百分比是指线条的端头显示的宽度与设定宽度的百分比。"角度"是指线条端头的外边缘与线条边缘的夹角。图5-35显示出宽度为2mm的折线左侧使用双头箭头，结尾20%展开、20°角的形态。

泊坞窗：执行"窗口"→"泊坞窗"→"对象属性"菜单命令，打开"对象属性"泊坞窗。在 ✛ 和 ✎ 区域设定"书法"。

快捷菜单：单击鼠标右键，在出现的快捷菜单中单击"对象属性"，弹出"对象属性"泊坞窗。

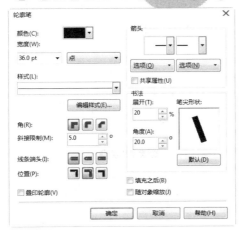

图 5-34 "轮廓笔"对话框

图 5-35 折线箭头及书法效果

5.1.7 后台填充

　　"后台填充"是指轮廓线与对象内部的前后覆盖关系。正常情况下，轮廓线应在对象填充的上层。以图5-36中的矩形对象为例，黑色的线为矩形的实际边缘位置，也就是黑色的线框包含的面积与矩形面积是相同的（这里可以把黑色的线框宽度认为是0）。外围的青色轮廓以填充的边缘为中心，向两侧的宽度各为设置宽度的一半。即当轮廓线的宽度为2mm时，对象内部的填充会被轮廓线遮住1mm。在使用"后台填充"的情况下，对象填充不会被轮廓线遮住，而是遮住轮廓线，即轮廓线显示出来的宽度只有设置宽度的一半，另一半，也就是图5-36中黑色线以内的部分会在填充层之下。图5-37和图5-38结合标尺共同放大体现出其中的差异。

图 5-36 矩形对象

图 5-37 宽 2mm 轮廓线未使用"后台填充"

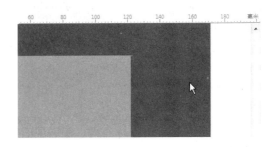

图 5-38 宽 2mm 轮廓线使用"后台填充"

第 5 章 对象属性

　　工具箱：单击工具箱中🖋右下角的◢，在弹出的工具条上单击🖋图标，选定要编辑的对象，单击"填充之后"前面的复选框。

　　泊坞窗：执行"窗口"→"泊坞窗"→"对象属性"菜单命令，打开 "对象属性"泊坞窗。单击"填充"按钮◇，切换是否使用后台填充。

　　快捷菜单：单击鼠标右键，在出现的快捷菜单中单击"对象属性"，弹出"对象属性"泊坞窗。

5.1.8 按图像比例显示

　　"按图像比例显示"用来保持轮廓的相对宽度。

　　工具箱：单击工具箱中🖋右下角的◢，在弹出的工具条上单击🖋图标，选定要编辑的对象，单击"随对象缩放"前面的复选框，切换是否使用后台填充。

　　泊坞窗：执行"窗口"→"泊坞窗"→"对象属性"菜单命令，打开 "对象属性"泊坞窗。单击"随对象缩放"前面的复选框，切换是否按图像比例显示。

　　快捷菜单：单击鼠标右键，在出现的快捷菜单中单击"对象属性"，弹出"对象属性"泊坞窗。

5.1.9 复制和克隆轮廓

　　在为对象设定了它的轮廓属性之后，可以通过复制的方法，将这种属性赋予其他的对象轮廓。这样就可以节省大量的时间而不用去做重复的工作。被赋予属性的对象，它本身的属性几乎已经全部被改变，它已经变换成了另外一个新的对象。而复制对象轮廓的操作，仅仅是将一个对象的轮廓线的属性复制给另一个对象，轮廓线属性对象其他方面的属性并没有发生改变。

　　1）创建两个图形对象，如图 5-39 所示。

　　2）为其中的一个对象设定好特定的轮廓线的颜色、线宽以及是否后台填充等。

　　3）用鼠标右键将这个对象拖动到另外一个对象上，当鼠标变成一个圆中间有一个十字架时，松开鼠标右键。这时会弹出如图5-40所示的快捷菜单。

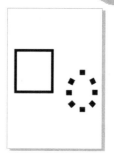

图 5-39 创建两个图形对象　　　　　　　　　　图 5-40　复制快捷菜单

4）单击快捷菜单中的"复制轮廓"命令，轮廓就被复制到另一个对象上，如图5-41所示。

最后复制的效果如图5-42所示。

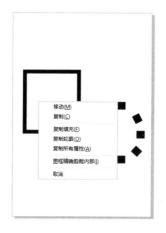
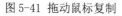

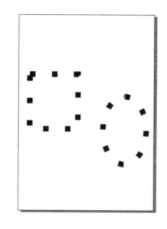

图 5-41 拖动鼠标复制　　　　　　　　　　图 5-42　复制

5.2　填充属性

5.2.1　标准填充

"标准填充"即纯色填充，填充后的对象整体保持统一的颜色。

调色板：选定要编辑的对象，单击调色板上的颜色块。调色板的使用方法详见5.1.1节。如未选定对象，选择的颜色将应用于下次编辑的图形、艺术效果或段落文本等，可在弹出的如图5-43所示的对话框中选择。

泊坞窗：执行"窗口"→"泊坞窗"→"对象属性"菜单命令，打开如图5-44所示的"对象属性"泊坞窗（开启此泊坞窗时如不是"填充"选项卡，单击◇图标切换）。单击"均匀填充"按钮，泊坞窗如图5-45所示。

快捷键：{F11}，打开"编辑填充"对话框，选择"均匀填充"选项卡，如图5-46所

第 5 章　对象属性

示。

图 5-43　"更改文档默认值"对话框

图 5-44　"对象属性"泊坞窗"填充类型"

图 5-45　"对象属性"泊坞窗"均匀填充"

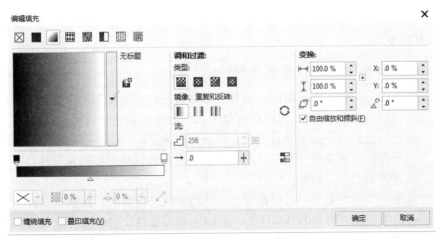

图5-46　"编辑填充"对话框中"均匀填充"选项卡

5.2.2 渐变填充

"渐变填充"是在对象内部使用两种或多种颜色的平滑渐变进行填充，渐变的路径可以是线性、椭圆形、圆锥形或正方形，如图5-47所示。其中双色渐变填充具有从一种颜色到另一种颜色的逐步过渡，而自定义填充可能有多种颜色的渐变。

显著双色在颜色的渐变过程中，系统默认256步过渡，即在两种设定颜色间由256种颜色连接形成。这里，"256种颜色"称为"步长"，也可自行设定以获得更为细腻或更为直接的效果。

a）线性　　　　b）椭圆形　　　　c）圆锥形　　　　d）正方形

图 5-47 各种渐变路径效果

双色渐变的效果除依路径的不同受不同因素影响外，都会受到调和颜色中点位置的影响。"颜色中点位置"是指设置的双色色阶中值形成的颜色在填充对象中所处的位置。图5-48显示出黑白双色填充将颜色中点置于不同位置的效果。

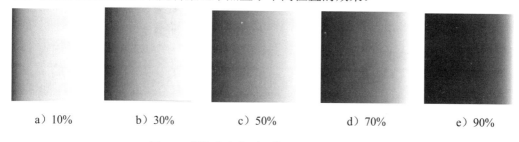

a）10%　　　b）30%　　　c）50%　　　d）70%　　　e）90%

图 5-48 颜色中点在不同位置的黑白双色填充效果

> **特别提示**
>
> "边界百分比"的最大允许值为 49%。

"线性渐变"的效果还与角度、边界百分比有关。"角度"是指填充颜色在对象中变化的方向，在默认状态下为0°，即在对象中从左至右由颜色一到颜色二渐变。当"角度"改变时，填充颜色的方向按逆时针变化，如图5-49所示。"边界百分比"是指的是填充区域内除了用于两种颜色逐渐过渡以外的区域面积占填充区域面积的百分比，"边界"本身显示为两种设置的颜色，如图5-50所示。

"辐射渐变"的效果与中心位移百分比、边界百分比有关。在默认条件下，"辐射渐变"的中心位于所填充对象的几何中心，此中心可以偏移至对象的任意位置，甚至偏移至所填充对象以外，中心的位移占填充对象相应长度的百分比为"中心位移百分比"，图5-51显示出不同中心位移百分比的黑白二色辐射渐变效果。

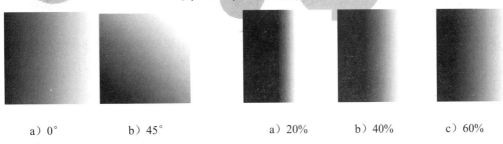

第 5 章　对象属性

a）0°　　　　　b）45°

图 5-49 不同角度的"线性渐变"效果

a）20%　　　b）40%　　　c）60%

图 5-50 不同边界百分比的"线性渐变"效果

> **特别提示**
>
> 当"椭圆形渐变"的中心位移百分比超过 50% 时，中心偏移至所填充对象之外，填充对象不再显示为两种所选颜色的过渡，只能显示一种所选颜色到两种所选颜色之间某色调的过渡。

a）水平 50% 垂直 30%　　　b）水平 80% 垂直 100%

图 5-51 不同中心偏移的"射线渐变"效果

"圆锥渐变"的效果与中心位移百分比、边界百分比有关。

"正方形渐变"的效果受中心位移百分比、角度、边界百分比有关。

快捷键：{F11}，打开"编辑填充"对话框，选择"渐变填充"选项卡，如图5-52所示。

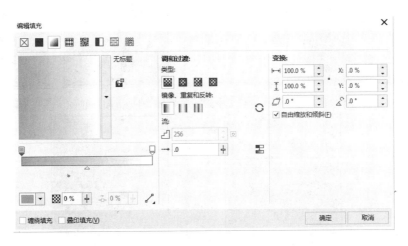

图5-52 "编辑填充"对话框"渐变填充"选项卡

在"调和过渡"对应的"类型"下选择"线性渐变填充"类型，在左侧横条处，选择需要的颜色进行调整，如图5-53所示。

拖动 ▲ 滑块确定颜色中点位置，或直接在滑块下方的编辑框中填入数字确定颜色中点位置。单击"调和方向" ✐ 按钮，打开下拉菜单，如图5-54所示。各选项的含义如下：

线性颜色调和：沿直线从起始颜色开始，持续跨越色轮直至结束颜色调。

顺时针颜色调和：沿顺时针路径围绕色轮调和颜色。

逆时针颜色调和：沿逆时针路径围绕色轮调和颜色。

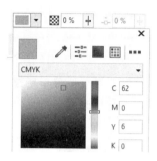

图5-53 调整颜色　　　　　　　　　　　图5-54 "调和方向"下拉菜单

除了自定义效果外，还可使用填充挑选器中的效果，或在这些效果的基础上做出适当调整，图5-55列举了部分填充挑选器中的效果。

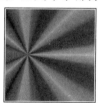
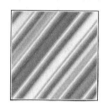

锥形唇膏　　　　透明浅绿管线　　　蓝色各向异性反射　　　蓝色地平线

淡蓝阴影　　　　淡蓝天空　　　　闪亮柔和彩虹条　　　闪亮彩虹光线

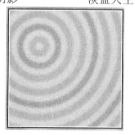

黄色和绿色相间的圆圈　　　　　　测试图案

图 5-55 填充挑选器中的效果

第 5 章　对象属性

其他渐变填充类型与线性渐变填充类型相似，这里不再赘述。

工具箱（交互式填充工具）：单击工具箱中🔄右下角的◢，弹出如图5-56所示的"交互式填充"工具条。先单击工具条中的🔄图标（交互式填充工具图标）；再单击要填充的对象，如图5-57所示；然后在调色板中选择要填充的颜色A，对象整体被填充，如图5-58a。将光标移动到被填充对象上准备使用当前颜色的位置，按下鼠标左键，移动光标至要填充下一种颜色的位置，释放鼠标左键。此时，按下鼠标和释放鼠标时光标所在位置各出现1个"□"，两个"□"之间以带箭头虚线相连，箭头指向释放鼠标时光标所在位置。被填充对象在箭头指向的方向从颜色A向无色过渡，如图5-58b所示。再用调色板选择一种颜色B，被填充对象在箭头指向方向上由颜色A向颜色B过渡，如图5-58c所示。双击虚线上的任意位置，此位置上会出现1个"□"，如图5-58d所示。单击此"□"，其内部又出现1个较小的"□"，成为"▣"状，表示此处为改变颜色。再使用调色板选择颜色C，被填充对象会沿箭头指向方向，由"□"到"▣"到"□"，形成从颜色A到颜色C到颜色B的过度，如图5-58e所示。 重复使用上述命令，可以得到多种颜色相互过渡的效果，如图5-58f、g所示。

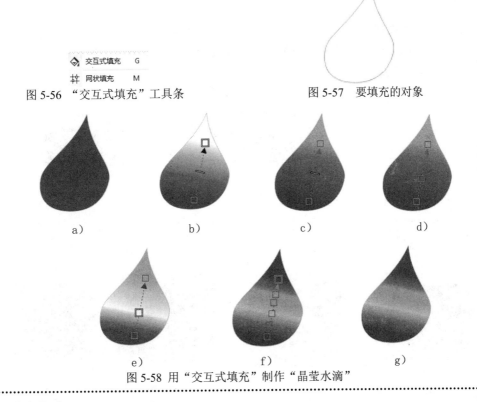

图 5-56　"交互式填充"工具条

图 5-57　要填充的对象

图 5-58　用"交互式填充"制作"晶莹水滴"

> ➤ **操作技巧**
>
> 　　使用"交互式填充"时，可以用鼠标拖动指示虚线、箭头，从而调整填充颜色的位置及变化方向。箭头允许被拖到对象外部。
> 　　使用"交互式填充"设置颜色时，如果在使用调色板选色的同时按住Ctrl键，指定位置不会变为选择的颜色，而是变为在当前颜色的基础上加入微量所选色的混合色。

CorelDRAW X8中文版标准实例教程

工具箱（交互式网状填充工具）：选定被填充对象，单击工具箱中右下角的◢，弹出如图5-56的"交互式填充"工具条，单击工具条中的╫图标（交互式网状填充工具图标），被填充对象上出现虚线显示的颜色渐变控制线，如图5-59a所示。单击虚线控制线上的控制点，以此控制点为中心，向此控制点所有相邻控制点的控制线会被激活，如图5-59b所示。在调色板中选择要填充的颜色，从被激活的中心控制点向相临控制点呈现各点指定颜色的渐变，如图5-59c所示。用鼠标拖动控制线，控制线由直线变为弧线，同时，指定的颜色也以控制线为中心，中心位置随控制线位置的变化而偏移，并出现相应的渐变效果，如图5-59d所示。如果想更精细地调节渐变，单击控制点，控制点会出现3条导线，用鼠标拖动导线可以使渐变色的中心指向发生变化，如图5-59e所示。由于只能在控制点上设置颜色，形成渐变效果，为了在同一对象内设置更多的颜色，就需要增加控制点，这可以通过在对象内部需要添加控制点处双击鼠标完成，如图5-59f所示。使用"交互式网状填充工具"对矩形对象进行处理获得的烟幕效果如图5-59g所示。

> 特别提示

　　使用"交互式填充"时，过"□"的中心，做指示虚线的垂线，在各条垂线与对象边缘分割而成的条带中，最两端的条带内呈现最两端的设定颜色，其余条带内为颜色过渡区域，在与垂线组平行的线上颜色一致。

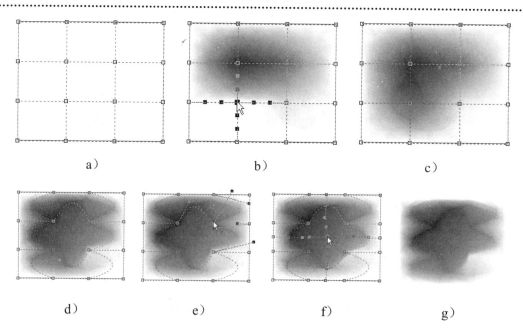

a)　　　　　　b)　　　　　　c)

d)　　　　e)　　　　f)　　　　g)

图 5-59 用"交互式网状填充"制作"烟幕纷绕"

泊坞窗：执行"窗口"→"泊坞窗"→"对象属性"菜单命令，打开如图5-60所示的"对象属性"泊坞窗（开启此泊坞窗时如不是"填充"选项卡，单击图标切换）。单击"填充类型"列表中的"渐变填充"按钮。使用▨、▨、▨、▨选择填充路径，在横向工具条中调整填充颜色。

第 5 章　对象属性

图 5-60 "对象属性"泊坞窗"渐变填充"

5.2.3 图样填充

"图样填充"是指使用图样列表中的预设图样（用户也可自行预设图样并加入预设列表）填充到被选定的封闭对象中，获得一定的效果。CorelDRAW X8中预设的图样包括向量图样、位图图样和双色图样3种。

"向量图样"可以是矢量图案或位图图案，可以使用两种以上颜色和灰度填充对象，较之"双色图样"色彩更为丰富。与"双色图样"不同，不能对预设的"向量图样"编辑颜色，只能新建。图5-61列出了一些预设的向量图样。

"位图图样"就是普通的彩色图片，较之"双色图样"和"向量图样"色彩更为丰富，变化更为多样，但是体积较大，图5-62列出了一些预设的位图图样。

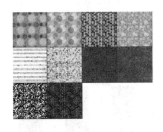 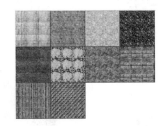

图 5-61　向量图样　　　　　　　　　　图 5-62　位图图样

"双色图样"是由两种颜色构成的图案，图案分前景色和背景色，允许分别设置两种颜色，也允许用户设置图样。图5-63显示了CorelDRAW X8预设的双色图样。

为了达到更理想的视觉效果，图样的原点、大小、倾斜角度都可进行变换（原点变换

133

CorelDRAW X8中文版标准实例教程

如图5-64所示；倾斜角度变换如图5-65所示）。此外，由于在对象中进行图样填充时，通常会连续地显示最小单元样式，在最小单元排列时做行或列的错位处理能得到更丰富的效果，如图5-66所示。

图 5-63 双色图样

a）基本图样单元　　　b）正常填充效果　　　c）原点移动30%填充效果

图 5-64 填充原点变换效果

a）基本图样单元　　　b）正常填充效果　　　c）右侧对象22°倾斜填充效果

图 5-65 填充图样倾斜效果

a）基本图样单元　　　b）正常填充效果　　　c）50%行偏移填充效果

图 5-66 填充单元排列位移效果

快捷键: {F11}，打开"编辑填充"对话框，选择"双色图样填充"选项卡，如图 5-67 所示。

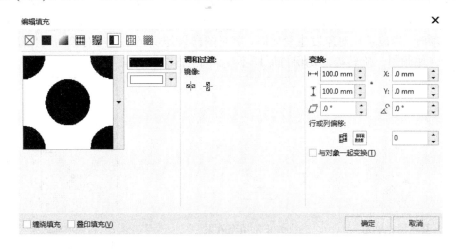

图 5-67　"编辑填充"对话框"双色图样填充"选项卡

　　双色图样填充仅包括选定的两种颜色。矢量图样填充则是比较复杂的矢量图形，可以由线条和填充组成。矢量填充可以有彩色或透明背景。位图图样填充是一种位图图像，其复杂性取决于其大小、图像分辨率和位深度。

　　在"前景颜色"或"背景颜色"后的下拉菜单中选择需要的颜色，如图5-68所示，默认状态下为黑色的部分使用前景色，白色的部分用背景色显示。设置的前景和背景颜色会应用到所有选择的双色图样上。

　　在"调和过渡"对应的选项下，显示"镜像"选项，"镜像填充"可以理解为将填充图样做水平、垂直镜像，并在"2×2"的无缝区域内左上角放置源对象，右上角放置水平镜像结果，左下角放置垂直镜像结果，右下角放置水平且垂直镜像结果，形成新的填充单元，再填充在所选对象中，如图5-69所示。

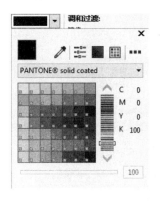

图 5-68　下拉菜单

　　继续在"双色图样填充"选项卡右侧的"变换"选项中设置图样填充时的显示效果。

"填充宽度"或"填充高度"是指样例单元的显示大小；"水平位置"或垂直位置是指样例中心相对于被填充对象中心原点的位置；"倾斜"和"旋转"是指对填充单元的作用，作用效果与对象的"倾斜""旋转"相同；"列偏移或行偏移"是指填充单元在填充对象中反复使用时不同行或列对于上一行或列偏移的百分比。选择"与对象一起变换"前的单选按钮，在对被填充对象执行旋转、倾斜等命令时，填充图样与对象成为一体出现变化；未选择此项时，当被填充对象发生变化时，填充图样只是填充范围与对象的变化结果相同，其他状态（如倾斜、旋转等）均保持原样不变，如图5-70所示。

a）基本图样单元　　　　　　b）正常填充效果　　　　　　c）镜像填充效果

图 5-69　镜像填充

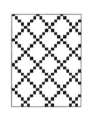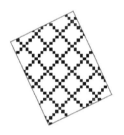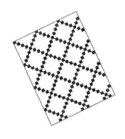

a）源对象　　　　　　b）正常填充的旋转效果　　　　c）"填充与对象一起变换"的旋转效果

图 5-70　变换填充效果

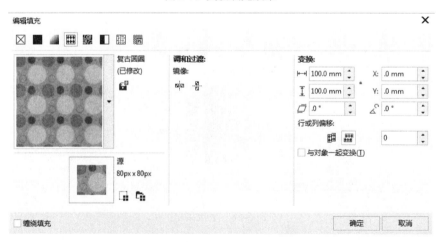

图5-71 "编辑填充"对话框"向量图样填充"选项卡

如选择"向量图样填充"或"位图图样填充"选项卡，"编辑填充"对话框分别呈现如图5-71和图5-72所示的样式，操作方法与"双色"填充基本相同，只是不能选择前景、背景色，不能创建图样，这里不再详细介绍。

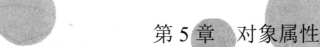

第 5 章　对象属性

图 5-72　"编辑填充"对话框"位图图样填充"选项卡

泊坞窗：执行"窗口"→"泊坞窗"→"对象属性"菜单命令，打开"对象属性"泊坞窗（开启此泊坞窗时如不是"填充"选项卡，单击◇图标切换），如图5-73所示。单击▦、🖼、▯按钮选择填充类型，在泊坞窗中可完成双色填充的颜色设置，以及各种填充的预设图样选择。

图 5-73　"对象属性"泊坞窗"图样填充"

5.2.4 底纹填充

"底纹填充"是分形生成的填充，默认情况下是用一个图像来填充对象或图像区。CorelDRAW X8在不同的样本库里预设了千余种底纹，图5-74中展示了部分样例。各种底纹的颜色，所用色块尺寸、颜色、亮度以及排布方式、分辨率等要素都允许重新设置。

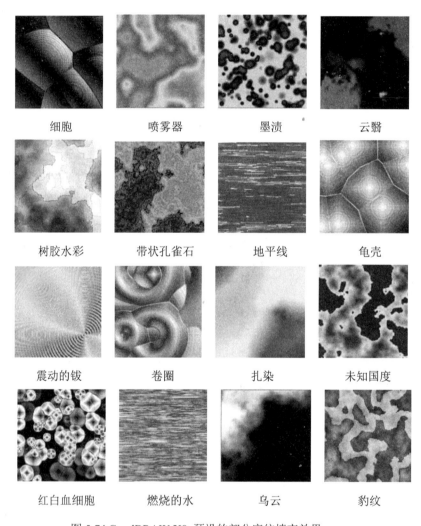

细胞	喷雾器	墨渍	云翳
树胶水彩	带状孔雀石	地平线	龟壳
震动的钹	卷圈	扎染	未知国度
红白血细胞	燃烧的水	乌云	豹纹

图 5-74 CorelDRAW X8 预设的部分底纹填充效果

快捷键：{F11}，打开"编辑填充"对话框，选择"底纹填充"选项卡，如图5-75所示。

在预览窗口右侧单击打开如图5-76所示的下拉菜单，在其中选择需要的底纹基底，则"预览"窗口中显示当前选择设置下的底纹。

预览窗口右侧"样式名称"栏中显示的内容会因选择的样本不同而有所不同，对比图5-77、图5-78可知。单击🔒按钮，使其转换为🔓样式，即可编辑相应要素值。具体的变化效果这里不再详细介绍，请读者自行体验。

图5-75　"编辑填充"对话框"底纹填充"选项卡

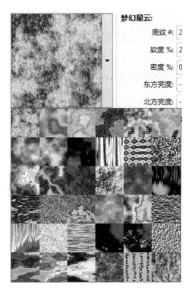

图5-76　"底纹"下拉菜单

图5-77　"底纹填充"选项卡"喷雾器"

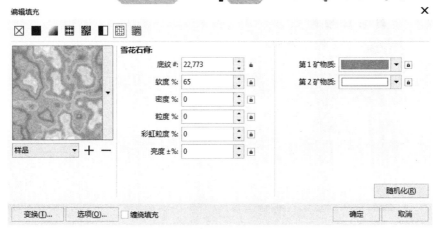

图 5-78 "底纹填充"选项卡"雪花石膏"

在"底纹库"下面的下拉列表中选择使用的样式。单击"底纹库"右侧的╋按钮，弹出如图5-79所示的"保存底纹为"对话框，询问当前设置底纹的保存位置。单击"底纹库"右侧的━按钮，弹出如图5-80所示的"CorelDRAW X8"对话框，用于确认是否删除当前选择底纹。

图 5-79 "保存底纹为"对话框 　　　　　图 5-80 "CorelDRAW X8"对话框

泊坞窗：执行"窗口"→"泊坞窗"→"对象属性"菜单命令，打开"对象属性"泊坞窗（开启此泊坞窗时如不是"填充"选项卡，单击◇图标切换）。单击"底纹填充"按钮⊞，如图5-81所示。在"底纹填充"下拉列表中选择底纹库。在左侧的下拉列表中选择当前底纹库中底纹类型。如果需要对底纹进一步编辑，单击泊坞窗下方的"编辑填充"按钮⎙，在弹出的对话框中操作。

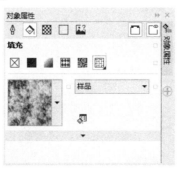

图 5-81 "对象属性"泊坞窗"底纹填充"

5.2.5 PostScript 填充

　　"PostScript填充"是用PostScript语言设计的一种填充类型，单纯从视觉效果上看，与"图样填充"较为相似，图5-82展示了部分CorelDRAW X8预设的样例。与"图样填充"相比，"PostScript填充"给用户更大调节预设对象的空间，可对前、背景灰度，频度，间距，行宽，最大种子数等诸多属性做出修改，图5-83显示了"建筑"填充修改了部分参数值的效果。

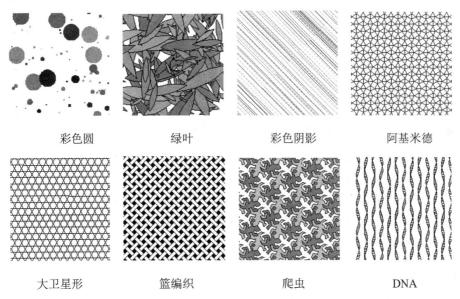

彩色圆	绿叶	彩色阴影	阿基米德
大卫星形	篮编织	爬虫	DNA

图 5-82 CorelDRAW X8 预设的部分 PostScript 填充效果

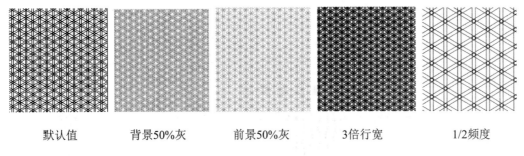

默认值	背景50%灰	前景50%灰	3倍行宽	1/2频度

图 5-83 不同参数值下的 PostScript "建筑" 填充效果

　　快捷键：{F11}，打开"编辑填充"对话框，选择"PostScript填充"选项卡，如图5-84所示。

　　在对话框中间位置处的下拉列表中选择填充类型，所选类型名会出现在左侧的显示窗里。

　　根据所选填充类型的不同，"PostScript填充"选项卡右侧的参数栏中出现不同的参数选项供用户修改设置。其中"频度"值越大，单位面积上的填充单元越多，显示越密集；"行宽"越大，线条越粗；"前景灰""背景灰"值越大，颜色越深；"间距"越大，填充单元越稀疏。

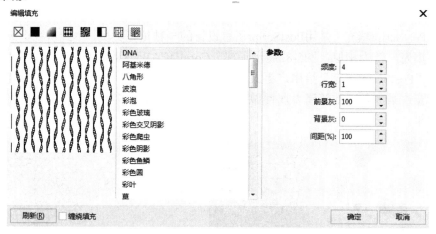

图5-84 "编辑填充"对话框"PostScript填充"选项卡

泊坞窗：执行"窗口"→"泊坞窗"→"对象属性"菜单命令，打开"对象属性"泊坞窗（开启此泊坞窗时如不是"填充"选项卡，单击◇图标切换）。在"填充类型"列表中单击"PostScript填充"按钮，如图5-85所示。在"PostScript填充底纹"下拉列表中选择填充类型。如果需要对PostScript填充进一步编辑，单击泊坞窗下方的"编辑填充"按钮图，在弹出的对话框中操作。

> **特别提示**

　　只有在增强型显示下才能看到PostScript底纹的真正填充效果，在普通显示下不能。

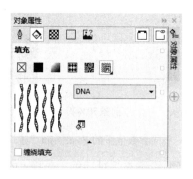

图5-85 "对象属性"泊坞窗"PostScript填充"

5.3 实例——葵花向阳

01 新建一个文档，并将文档设置为横向，如图5-86所示。将文件存在"设计作品"文件夹中，命名为"葵花向阳.cdr"。

第 5 章　对象属性

02 使用工具箱中的椭圆形工具○，绘制如图5-87的两个圆形。

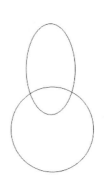

图 5-86 创建新副本并更改尺寸　　　　　　　　　　图 5-87　绘制圆形

03 将标尺的原点拖到圆形对象的中心位置，如图5-88所示，并将圆形对象的中心位置设置为（0，0），将椭圆形对象的中心位置的水平值设置为0，如图5-89所示。

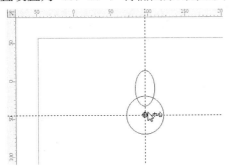

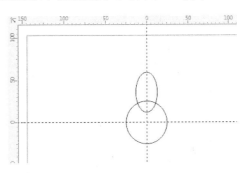

图 5-88 改变标尺原点　　　　　　　　　　　　　　图 5-89 调整对象位置

04 使用快捷键，按下F11键，打开"编辑填充"对话框，选择"渐变填充"选项卡，设置颜色为黄色系的过度，在-90°的方向线性填充椭圆对象，如图5-90所示。

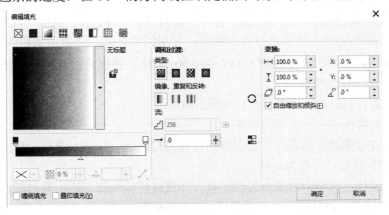

a）打开"编辑填充"对话框

图 5-90 渐变填充

b）设置"渐变填充"选项卡下的参数　　　　c）操作效果

图 5-90　渐变填充（续）

05 将椭圆形对象设置为无轮廓线，如图5-91所示，形成一片花瓣。

图 5-91　轮廓设置

06 使用"变换"泊坞窗"旋转"选项，以（0，0）为中心，做20°旋转，输入副本数量为18，选择要旋转的对象，然后单击"应用"按钮 ，获得一周共18片花瓣，如图5-92所示。

07 使用快捷键，按下F11键，打开"编辑填充"对话框，选择"双色图样填充"选项卡，对花中心的圆形对象进行双色填充，使用圆点样式，并将前景色改为CMYK（0，20，40，40），背景色改为CMYK（0，40，60，20），将圆点的宽度和高度都设为5.0mm，如图5-93所示，作为花盘。

08 去掉花盘的轮廓线颜色，如图5-94所示。

09 组群构成花盘的全部对象。

10 将矩形对象的高度、宽度分别设置为120mm、3mm，并将轮廓及填充均设置为绿色，如图5-95所示，作为花柄。

11 选择工具箱中的基本形状工具，在属性栏中选择心形工具绘制心形。然后倾斜并旋转心形对象，使其成为叶片的样式，如图5-96所示。

12 将曲线移动到心形对象中，使用缩放、倾斜、旋转、镜像等命令达成叶脉的效果，如图5-97所示。

第5章 对象属性

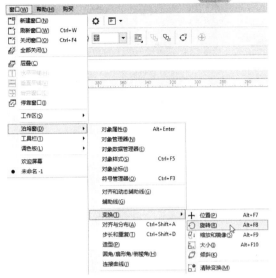

a）启动"变换"泊坞窗"旋转"选项

b）操作方法

c）一次操作效果

d）操作完成效果

图 5-92 旋转并再制对象

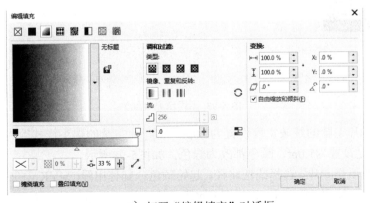

a）打开"编辑填充"对话框

图 5-93 图样填充

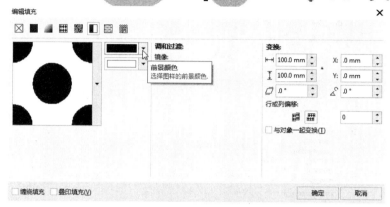

b）选择填充样例并设置大小

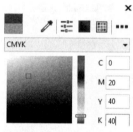

c）设置前景色

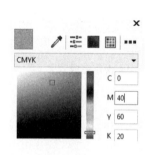

d）设置背景色

e）操作效果

图 5-93 图样填充（续）

13 将叶片主脉的线条宽度设置为2.0pt，将叶片主脉的端头样式改为圆形，将其他叶脉的线条宽度设置为1.0pt，颜色都改为绿色，如图5-98所示。

14 渐变填充叶片，选择线性路径，起始颜色分别使用绿CMYK（100，0，100，0）、月光绿CMYK（20，0，60，0），如图5-99所示。

15 将叶片的轮廓设置为无色，如图5-100所示。

16 组群构成叶片的全部对象。

第 5 章　对象属性

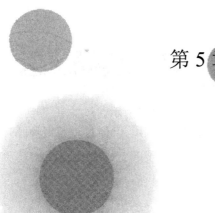

图 5-94 轮廓设置　　　图 5-95 编辑矩形对象　　　图 5-96 倾斜、旋转心形对象

图 5-97 编辑曲线对象

a）编辑线条颜色、宽度　　　　　　　　b）编辑线条端头样式

c）操作效果

图 5-98 设置叶片轮廓属性

17 移动花盘、花柄、花叶的位置，使其相互配合，如图5-101所示。

18 创建新的叶片副本，移动到花柄的另一侧，如图5-102所示。

19 对新的叶片副本做水平镜像，适当缩放、旋转、倾斜，以使其与原来的叶片有所不同，并移动到合适的位置，如图5-103所示。

20 用上述方法再为葵花加几个叶片，如图5-104所示。

21 群组全部对象。

22 创建几个葵花对象副本，适当地调节尺寸，错落有致地叠放在一起，保存文件，完成作品，如图5-105所示。

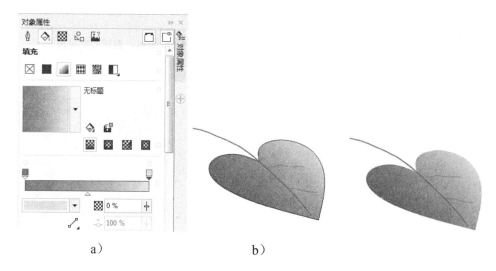

a）　　　　　　　　　　　　b）

图 5-99 渐变填充叶片　　　　　　　　图 5-100 设置叶片轮廓

图 5-101 组合对象　图 5-102 创建新副本　图 5-103 调整新副本　图 5-104 创建并调整　图 5-105 葵花向阳

5.4 实验

5.4.1 实验——百花争妍

绘制争妍的群花。

使用本章中的素材，尝试对对象做其他方式的组合和填充，图5-106～图5-108给出了一些参考效果。

图 5-106　彩蝶闹春

图 5-107　山花烂漫　　　　　　　　　　　　　图 5-108　花语传情

5.4.2 实验——小村风景

完成一幅田园风格的作品"小村风景"。

5.2.3节中的小房子，5.3节中的花，再加上读者朋友们的想象，充分使用各种填充属性工具，注意填充时画面颜色、风格的协调。

5.5　思考与练习

1. 默认状态下，使用鼠标右键单击调色板中的颜色可用于设置（　　）颜色。
   A. 对象填充　　　B. 对象轮廓　　　C. 对象填充和轮廓　　　D. 调色板菜单
2. 调色板中的⊠图标用于设置（　　）。
   A. 无色　　　　　B. 白色　　　C. 任意色　　　　D. ✕状填充

3．用户自行设置的轮廓线不能（　　）。

　　A．指定颜色　　　　　　　　　　B．调节宽度

　　C．存在系统中以再次调用　　　　D．整条线中出现9种不同长度的黑色线条

4．同样尺寸的对象，同样宽度的轮廓线，应用"后台填充"比不应用"后台填充"时，对象显示出的最外端轮廓（　　）。

　　A．大　　　　　　　B．小　　　　　　　C．一样大　　　　　　D．不一定

5．填充出的对象一定为单色的是（　　）。

　　A．标准填充　　　　B．渐变填充　　　　C．底纹填充　　　　D．PostScript填充

6．使用交互式填充工具一般用于获得（　　）效果。

　　A．渐变填充　　　　B．图样填充　　　C．底纹填充　　　　D．PostScript填充

7．使用渐变填充、图样填充、底纹填充和PostScript填充的预设样例时，都允许修改（　　）。

　　A．重复样例时的行、例对齐方式　　　　B．样例的分辨率

　　C．样例中各对象的相对尺寸关系　　　　D．样例的颜色

第 6 章　图形绘制与编辑

本章导读

图形是进行艺术创作的基本元素。本章学习图形绘制和编辑的相关方法。其中图形绘制主要包括手绘线条、不规则图形以及使用系统工具定制特殊图形；图形编辑则是对现有图形的修饰和调整。

学　习　要　点

- 📖 掌握基本线条和艺术线条的绘制方法
- 📖 使用矩形、椭圆形、多边形等工具绘制复杂图形
- 📖 熟练掌握节点、图形的编辑方法和作用
- 📖 具备绘制图纸的技能

6.1 基本线条绘制

6.1.1 直线与折线

工具箱（手绘工具）：单击 ☝ 图标，弹出如图6-1所示的"手绘工具"工具栏。使用 ☝ 工具单击绘图区的任意位置，创建线段的起始点。单击绘图区的其他位置，创建直线的终点，完成直线的绘制，如图6-2所示。

如想绘制折线，将光标移动到直线的终点，终点上出现蓝色的"□"，并显示"节点"字样（见图6-3）。单击鼠标，开始折线下一个直线段的绘制，直到完成整条折线。

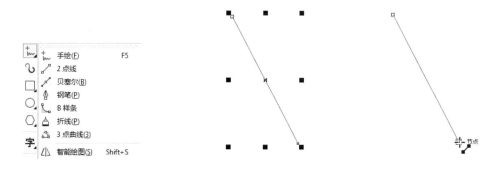

图 6-1 "手绘工具"工具栏　　　图 6-2 绘制直线　　　图 6-3 绘制折线第二个直线段

工具箱（2点线工具）：单击 ☝ 图标，弹出如图6-1所示的"手绘工具"工具栏。单击其中的 ☝ 图标，光标变为 ☝ 状。单击绘图区的任意位置，按住鼠标左键不放并拖动鼠标指针，创建直线段，如图6-4所示。单击绘图区的其他位置，创建下一个节点，如图6-5所示。

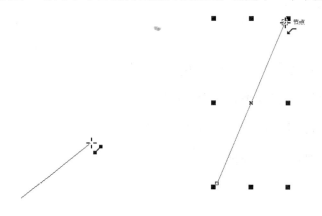

图 6-4 创建直线段　　　　　图 6-5 绘制第二个直线段

工具箱（贝塞尔工具）：单击 ☝ 图标，弹出如图6-1所示的"手绘工具"工具栏。单击其中的 ☝ 图标，光标变为 ☝ 状。单击绘图区的任意位置，创建线段的起始点，如图6-6所示。移动鼠标，起始点位置显示为 ☝ 状。单击绘图区的其他位置，创建下一个节点，如

第6章 图形绘制与编辑

图6-7所示。继续上述操作可绘制折线的下一个直线段，如图6-8所示。

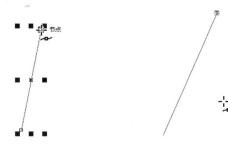

图 6-6 创建起始点　　　　图 6-7 创建新节点　　　　图 6-8 绘制折线第二个直线段

> **操作技巧**
>
> 在使用贝塞尔工具创建节点时，单击或双击鼠标均可继续创建下一节点，但是无法自然结束直线或折线的绘制。因此，如果想结束直线或折线的绘制，单击工具箱里的任意其他工具。

工具箱（钢笔工具）：单击 图标，弹出如图6-1的"手绘工具"工具栏。单击其中的 图标，光标变为 状。其绘图方法与贝塞尔工具相似，请读者自行体验。

工具箱（折线工具）：单击 图标，弹出如图6-1的"手绘工具"工具栏。单击其中的 图标，光标变为图6-9所示状态。其绘图方法与手绘工具相似，请读者自行体验。

> **操作技巧**
>
> 在除起始点外的节点上双击鼠标可以连续绘制折线的每一个直线段。
>
> 在绘制每一个直线段时，单击起始点后，按住Ctrl键的同时创建终点，可以将所绘直线段与水平方向的夹角控制为15°的倍数，其中0°，90°夹角的直线段即为水平、垂直线。

> **操作技巧**
>
> 在绘制线条时，按住Shift键，并向已绘制的线条方向移动，已绘制的线条将被擦除。

图 6-9 使用"折线工具"时的光标样式

工具箱（智能绘图工具）：使用智能绘图工具 的绘图方法与手绘工具相近，只是较之手绘工具，智能绘图工具加入了形状识别功能和智能平滑功能。前者是将绘制出的类似于定制图形的图形当作定制图形处理；后者是将绘制时接近于直线的曲线当作直线处理，或者将曲线上小的弯曲去除，当作完整的曲线处理。

单击 图标，弹出如图6-1所示的"手绘工具"工具栏。单击其中的 图标，光标变为图6-10所示状态，属性栏中出现如图6-11所示智能绘图工具栏。在属性栏中"形状识别

153

等级"和"智能平滑等级"右侧的下拉列表中分别选择智能处理等级，等级越高形状识别和智能平滑的程度越高。

图 6-10 使用"智能绘图工具"时的光标样式

图 6-11 属性栏中的智能绘图工具栏

6.1.2 曲线

工具箱（手绘工具或折线工具）：单击 图标，在弹出的"手绘工具"工具栏中单击 或 图标，光标变为 状态。在绘图区的任意位置按下鼠标左键，开始曲线的绘制，在其他位置释放鼠标左键，结束绘制曲线。拖动鼠标时，光标移动的轨迹即为所绘曲线。

使用手绘工具绘制曲线时，绘制中的部分细节并没有体现在完成的曲线中，这是因为使用了"手绘平滑"功能。双击 图标，弹出"选项"对话框"手绘/贝塞尔工具"选项。在其中可设置手绘平滑、边角阈值、直线阈值、自动跟踪等4个选项。

手绘平滑是指手绘制曲线时，曲线取节点与鼠标移动跨度的关系。数值越小，曲线上取点越密，对细节的表现越清晰；数值越大，曲线越圆滑，如图6-12所示。

> **特别提示**
>
> 在完成一条曲线的绘制后，单击曲线上的起点与终点，可继续绘制连续的曲线。单击曲线上的其他节点，也可绘制与原曲线相接的曲线。绘制后的多个对象在执行移动、缩放、旋转、倾斜等命令时会被当作同一对象处理。但是在执行"撤消操作"命令时，会被当作不同的对象处理。

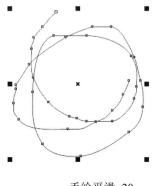

手绘平滑=20

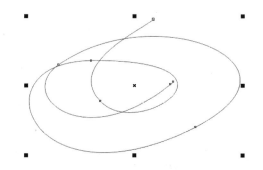

手绘平滑=100

图 6-12　手绘平滑

第 6 章　图形绘制与编辑

希望所绘曲线平滑时，选择的手绘平滑值应当较大。希望对细节表现更充分时，手绘平滑值应当较小。手绘平滑值越小，相同长度的曲线取点越多，文件越大。

边角阈值是指节点边角处的尖锐程序。取值越小，节点越尖；取值越大，节点越圆滑。直线阈值是指曲线相对于直线路径的偏移量，在偏移范围内曲线将被当作直线处理，取值越高，绘制的曲线就容易接近直线。自动连接用于控制自动连接的半径，当两节点的距离低于此值时会被连接，取值越小，能自动连接的距离越小。

工具箱（贝塞尔工具或钢笔工具）：单击 按钮，在弹出的"手绘工具"工具栏中单击 或 图标，光标变为 或 状态。在绘图区的任意位置按下鼠标左键，此处出现曲线的起始点，并出现控制点及控制线，如图6-13所示。移动光标，控制线会随之偏转或伸缩（控制线方向及长度决定了曲线该点的曲率及与下一个点的连接方向）。释放鼠标左键，将光标移动到创建下一个节点的位置。若单击鼠标，将创建一个新的节点，并在此节点与上一节点之间出现设定曲率的曲线；若按下鼠标左键，控制线的方向及长度会随光标的移动而变化，此节点与上一节点间的曲线形状也会不断变化，如图6-14所示。重复上述步骤至曲线完成。

图 6-13　控制点及控制线

图 6-14　调整曲线形状

选定任意曲线，单击属性栏中的 图标，可将曲线首尾闭合。

除了起点和终点以外的节点上，都会有两个控制点以及对应的两条控制线。这两条控制线实际上是此节点与相邻两个节点间曲线过此节点的切线。当两条控制线的夹角为180°时，节点两端的曲线呈平滑连接的状态。

工具箱（智能绘图工具）：请参照使用智能绘图工具绘制直线和使用手绘工具绘制曲线的方法自行体验。

工具箱（B-样条工具）：单击 按钮，在弹出的"手绘工具"工具栏中单击 图标，光标变为如图6-15所示的状态。通过使用控制点，可以轻松塑造曲线形状和绘制B-样条（通常为平滑、连续的曲线）。 B-样条与第一个和最后一个控制点接触，并可在两点之间拉动。 但是，与贝塞尔曲线上的节点不同，当要将曲线与其他绘图元素对齐时，控制点不能指定曲线穿过的节点。与线条接触的控制点称为夹住控制点。夹住控制点与锚点作用相同。拉动线条但不与其接触的控制点称为浮动控制点。 第一个和最后一个控制点总是夹在末端开放的 B-样条上。 默认情况下，这些点位于浮动控制点之间，但如果想在B-样条中创建尖突线条或直线，可以夹住这些点。可以使用控制点编辑完成的B-样条。

工具箱（3点曲线工具）：单击🖐按钮，在弹出的"手绘工具"工具栏中单击🖐图标，光标变为如图6-16所示状态。在绘图区的任意位置按下鼠标，移动光标至另一点，释放鼠标。移动光标，屏幕上出现以按下鼠标位置作为起始点、以释放鼠标位置为终点、以当前光标位置为中点的曲线。在移动光标的过程中，曲线的形状不断变化。当显示理想的曲线时，单击鼠标。

图 6-15 使用"B-样条"时的光标样式　　　　图 6-16 使用"3 点曲线工具"时的光标样式

6.2　艺术线条绘制

在CorelDRAW X8中，有一种特别的线条绘制模式——艺术线条绘制。使用此工具可以绘制线形粗细和笔触形状不同的封闭曲线，并在其轮廓内构建特殊的填充效果，如预设图案填充等。艺术笔工具有预设、笔刷、喷灌、书法和压力等5种模式可供选择。

6.2.1 预设线条

工具箱和属性栏：单击工具箱中的🖐图标，光标变为图6-17所示的状态，属性栏变为如图6-18所示状态。在绘图区的任意位置按下鼠标，拖动光标一段距离，光标移动的路径显示为黑色实线，如图6-19所示。然后释放鼠标质量，黑色粗线表示出原黑色实线的近似轮廓，如图6-20所示。

图 6-17 艺术笔工具光标样式　　　　　　图 6-18 "艺术笔预设"属性栏

图 6-19 绘制线条过程　　　　图 6-20 绘制线条效果

这里显示出黑色细线的范围与黑色实线的路径是一致的，与黑色实线轮廓的区别受"笔触"的影响。图6-21列举出了CorelDRAW X8中预设的笔触造型。当用"形状工具"或"手绘工具"选定"艺术笔"绘制的线条时，可在属性栏中最右侧的下拉列表中设置。除此之外，还可使用"艺术笔预设"属性栏设置艺术笔的手绘平滑度和笔触宽度。手绘平滑度可以直接在左侧的编辑框中填写数值，也可以单击编辑框右侧的 ⊹ 按钮，拖动如图6-22的滑动条上的滑块。手绘平滑值在0~100之间，数值越小，显示出的线条越接近鼠标实际运动路径；数值越大，线条看起来越平滑。"笔触宽度"在"艺术笔预设"属性栏中的第二个编辑框设置。

泊坞窗：执行"窗口"→"泊坞窗"→"效果"→"艺术笔"菜单命令，打开如图6-23所示的艺术笔泊坞窗。绘制线条后，单击泊坞窗下方下拉列表中的笔触。

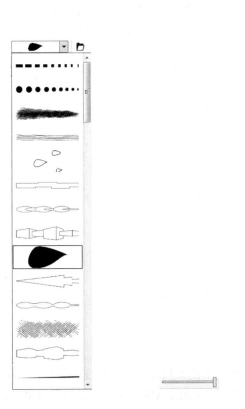

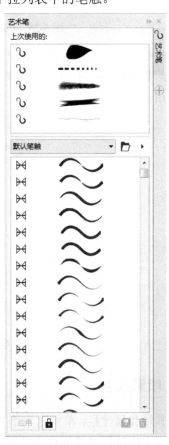

图 6-21　预设笔触　　　　图 6-22　手绘平滑条　　　　图 6-23　艺术笔泊坞窗

6.2.2　画笔线条

工具箱和属性栏：单击工具箱中的 ⌇ 图标，激活艺术笔工具，光标变为如图6-17所示的状态，属性栏变为如图6-18所示的状态。单击属性栏中的 ⋮ 图标，属性栏变为如图6-24所示的状态。在右侧的下拉列表中选择画笔样式（图6-25列出了CorelDRAW X8的部分预设效果），与预设模式同样绘制线条。

图 6-24 "笔刷艺术笔样式"属性栏

图 6-25 CorelDRAW X8 部分预设笔刷艺术笔样式

除系统预设的线条样式，用户还可以自行选择更多的样式，单击画笔线条样式下拉列表右侧的📁图标，在随后弹出的如图6-26所示的对话框中选择预设样式路径，并单击"确定"按钮。

图 6-26 "浏览文件夹"对话框

6.2.3 喷灌线条

工具箱和属性栏：单击艺术笔工具属性栏中的按钮，属性栏变为如图6-27所示状态，在下拉列表中选择喷灌的样式（图6-28列举了CorelDRAW X8的部分预设效果），以与预设模式同样的方法绘制线条。

图 6-27 "艺术笔对象喷涂"属性栏

第二栏中的编辑框用于设置要喷涂对象的大小，数值用于表示实际喷涂时的大小与系统预设大小的百分比。

第二栏中编辑框的右侧以及第三栏用于选择喷灌类别和图样，使用方法同画笔线条。

第四栏中单击🔧图标，打开如图 6-29 所示的"创建播放列表"对话框，在其中可以选择构成喷灌效果的基本对象的组合方式。

第五栏中单击🔒 / 🔓图标可以锁定或解锁对象的纵横比。

图 6-28　CorelDRAW X8 部分预设喷灌艺术笔样式

第六栏用于设置喷灌时使用的基本对象的排列顺序和方式。在下拉列表中选择排列顺序，包括"随机""顺序""按方向"等3种，具体效果请读者体验。当更改排列方式后，🔧按钮处于激活状态，单击此按钮，可将当前选择的效果添加到预设方案中。

属性栏的第七栏用于设置喷灌时使用的小块颜料间距，🔧图标后编辑框中的数值越大，喷灌时使用的基本对象看起来越复杂，实际上是叠加的层次更多。🔧图标后编辑框中的数值越大，喷灌时使用的基本对象之间的间距越大。

单击🔧图标，出现如图6-30所示的"旋转"操作界面，可以将喷灌的基本对象进行旋转。

单击🔧图标，出现如图6-31所示的"偏移"操作界面，也是针对喷灌基本对象的操作。

单击🔧图标，缩放时为喷涂线条宽度应用变换。

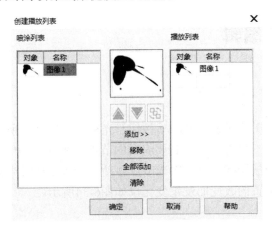

图 6-29　"创建播放列表"对话框

图 6-30　"旋转"操作界面

图 6-31　"偏移"操作界面

6.2.4 书法线条

工具箱和属性栏：使用工具栏激活艺术笔工具，单击属性栏中的 🖋 按钮，属性栏变为如图6-32所示状态，以与预设模式同样的方法绘制线条。

图 6-32 "艺术笔书法"属性栏

属性栏第二栏中的编辑框用于设置手绘平滑度，其方法与预设线条相同。第三栏用于设定笔画的宽度。最后一个编辑框用于设定书法线条结束位置的笔触角度。

6.2.5 压力线条

工具箱和属性栏：使用工具栏激活艺术笔工具，单击属性栏中的 🖋 按钮，属性栏变为如图6-33所示状态，与预设模式同样的方法绘制线条。

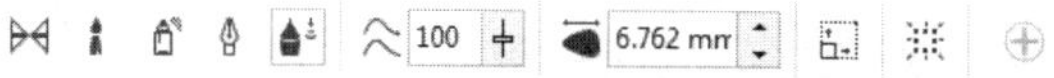

图 6-33 "压力笔艺术笔样式"属性栏

属性栏第二栏中的编辑框用于设置手绘平滑度，其方法与预设线条相同。第三栏用于设定笔画的宽度。

6.3 线条形态编辑

6.3.1 移动节点

工具箱：选定要编辑的线条，单击 ✏ 按钮，光标变为 ➤ 状，所选线条的节点、控制点和控制线全部显示出来。将光标移动到要编辑的节点，光标变为 ➤ 状，按下鼠标左键，拖动节点到任意位置后释放鼠标左键，所选节点移动到释放鼠标时光标停放的位置。线条形状通过不同节点相对位置的改变而发生变化，如图6-34所示。

图 6-34 移动节点位置

6.3.2 增加与删除节点

　　属性栏：选定要编辑的线条，单击工具箱中的图标，光标变为状。若想删除节点，将光标移动到要删除的节点上，单击选定，单击属性栏中的"删除节点"图标；若想增加节点，单击要增加节点的位置，单击属性栏中的"添加节点"图标。

　　快捷菜单：用"形状工具"选定要删除的节点，或单击要增加节点的位置，单击鼠标右键，弹出如图6-35所示的快捷菜单，执行"删除"或"添加"命令。

图 6-35　快捷菜单

6.3.3 连接与拆分曲线

　　属性栏：连接节点时，先将两条曲线进行合并，再用"形状工具"选定两个要连接的节点，单击图标，选定的两个端点互相靠拢，连接在一起，如图6-36所示。分割曲线时，先用"形状工具"选定要分割的位置，单击图标，曲线被分割为两段，此时可拖动其中的一端查看效果，如图6-37所示。

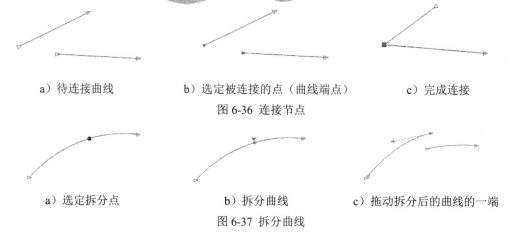

a）待连接曲线　　　　b）选定被连接的点（曲线端点）　　　c）完成连接

图 6-36　连接节点

a）选定拆分点　　　　　　　b）拆分曲线　　　　c）拖动拆分后的曲线的一端

图 6-37　拆分曲线

快捷菜单：用"形状工具"选定要连接的点或要拆分的位置，单击鼠标右键，弹出如图 6-35所示的快捷菜单，执行"连接"或"拆分"命令。

6.3.4　曲线直线互转

属性栏：用"形状工具"选定曲线上的一个或多个节点，单击 ✐ 图标完成曲线到直线的转换，单击 ⤢ 图标完成直线到曲线的转换。

快捷菜单：用"形状工具"选定曲线上的一个或多个点，单击鼠标右键，执行"到直线"或"到曲线"命令。

> ➤ **特别提示**
>
> 以曲线转换成直线为例，当选定曲线上的节点时，此节点与其上一节点（与选定节点相邻的两节点中邻近曲线起始点的节点）之间的曲线段变为直线段，如图6-38所示；当选定曲线上除节点以外的点时，与此点相邻的两个节点间的曲线段变为直线段，如图6-39所示。

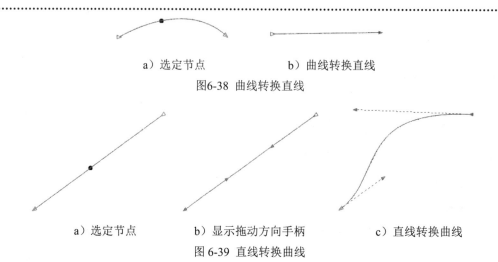

a）选定节点　　　　　　b）曲线转换直线

图6-38　曲线转换直线

a）选定节点　　　　b）显示拖动方向手柄　　　　c）直线转换曲线

图 6-39　直线转换曲线

6.3.5 节点尖突、平滑与对称

　　属性栏：用"形状工具"选定曲线上的一个或多个点，单击 🖝、🖝 或 🖝 图标完成节点尖突、节点平滑和生成对称节点的操作。

　　"节点尖突"和"节点平滑"是节点的两种对应状态，"节点对称"指的是节点控制线对称，而不是创建新的节点，如图6-40所示。

a）原始曲线　　　　　　　　　　b）"节点对称"操作后曲线

图 6-40　"节点对称"操作效果

　　快捷菜单：用形状工具选定要编辑形态的节点，单击鼠标右键，弹出如图6-35所示的快捷菜单，执行"尖突""平滑"或"对称"命令。

　　快捷键：节点尖突与节点平滑互相转换，用形状工具选定要编辑的节点{C}；节点对称：用形状工具选定要编辑的节点{S}。

6.3.6 曲线方向反转与子路径提取

　　"反转子路径"（即反转曲线方向）是指将曲线的起始点和终点互换，将此操作应用在带箭头的曲线上，箭头位置将从曲线的一端移动到另一端，如图6-41所示。

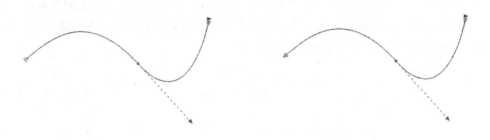

a）原始带箭头曲线　　　　　　　b）"反转曲线方向"操作后曲线

图 6-41　"反转曲线操作"效果

　　"提取子路径"操作用于从组合后的对象中提取源对象，从而进一步执行属性编辑、位置移动等操作。

　　属性栏：反转曲线方向：用"形状工具"选定曲线，单击 🖝 图标；提取子路径：用"形

状工具"选定组合后的对象，单击图标。

快捷菜单：反转曲线方向：用"形状工具"选定曲线，单击鼠标右键，在弹出的快捷菜单中执行"反转子路径"命令。

6.3.7 曲线闭合

曲线闭合是将曲线的首尾连接在一起，成为闭合曲线，如图6-42所示，包括"延长曲线使之闭合"和"自动闭合曲线"两种操作。

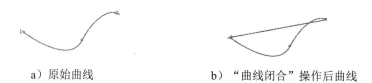

a）原始曲线　　　　　　　　b）"曲线闭合"操作后曲线

图6-42　"曲线闭合"操作效果

> **操作技巧**
> "自动闭合曲线"与"延长曲线使之闭合"操作的区别在于，使用前者时需要人为选定曲线的起始点和终点；而使用后者时，只需选择待闭合的曲线即可。

属性栏：延长曲线使之闭合，用"形状工具"选定曲线的两个端点，单击图标；自动闭合曲线，用"形状工具"选定曲线，单击图标。

快捷菜单：自动闭合曲线，用"形状工具"选定曲线，单击鼠标右键，在弹出的快捷菜单中执行"闭合曲线"命令。

6.3.8 伸缩节点连线

属性栏：用"形状工具"选定曲线上的节点，单击图标，被选定的节点周围出现8个与对象缩放相同的控制点。用鼠标拖动控制点可使选定节点与其两侧相临节点间的曲线段达到与对象缩放操作相同的效果，如图6-43所示。

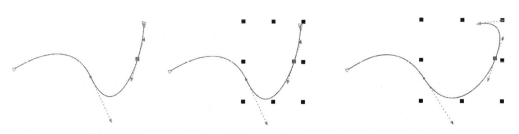

a）原始曲线选定节点　　　b）节点周围出现控制点　　　c）"伸长和缩短节点连线"操作后曲线

图6-43　"伸长和缩短节点连线"操作效果

6.3.9 旋转和倾斜节点连线

属性栏：用"形状工具"选定曲线上的节点，单击 ⓒ 图标，被选定的节点周围出现与对象旋转、倾斜相同的控制点。用鼠标拖动控制点可使选定节点与其两侧相临节点间的曲线段达到与对象旋转或倾斜操作相同的效果，如图6-44所示。

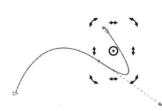

　　a）原始曲线选定节点　　　　b）节点周围出现控制点　　c）"旋转和倾斜节点连线"操作后曲线

图 6-44　"旋转和倾斜节点连线"操作效果

6.3.10 节点对齐

属性栏：用"形状工具"选定曲线上两个或两个以上节点，单击 ⏐⏐ 图标，弹出如图6-45所示的"节点对齐"对话框。单击"水平对齐"、"垂直对齐"、"对齐控制点"前的复选框，选择对齐种类（允许同时选择一种或多种对齐方式），单击"确定"按钮。被选定的节点将以最后选择的节点为基础对齐，如图6-46所示。

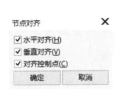

　　　　　　　　　　　　　　　a）原始曲线选定节点　　　b）"节点对齐"操作后曲线

图 6-45　"节点对齐"对话框　　　　　　　　图 6-46　"节点对齐"操作效果

6.3.11 节点反射

节点反射是作用于编辑节点的一种特殊模式，在节点反射模式下，拖动某一选定的节点，其他选定的节点会按指定的反射方向（水平或垂直）进行相反方向的移动。

属性栏：选定两个或两个以上节点， ⏐⏐ 、 ⏐⏐ 图标处于激活状态，单击两图标之一（或两者）使其处于选定状态，拖动某一选定的节点，其他节点会在水平或垂直方向上（或水平和垂直方向）向相反的位置移动。

6.3.12 弹性模式

弹性模式是作用于编辑节点的一种特殊模式。在移动节点时，非选定节点会随选定节点的拖动做不同尺度的移动，表现出类似"弹性"的状态。

属性栏：选定要编辑的节点，单击 图标，拖动要编辑的节点，其他节点随之变化。

6.3.13 选择所有节点

选择所有节点的作用是更方便快捷的选择所有节点。

属性栏：选定要编辑的曲线，单击 图标，即可选中所有的节点。

6.4 几何图形绘制

6.4.1 矩形与正方形

工具箱（矩形工具）：单击□图标，弹出如图6-47所示的"矩形工具"工具栏。单击其中的□图标，光标变为图6-48所示的形状。在绘图区任意点按下鼠标左键，拖动光标一段距离后释放鼠标左键，绘图区内出现以按下鼠标点和释放鼠标点为相对顶点的矩形。

图 6-47 "矩形工具"工具栏　　　图 6-48 使用"矩形工具"时的光标样式

> **操作技巧**
> 使用矩形工具绘制矩形时，在拖动鼠标的同时按住Ctrl键，绘制的图形为正方形，正方形的边长为按下鼠标点与释放鼠标点的横向、纵向距离中较大者。

> **特别提示**
> 单击□图标后按住Shift键绘制矩形，绘制出的矩形将以按下鼠标点为中心，释放鼠标点为一顶点。

工具箱（3点矩形工具）：单击□图标，弹出如图6-47所示的"矩形工具"工具栏。单击其中的 图标，光标变为图6-49状。在绘图区任意点按下鼠标，拖动光标一段距离后释放鼠标，绘图区内出现以按下鼠标点和释放鼠标点为端点的一条直线。再移动光标到此直线以外的位置，移动光标的过程中会出现以直线为一边，其对边过光标所在位置的矩形，单击鼠标，完成绘制。

图 6-49 使用"3 点矩形工具"时的光标样式

快捷键：{F6}。

> ➤ **操作技巧**
>
> 　　绘制某边为水平的矩形时一般使用"矩形工具"，绘制各条边均非水平或垂直的矩形时一般使用"3点矩形工具"。

6.4.2　圆角（扇形切角、倒角）矩形

　　"圆角（扇形切角、倒角）矩形"准确地说并非矩形，而是矩形的边角变化后形成的图形。由于在CorelDRAW X8中可以通过编辑矩形得到此图形，因此将其称为"圆角（扇形切角、倒角）矩形"，图6-50显示出圆角、扇形切角、倒角矩形的效果。

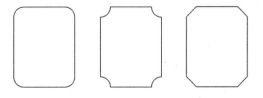

图 6-50　圆角、扇形切角和倒角矩形

　　属性栏：选定已绘制的矩形，属性栏中出如图6-51所示的矩形编辑栏，改变编辑框里的数值可改变矩形边角的圆滑度。默认状态下，矩形4个角的圆滑度是相同的。单击编辑框右侧的 🔒 图标，解除锁定，可以分别更改4个编辑框中的数值以取得各个角不同的圆滑效果。圆滑度编辑框中的数值在0～100的范围内有效，数值越大，矩形的角越圆滑，图6-52显示了圆滑度分别为0、3、5、10mm的4个矩形的效果。

图 6-51　属性栏中的矩形编辑栏

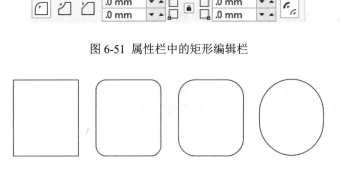

图 6-52　边角圆滑度值不同的矩形

　　泊坞窗：执行"窗口"→"泊坞窗"→"圆角/扇形角/倒棱角"菜单命令，打开如图6-53所示的"圆角/扇形切角/倒角"泊坞窗。选定要编辑的矩形，在操作类型列表中选择操作种类，在"半径"右侧的编辑框架中设置操作范围，单击"应用"按钮。当选择的操作半径大于可操作边缘长度的一半时，会弹出如图6-54所示的提示框，单击"确定"按钮，更改操作半径再执行命令。

图6-53 "圆角/扇形角/倒棱角"泊坞窗　　　图6-54 操作半径过大提示框

6.4.3 椭圆形与圆形

工具箱（椭圆形工具）：单击○图标，弹出如图6-55所示的"椭圆形工具"工具栏。单击其中的○图标，光标变为图6-56所示的形状。在绘图区任意点按下鼠标，拖动光标一段距离后释放鼠标，绘图区内出现一个椭圆形，按下鼠标点和释放鼠标点为此椭圆形的外切矩形的相对顶点。

图 6-55 "椭圆形工具"工具栏　　　图 6-56 使用"椭圆形工具"时的光标样式

工具箱（3点椭圆形工具）：单击○按钮，弹出如图6-54所示的"椭圆形工具"工具栏。单击其中的图标，光标变为图6-57所示的形状。在绘图区任意点按下鼠标左键，拖动光标一段距离后释放鼠标左键，绘图区内出现以按下鼠标点和释放鼠标点为端点的一条直线。再移动光标到此直线以外的位置，移动光标的过程中会出现以直线为一条对称轴，另一条对称轴的半轴长度与光标所在位置到原对称轴的距离相等的椭圆形，单击鼠标，完成绘制。

> **操作技巧**
>
> 绘制椭圆形时，在拖动鼠标的同时按住Ctrl键，绘制的图形为圆形，圆形的直径为按下鼠标点与释放鼠标点的横向、纵向距离中较大者。

> **特别提示**
>
> 单击○图标后按住Shift键，再绘制椭圆形，绘制出的椭圆形将以按下鼠标点为中心，释放鼠标点为其外切矩形的一个顶点。

图 6-57 使用"3 点椭圆形工具"时的光标样式

快捷键：{F7}。

第 6 章　图形绘制与编辑

> ➤ **操作技巧**
>
> 　绘制对称轴为水平线的椭圆形时一般使用"椭圆形工具"，绘制各条对称轴均非水平或垂直的椭圆形时一般使用"3点椭圆形工具"。

6.4.4　饼形与弧形

　　属性栏：选定椭圆形时，属性栏中会出现如图6-58所示的椭圆形编辑栏，用于在椭圆形的基础上创建饼形和弧形。单击 ◑ 图标，将椭圆形或弧形切换为饼形；单击 ◡ 图标，将椭圆形或饼形切换为弧形；单击 ○ 图标，将饼形或弧形切换为椭圆形。

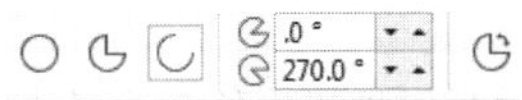

图 6-58　属性栏中的椭圆形编辑栏

> ➤ **特别提示**
>
> 　起始角度和终止角度相同的饼形相当于带有一条从椭圆形中心点到椭圆形边缘的线段的椭圆形。

> ➤ **特别提示**
>
> 　椭圆形和饼形都属于封闭的图形，可以进行填充等操作；弧形属于曲线，不能执行填充等操作。由于起始点和终点相同的弧形实际上构成了椭圆形，并且也将内部封闭，因此，当将弧形的起始点和终点角度设置相同时，弧形变为椭圆形。

　　当图形设置为饼形或弧形时，可更改上下两个编辑框中的数值，分别设置图形的起始和终止角度；◑ 图标也处于激活状态，用于创建与当前图形起始点与终止点恰好相反的图形，也就是当前图形的互补图形。

6.4.5　多边形

　　工具箱：单击 ○ 按钮，弹出如图6-59所示的"多边形工具"工具栏。单击其中的 ○ 图标，光标变为图6-60状。在绘图区任意点按下鼠标，拖动光标一段距离后释放鼠标，绘图区内出现多边形。

> ➤ **操作技巧**
>
> 　使用绘制多边形的方法，在拖动鼠标时按住Ctrl键，绘制的图形为正多边形。

　　在默认状态下绘制的多边形为五边形，如想改变其边数，先选定多边形，然后改变属性栏中 ○ 图标后的编辑框中的数字，如图6-61所示。其有效范围在3~500之间，即可直接绘制边数为3~500边的多边形。

图6-59 "多边形工具"工具栏　　　图6-60 使用"多边形工具"时的光标样式

图 6-61 属性栏中的多边形边数编辑框

6.4.6 星形

在CorelDRAW X8中，星形分为"星形"和"复杂星形"两种，图6-62显示出了两种图形的区别：前者是星形的外轮廓线，后者包括星形各个顶点的连线。

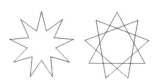

图 6-62 "星形"与"复杂星形"

工具箱（星形工具或复杂星形工具）：单击 ◯ 图标，弹出如图6-59所示的"多边形工具"工具栏。单击其中的☆图标（或✿图标），光标变为图6-63（或图6-64）所示的形状。在绘图区任意点按下鼠标左键，拖动光标一段距离后释放鼠标，绘图区内出现星形（或复杂星形）。

图 6-63 使用"星形工具"时的光标样式　　　图 6-64 使用"复杂星形工具"时的光标样式

➤ 操作技巧

　　使用绘制星形（或复杂星形）的方法，在拖动鼠标时按住Ctrl键，绘制的图形为正星形（或正复杂星形）。

在默认状态下绘制的星形为五角星（复杂星形为九角星），如想改变其角数，先选定星形（或复杂星形），然后改变属性栏中☆图标（或✿图标）后的编辑框中的数字（见图

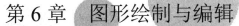

第 6 章　图形绘制与编辑

6-65、图6-66）。其有效范围在3~500之间，即可直接绘制3~500个角的星形（或复杂星形）。属性栏中▲图标后的编辑框用于编辑星形（或复杂星形）的锐度，其数值越大，星形（或复杂星形）的角越尖，数值在1~99之间有效。

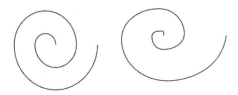

图 6-65 属性栏中的星形编辑栏 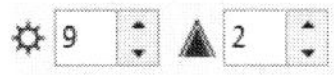　　　　　　图 6-66 属性栏中的复杂星形编辑栏

6.4.7 螺纹

使用CorelDRAW X8可绘制对称形和对数形两种螺纹（见图6-67），对称形螺纹各回圈之间的距离相同，对数形螺纹各回圈之间的距离不同，差异随螺纹扩展参数的增大而增大。

图 6-67 对称形螺纹和对数形螺纹

工具箱和属性栏：单击◯按钮，弹出如图6-59所示的"多边形工具"工具栏。单击其中◎图标，光标变为图6-68所示的形状，属性栏中出现如图6-69所示的螺纹编辑栏。在属性栏◎后面的编辑框中选择螺纹的回圈数，单击◎和◎图标在对称式和对数式之间切换螺纹的形状。

当选择对数式螺纹时，◐图标后的螺纹扩展参数滑块及编辑框处于激活状态。拖动滑块或改变编辑框中的数值，可选择1~100范围内的任意整数，设置螺纹不同回圈中的距离变化。

在绘图区任意点按下鼠标左键，拖动光标一段距离后释放鼠标左键，绘图区内出现螺纹。

图 6-68 使用"螺纹工具"时的光标样式 　　　图 6-69 属性栏中的螺纹编辑栏

> ➤ **操作技巧**
> 　使用绘制螺纹的方法，在拖动鼠标时按住Ctrl键，绘制的图形为标准圆形螺纹。

6.4.8 其他图形

除前面章节中介绍过的图形外，使用CorelDRAW X8还能够方便绘制一些基本形状、箭头形状、流程图形状、标题形状和标注形状。

工具箱和属性栏：单击○图标，弹出如图6-59所示的"多边形工具"工具栏。单击如图6-70所示的任意图标，光标变为如图6-71所示状态，属性栏中出现"完美形状"图标。当选择的工具图标分别为、、、、时，"完美形状"图标分别为。单击"完美形状"图标，分别出现如图6-72所示的选项列表。

- 基本形状(B)
- 箭头形状(A)
- 流程图形状(F)
- 标题形状(N)
- 标注形状(C)

图 6-70 "基本形状"工具栏　　　　图 6-71 使用"螺纹工具"时的光标样式

图 6-72 "完美形状"选项列表

在列表中选择与需要相近的形状，按下鼠标左键，移动光标一段距离再释放鼠标左键进行绘制。完成绘制后，绝大多数图形中都会出现红色的节点，表示此节点可调节。图6-73中显示了调节图形中红色节点得到的一些效果，其他图形请读者自行试用。

图 6-73 调节图形中红色节点得到的效果

6.5 图纸绘制

6.5.1 网格

工具箱和属性栏：单击○图标，弹出如图6-59所示的"多边形工具"工具栏。单击其中的图标，光标变为如图6-74所示的状态，属性栏中出现如图6-75所示的图纸编辑栏。在图纸编辑栏的编辑框中设置所绘网格的行数和列数，在绘图区任意点按下鼠标，拖动光标一段距离后释放鼠标左键，绘图区内出现网格。

图 6-74 使用"图纸工具"时的光标样式　　　　图 6-75 属性栏中的图纸编辑栏

172

> **特别提示**
> 网格工具在图纸绘制工作中常常用作标志位置的底图,类似于辅助线的用法,但比辅助设置更为方便灵活。

6.5.2 交互式连线

交互式连线是连接对象的线条,在移动连接的对象时,线条会随之自动移动或伸缩,保持原对象的连接状态。

> **特别提示**
> 交互式连线工具在工业设计中应用非常广泛,如电路板设计、管线设计等需要将节点保持连通,并会经常修改节点位置的工作。

工具箱和属性栏:单击 图标,弹出如图6-76所示的"直线连接器工具"工具栏。单击其中的 图标,激活"直线连接器",光标变为图6-77所示的形状,同理单击 和 图标切换成"直角连接器"和"直角圆形连接器"方式,在要连接的两个对象之中一个节点上开始连线的位置按下鼠标左键,将光标移动到另一个对象上要连线的位置,释放鼠标左键,两对象之间出现连线。

图 6-76 "直线连接器工具"工具栏    图 6-77 使用"直线连接器工具"时的光标样式

6.5.3 度量标注

工具箱和属性栏:单击 图标,弹出如图6-78所示的"尺度工具"工具栏。单击其中的 图标,激活"平行度量"工具,属性栏变为如图6-79所示的样式。可以在属性栏中对其进行设置。同理单击 、 、 、 和 图标,选择度量工具的种类,依次是平行度量、水平或垂直度量、角度量、线段度量、3点标注工具。

图 6-78 "尺度工具"工具栏

图6-79 属性栏中的交互式连线工具设置栏

平行、水平或垂直度量工具人为地确定度量的方向,免去了选择方向的过程。选择一

种工具后可以继续使用属性栏设置标注的进位制、精度、单位，并为标注内容添加前、后缀等；也可直接用鼠标单击要度量位置的起始点，然后移动光标，在度量线段的平行方向上会出现一条带箭头线段随光标移动，这条带箭头线段就是用于标注的引线，待其移动到合适的位置单击鼠标，系统自动标出度量部分的长度。

属性栏中的 图标用于选择标注的格式，单击此图标，会出现图6-80所示的列表，在其中选择合适的样式即可。

| 尺度线上方的文本(A) |
| 尺度线中的文本(T) |
| 尺度线下方的文本(B) |
| 将延伸线间的文本居中(C) |
| 横向放置文本(H) |
| 在文本周围绘制文本框(X) |

图6-80 标注样式列表

> **特别提示**
>
> 使用度量标注工具初次单击鼠标的位置影响到与标注线垂直的指示线的起始位置；最后一次单击鼠标的位置会影响到标注文字的位置。

标注工具用于在图上画出引线并标注文字。单击 图标，光标变为图6-81所示的样式，单击要标出释义点的位置，引线从此位置开始。再将光标移动到引线的节点位置单击鼠标，并移动光标到引线的结束位置单击鼠标，构成2段的引线；或者直接将光标移动到引线的终点位置双击鼠标，构成1段的引线。结束引线后，光标变为如图6-82所示的样式，此时可输入需标注的文字。

图6-81 使用"标注工具"时的光标样式　　图6-82 使用"标注工具"输入文字时的光标样式

角度量工具用于角度的度量和标注。单击 图标，激活角度量工具。单击要度量角的顶点，再单击要度量角的两边，角内出现一个圆弧，用于标注角的度数。移动光标，圆弧随之移动，待其移到合适的位置单击鼠标，系统自动度量角的度数并进行标注。

线段度量工具用于用线段的度量和标注。单击 图标，激活线段度量工具，单击要测量的线段，将指针移动至要放置尺度线的位置，然后在要放置尺度文本的位置单击完成标注。

> **操作技巧**
>
> 在使用度量标注工具时，如需改变标注文字的字号，单击工具箱中的 按钮，激活文本工具，在属性栏中更改字号。

> **特别提示**
>
> 在标注完成后改变被标注对象的尺寸，标注值会随之发生变化，始终标注当前值。

6.6 几何图形编辑

6.6.1 对象平滑

平滑操作是指沿对象轮廓使其变得平滑，应用线条、曲线以及对象的轮廓，效果受笔

尖大小、速度以及笔尖的压力参数影响。

工具箱：单击 图标，在弹出的"形状工具"工具栏中单击 图标，光标变为 状，属性栏变为如图6-83所示状态。先对笔刷的参数进行设置，属性栏中的3个编辑框分别用于设置笔尖大小、效果的速度和笔尖压力等参数。具体效果请读者自行体验。

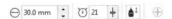

图6-83 使用"平滑笔刷"时的属性栏

6.6.2 对象涂抹

涂抹操作可用于拖放对象轮廓使对象变形，图6-84显示了从矩形外部开始涂抹矩形得到的效果。可以把待涂抹的对象想象成用蜡版画出的图画，把涂抹的过程想象成使用削成斜面的硬笔在蜡版上画过，笔尖的宽度、倾斜度以及使用笔的压力都会影响到涂抹的效果。

a）涂抹前　　　　　　　　　　　b）涂抹后

图 6-84 "涂抹"操作效果

> ➤ **特别提示**
> 涂抹效果有助于增加绘图的自然性和随意性，并在色彩调和上有较强的表现力。

工具箱：选定要涂抹的对象，单击 按钮，在弹出的"形状工具"工具栏中单击 图标，光标变为 状，属性栏变为图6-85所示的形状。属性栏中的4个编辑框用于设置笔尖大小、在效果中添加的水分浓度、斜移固定值和方位（这些数值对效果的影响请读者自行体验）。在开始涂抹的位置按下鼠标左键，移动光标的路径即成为涂抹的路径，释放鼠标左键结束。涂抹过程中留下的颜色为涂抹开始时光标覆盖处的颜色，在涂抹的过程中，也会选取一定量的颜色。

图 6-85 使用"涂抹笔刷"时的属性栏

> ➤ **操作技巧**
> 涂抹操作只适用于曲线对象。

6.6.3 对象转动

转动工具 ◉ 是CorelDRAW X8新增的一种矢量造型工具，可以向对象添加转动效果。造型时可以设置转动效果的半径、速度和方向，还可以使用压力来更改转动效果的强度。

工具箱：使用选择工具选定要添加转动效果的对象，如图6-86所示。在工具箱中选中 ◉ 工具，鼠标指针显示为 ⊙，此时的属性栏如图6-87所示。

单击对象的边缘，然后按住鼠标按钮，直至获得需要的转动大小。如图6-88所示。

若要定位和重塑转动，可以在按住鼠标按钮的同时拖动。

图 6-86 要添加转动的对象   图 6-87 使用"转动工具"时的属性栏   图 6-88 转动效果

在属性栏上的笔尖半径框 ⊖ 10.0 mm 中键入一个值，改变转动效果的半径；在属性栏上的速率框 ⊙ 31 中拖动滑杆或键入 1～100 之间的值，设置应用转动效果的速率；单击属性栏上的"笔压"按钮 🔘，使用数字笔的压力来控制转动效果的强度；单击"逆时针旋转"按钮 ↺ 或"顺时针旋转"按钮 ↻，设置转动效果的方向。

6.6.4 对象吸引

吸引工具通过将节点吸引到光标处为对象造型。为了控制造型效果，可以改变笔刷笔尖大小以及吸引节点的速度，还可以使用数字笔的压力。

工具箱：使用选择工具选定要调整形状的对象，如图6-89所示。在工具箱中选中 ▷ 工具，鼠标指针显示为 ⊙，此时的属性栏如图6-90所示。

图 6-89 要吸引节点的对象   图 6-90 使用"吸引工具"时的属性栏   图 6-91 吸引效果

单击对象内部或外部靠近其边缘处，然后按住鼠标按钮以重塑边缘。若要取得更加显著的效果，则在按住鼠标按钮的同时进行拖动。如图6-91所示。

在属性栏上的笔尖半径框 ⊖ 10.0 mm 中键入一个值，设置笔刷笔尖的半径；在属性栏上的速率框 ⊙ 31 中拖动滑杆或键入数值，设置应用效果的速率；单击属性栏上的"笔压"按钮 🔘，使用数字笔的压力来控制效果。

6.6.5 对象排斥

对象排斥是指通过将节点推离光标处调整对象的形状。为了控制造型效果，可以改变笔刷笔尖大小以及排斥节点的速度，还可以使用数字笔的压力。

工具箱：单击 图标，在弹出的"形状工具"工具栏中单击 图标，光标变为⊕状，属性栏变为如图6-92所示状态。先对笔刷的参数进行设置，属性栏中的3个编辑框分别用于设置笔尖大小、排斥效果的速度和笔尖压力等参数。具体效果请读者自行体验。

图6-92 使用"排斥笔刷"时的属性栏

6.6.6 对象沾染

对象沾染是指沿对象的轮廓拖动工具来改变对象的形状。属性栏中的5个编辑框分别用于设置笔尖大小、使用笔压控制涂抹效果的宽度、使用干燥来控制涂抹的宽窄度、笔倾斜用来更改对象的角度以及笔方位用来控制对象的方位等参数。

工具箱：使用选择工具选定要调整形状的对象，如图6-93所示。单击 图标，在弹出的"形状工具"工具栏中单击 图标，光标变为⊙状，属性栏变为如图6-94所示状态。

单击对象内部或外部靠近其边缘处，然后按住鼠标按钮以重塑边缘。若要取得更加显著的效果，则在按住鼠标按钮的同时进行拖动，如图6-95所示。

图6-93　要沾染的对象　　　　图6-94　使用"粗糙笔刷"时的属性栏

图6-95　沾染效果

6.6.7 对象粗糙

对象粗糙是指将锯齿或尖突的边缘应用于线条、曲线或文本对象，效果受笔尖大小、压力、含水浓度、斜移量等参数影响。

工具箱：单击 图标，在弹出的"形状工具"工具栏中单击 图标，光标变为⊙状，属性栏变为如图6-96所示的状态。先对笔刷的参数进行设置，属性栏中的6个编辑框分别用于设置笔尖大小、使用笔压控制尖突频率、在效果中添加水分浓度、使用笔斜移、尖突方向、和关系固定值等参数。具体效果请读者自行体验。

图6-96 使用"粗糙笔刷"时的属性栏

> ➤ **特别提示**
>
> 粗糙效果常用于表现物体的动感。

6.7 实例——户型设计

01 创建新文件，将页面大小改为850mm×900mm，如图6-97所示。

a）操作方法

b）操作效果

图6-97 设置页面尺寸

02 将文件保存在"设计作品"文件夹中，命名为"户型设计.cdr"。

03 设置自定义网格水平、垂直均为0.2/mm的网格，开启显示网格与贴齐网格选项，如图6-98所示。

> ➤ **特别提示**
>
> 在做工业设计时，常常涉及比例尺的问题，选用比例尺时应考虑输出尺寸及绘图精度要求。本实例选用1：10的比例尺，即图上1mm代表实际10mm。由于Core1DRAW X8仅能按图上尺寸标注，为了标注及换算的方便，建议使用1：10^N或10^N：1（N为自然数）的比例尺，这样就可以通过"前缀""后缀"的设置，以度量单位的替换达到使用图上尺寸表示实际尺寸的目的。

第 6 章 图形绘制与编辑

04 使用"矩形工具",绘制1个尺寸为390mm×420mm的矩形,其中心位于(200,685),如图6-99所示。

a)操作方法

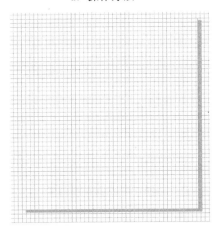

b)操作效果

图 6-98 设置网格

05 使用"矩形工具",绘制中心位置(125,370),尺寸为240mm×210mm的矩形;中心位置(410,310),尺寸为330mm×330mm的矩形;中心位置(485,580),尺寸为180mm×210mm的矩形;中心位置(470,760),尺寸为150mm×150mm的矩形;中心位置(635,745),尺寸为180mm×180mm的矩形,完成房屋的基本构型,如图6-100所示。

06 使用"矩形工具",设置填充为黑色,绘制1个尺寸为30mm×30mm的矩形,中心位于(5,895),如图6-101所示。

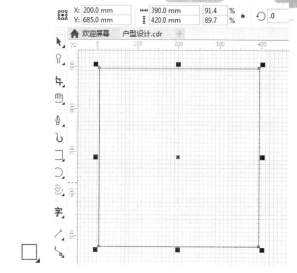
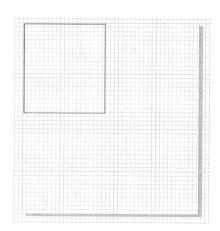

a）操作方法　　　　　b）操作方法　　　　　　　　　c）操作效果

图 6-99　绘制矩形

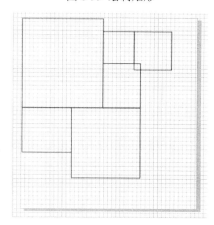

图 6-100　房屋基本构型

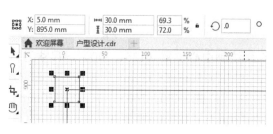

a）操作方法　　　　　b）操作方法　　　　　　　　　c）操作效果

图 6-101　绘制填充为黑色的矩形

180

> **特别提示**
>
> 　　在做户型设计时，应了解一些关于建筑的基本知识。如本实例设计的普通民用建筑，采用柱结构，柱排列应较有行列感，柱间距一般不超过6000mm，使用的墙厚度一般为承重墙240mm、非承重墙120mm、（北方地区）外墙370mm（在实例中的初步设计图上，墙常用300mm和150mm表示）。厨房、卫生间需保留管道空间。内部结构应便于使用标准尺寸家具，应考虑人的使用舒适性和心理感受，并与周边户型匹配良好。近年来，对户型设计还提出动静分区、干湿分区、日照时数等一些要求。

07 使用"矩形工具"绘制9个尺寸为30mm×30mm，填充为黑色的矩形，中心位置分别为（395，895）、（395，835）、（725，835）、（725，655）、（545，655）、（575，475）、（575，145）、（245，145）、（245，475），完成房屋的承重结构，如图6-102所示。

08 使用"矩形工具"，将填充设置为90%黑，绘制1个尺寸为30mm×390mm的矩形，中心位于（5，685），如图6-103所示。将前面绘制的30mm×30mm的矩形进行复制，粘贴到如图6-104所示的位置。

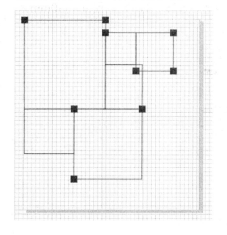

图 6-102 房屋承重结构

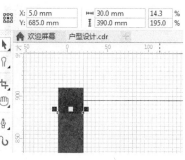

a）操作方法　　　　　　b）操作效果

图 6-103 绘制填充为 90%黑色的矩形

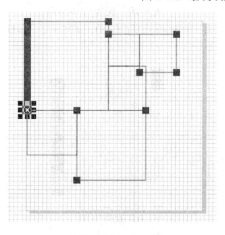

图6-104 复制矩形

09 使用"矩形工具",绘制中心位置(140,902.5),尺寸为240mm×15mm的矩形;中心位置(357.5,902.5),尺寸为45mm×15mm的矩形;中心位置(402.5,865),尺寸为15mm×30mm的矩形;中心位置(560,827.5),尺寸为300mm×15mm的矩形;中心位置(715.5,745),尺寸为15mm×150mm的矩形;中心位置(537.5,797.5),尺寸为15mm×45mm的矩形;中心位置(402.5,790),尺寸为15mm×60mm的矩形;中心位置(402.5,587.5),尺寸为15mm×225mm的矩形;中心位置(537.5,700),尺寸为15mm×30mm的矩形;中心位置(545,685),尺寸为30mm×30mm的矩形;中心位置(575,670),尺寸为30mm×60mm的矩形;中心位置(560,632.5),尺寸为60mm×15mm的矩形;中心位置(597.5,655),尺寸为15mm×30mm的矩形;中心位置(702.5,655),尺寸为15mm×30mm的矩形;中心位置(650,667.5),尺寸为90mm×5mm的矩形;中心位置(650,642.5),尺寸为90mm×5mm的矩形;中心位置(562.5,557.5),尺寸为5mm×135mm的矩形;中心位置(587.5,557.5),尺寸为5mm×135mm的矩形;中心位置(477.5,483.5),尺寸为165mm×15mm的矩形;中心位置(372.5,482.5),尺寸为45mm×15mm的矩形;中心位置(267.5,482.5),尺寸为15mm×15mm的矩形;中心位置(245,310),尺寸为30mm×300mm的矩形;中心位置(575,310),尺寸为30mm×300mm的矩形,完成房屋的砌体结构,如图6-105所示。

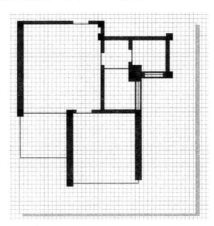

图 6-105 房屋砌体结构

10 使用"折线工具",绘制折点为(-10,475)、(-10,250)、(245,250)的折线,如图6-106所示。

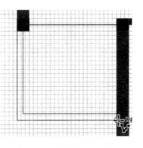

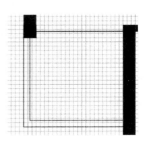

a)操作方法　　　　　　　b)操作方法　　　　　　　c)操作效果

图 6-106 绘制折线

11 使用"折线工具"，绘制折点为（350,25）、（575,25）、（575,130）；（350,10）、（590,10）、（590,130）的折线，折点为（350，10）、（590，10）、（590，130）的折线，折点为（530，700）、（460，700）、（460，692.5）、（475，692.5）、（475，685）的折线。端点为（260，902.5）、（335，902.5）的直线，端点为（335，895）、（335，827.5）的直线，端点为（410,692.5）、（530,692.5）的直线，端点为（537.5，775）、（537.5，715）的直线，端点为（537.5，715）、（597.5，715）的直线，端点为（275，482.5）、（350，482.5）的直线，端点为（275，482.5）、（275，410）的直线，

12 使用"椭圆形工具"，绘制中心点为（350，130），直径为240mm的圆形，如图6-107所示。

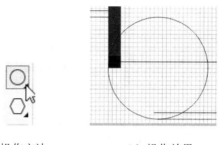

a）操作方法　　　　b）操作效果

图 6-107　绘制圆形

13 选定绘制的圆形，使用属性栏将其设置为弧形，如图6-108所示，起始角度分别设为180°、270°，如图6-109所示。

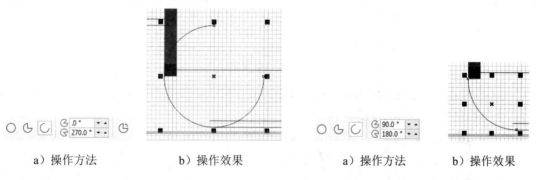

a）操作方法　　　b）操作效果　　　　　　a）操作方法　　　b）操作效果

图 6-108　将圆形设置为弧形　　　　　　图 6-109　设置弧形起始角度

14 使用"椭圆形工具"，绘制中心点为（350，130）、直径为210mm的圆形，将其设置为起始角度分别为180°、270°的弧形；绘制中心点为（275，485）、直径为150mm的圆形，将其设置为起始角度分别为270°、0°的弧形；绘制中心点为（537.5，715）、直径为120mm的圆形，将其设置为起始角度分别为0°、90°的弧形；绘制中心点为（335，902.5）、直径为150mm的圆形，将其设置为起始角度分别为180°、270°的弧形，如图6-110所示。

15 使用"虚拟段删除"工具删除起始点为（475，685）、（535，685）的线段，如图6-111所示。

16 使用"虚拟段删除"工具删除多余的线段：起始点为（545，715）、（545，775）

的线段，起始点为（725，835）、（725，655）的线段，起始点为（575，625）、（575，490）的线段，起始点为（605，655）、（695，655）的线段，起始点为（275，475）、（350，475）的线段，起始点为（260，895）、（335，895）的线段，如图6-112所-示。

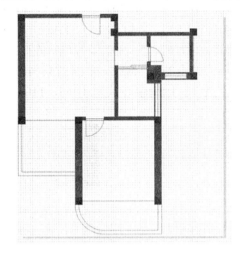

图 6-110 绘制弧形

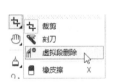

a）操作方法

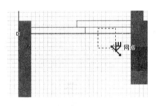

b）操作效果

图 6-111 虚拟段删除

17 单击工具箱中的**字**图标，使用属性栏将字符大小设置为48pt，则标注时使用的字符大小设置为48pt，如图6-113所示。

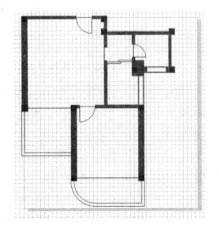

图 6-112 虚拟段删除

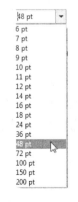

a）操作方法　　　b）操作方法

图 6-113 设置标注文字大小

184

18 使用"水平度量工具"标注右上角房间的尺寸，如图6-114所示。

19 使用属性栏，将度量精度设为"0"，单击"显示单位"按钮"m不显示单位，然后将"后缀"设为"0"，如图6-115所示。

a）操作方法　　　　b）操作方法　　　　c）操作效果

图 6-114 标注尺寸

a）操作方法　　　　b）操作方法　　　　c）操作效果

图 6-115 设置标注格式

20 使用"度量工具"标注各主要部分的尺寸，并按上述方法设置格式。

21 关闭"显示网格"选项，保存文件，完成作品，如图6-116所示。

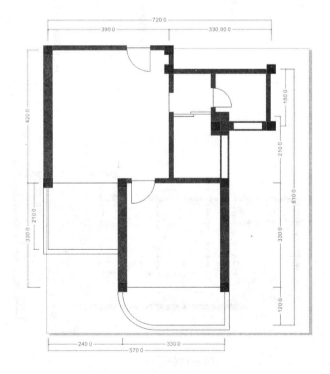

图 6-116 "户型设计"作品

6.8 实验

6.8.1 实验——我爱我家

设计完成彩色的平面装修示意图。

> **特别提示**
>
> 平面装修示意图即在户型图的基础上加入家具的摆放效果及简单的颜色填充，可以参考6.7节中的步骤先完成户型图，再做填充处理。图6-117～图6-120为参考样图。

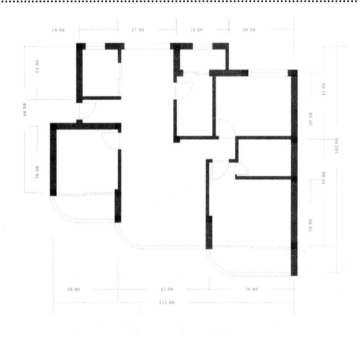

图 6-117 三角地块

图 6-118 温馨港湾

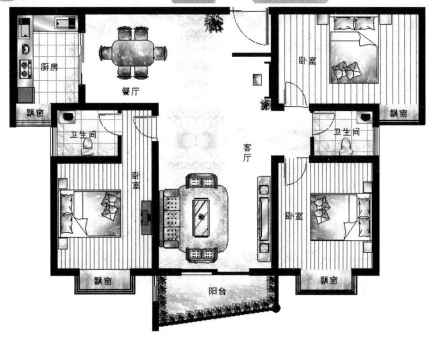

图 6-119　阳光家园

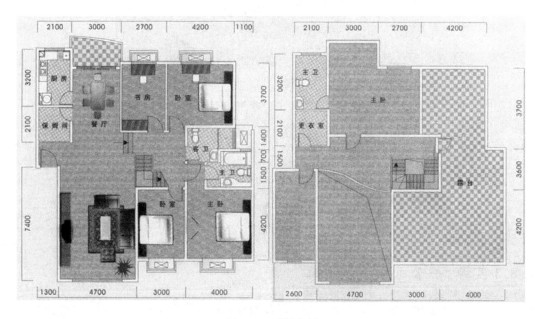

图 6-120　别墅生活

6.8.2　实验——卡通形象

绘制有场景的卡通形象活动图。

> **特别提示**

　　经过前面的练习，读者不难完成一些线条颜色鲜明的卡通形象，在添加背景时，需要更加注意图像的层次，突出主体，协调背景，读者可以从模仿图6-121、图6-122开始设计。

图 6-121 圣诞快乐

图 6-122 宝贝不哭

6.8.3 实验——公司徽标

　　为公司"北京风雨者文化传播中心"设计徽标。

> **特别提示**

　　提示：公司的徽标，可以是文字、图片、及各种造型的组合。设计时要注意切合主题，风格与服务对象的工作范围协调，图6-123是一个将"风雨者"三个字的拼音开头字母结合起来，并抽象风雨中奔跑者姿态设计的范例。

第6章 图形绘制与编辑

图 6-123 公司徽标

6.9 思考与练习

1. 下列工具中有（　　）种可用于绘制曲线：手绘工具、折线工具、钢笔工具、三点曲线工具、贝塞尔工具、智能绘图工具。

　　A. 3　　　　　　　　B. 4　　　　　　　　C. 5　　　　　　　　D. 6

2. 当使用（　　）时，光标为 状。

　　A. 贝塞尔工具　　　B. 形状工具　　　　C. 折线工具　　　　D. 形状工具

3. 在绘制艺术线条时，系统会给出一些预设模式，当绘制（　　）时，用户可以选择一种预设模式，并将其给出的图形单元自由排列组合。

　　A. 画笔线条　　　　B. 喷灌线条　　　　C. 书法线条　　　　D. 压力线条

4. 　　 、　　 、　　 、　　 图标依次用于（　　）操作。

　　A. 直线到曲线、删除节点、节点对称、节点计数

　　B. 曲线到直线、连接曲线、节点平滑、节点分散

　　C. 直线到曲线、节点尖突、节点对称、反转方向

　　D. 曲线闭合、拆分曲线、反转曲线　　　反转方向

5. 想绘制倒角矩形、弧形、正八边形、心形，应分别使用（　　）。

　　A. 矩形工具、椭圆形工具、多边形工具、基本形状工具

　　B. 倒角工具、椭圆形工具、星形工具、心形工具

　　C. 矩形工具、扇形工具、多边形工具、心形工具

　　D. 倒角工具、圆形工具、饼形工具、基本形状工具

6. 在交互式连线工具和度量标注工具中，（　　）具有下述属性：对某对象使用该工具后，更改原对象的属性，如位置、尺寸等，该工具的使用的效果始终与对象当前属性相

匹配。

    A．交互式连线工具   B．度量标注工具

    C．交互式连线工具和度量标注工具   D．无此工具

7.（   ）操作不能针对其操作对象的局部产生作用，只能对对象的全部产生作用。

A.对象擦除   B.对象粗糙   C.虚拟线段删除   D.对象自由变换

第 7 章　文本应用

本章导读

　　在设计作品中，除图形对象之外，还常常会加入文本对象。修饰得当的文本对象不仅能够传递信息，还能给人以视觉的享受。本章学习有关文本处理的方法，包括文本创建、格式设置、特效应用、符号使用等。

 学 习 要 点

- 熟练掌握文本创建、编辑及格式设置的方法
- 了解书写工具、辅助工具的用法及作用
- 熟悉文本特效能达到的效果及操作方法

7.1 文本基础

7.1.1 文本创建

在CorelDRAW X8中，可以创建美术字文本和段落文本2种类型的文本。

工具箱：创建美术字文本时，单击**字**图标，激活文本工具，光标变为图7-1所示状态，在绘图区内的任意位置单击鼠标，输入文字，完成输入后用鼠标单击绘图区的其他区域或选择其他命令均可结束。

创建段落文本则要激活文本工具，在绘图区内的任意位置按下鼠标左键，拖动光标到其他位置，释放鼠标，绘图区内出现以按下和释放鼠标位置为对顶点的矩形段落文本框（见图7-2），在文本框内输入文字。对于段落文本，输入文字前后均可用鼠标拖动文本框改变其位置或尺寸，文字的位置会随文本框位置的改变而改变，文字超出文本框的部分会被自动隐藏。

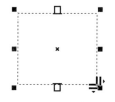

图 7-1 使用文本工具时的光标样式　　　　　　图 7-2 文本框

> ➤ **特别提示**
>
> 创建美术字文本时，需要手动按回车键换行。创建段落文本时，文字将按文本框划定位置自动换行。但在特效应用方面，段落文本不如普通文本灵活。

7.1.2 文本类型转换

工具箱：当选定的当前文本为美术字文本时，执行"文本"→"转换为段落文本"菜单命令可将美术字文本转换为段落文本。当选定的当前文本为段落文本时，执行"文本"→"转换到美术字"菜单命令可将段落文本转换为美术字文本。

快捷键：{Ctrl+F8}。

> ➤ **特别提示**
>
> 使用文本框输入段落文本后，默认状态下，文本框会始终以虚线框的形式显示，可执行"文本"→"段落文本框"→"显示文本框"菜单命令切换文本框的显示状态。

第7章　文本应用

7.1.3 文本编辑

工具箱：单击**字**图标，或使用选择工具时，双击文本，激活文本工具。在已输入的文本上需要编辑的位置单击，出现光标，如图7-3所示。使用鼠标或方向键移动光标，用Backspace键删除光标前的文字，用Delete键删除光标后的文字。也可重新录入或粘贴文字。

或在文本上任意位置按下鼠标左键，拖动光标到一段文字后再释放鼠标，选定此段文字，如图7-4所示。用Backspace键或Delete键删除此段文字，或者输入文字替换选定的部分。

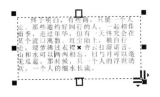　　　　

　　　图 7-3 指定位置以编辑文字　　　　　　　图 7-4 选定部分文字以编辑文字

7.1.4 文本查找

菜单命令：执行"编辑"→"查找并替换"→"查找文本"菜单命令，弹出如图7-5所示的"查找文本"对话框。在查找右侧的编辑框中输入要查找的文字内容，使用复选框选择是否"区分大小写"和"仅查找整个单词"，单击"查找下一个"按钮。如果查找的内容存在，文本中该部分将被反选；如果查找的内容不存在，将弹出如图7-6所示的"查找并替换"对话框，单击"确定"按钮，退出对话框。

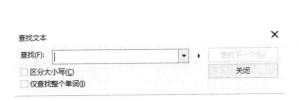　　

　　　图 7-5 "查找文本"对话框　　　　　　　图 7-6 "查找并替换"对话框

7.1.5 文本替换

菜单命令：执行"编辑"→"查找并替换"→"替换文本"菜单命令，弹出如图7-7所示的"替换文本"对话框。

图 7-7 "替换文本"对话框

在"查找"和"替换为"后面的编辑框内分别填入被替换和要替换为的文字，单击"查找下一个"按钮，将从鼠标所在处开始搜索被替换的文字，并将搜索到的文字反选。如果需要替换此处的文字，单击"替换"按钮。如果不想替换此处的文字，而是要替换其他位置相同的文字，单击"查找下一个"按钮，继续搜索，直到找到需替换的文字。如果想将文本里出现的所有相同文字替换为相同的内容，单击"全部替换"按钮，一次性完成。

7.2 书写工具

7.2.1 拼写检查

"拼写检查"用于检查整个文本或指定段落中单词的拼写问题，此功能对英文的检查效果较为理想。默认状态下，拼写检查功能自动启用，有误的单词会以红色的下划线标示，如图7-8所示。

> ➤ **特别提示**
> 本节中介绍的大多数命令要依靠安装应用程序时选择的语言，如果选择默认安装，这些命令仅对英文有效。安装其他语言可以通过自定义安装完成。

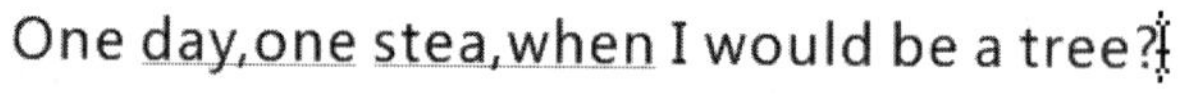

One day, one stea, when I would be a tree?

图 7-8 拼写错误单词标示

菜单命令：执行"文本"→"书写工具"→"拼写检查"菜单命令，弹出如图7-9所示的"书写工具"对话框"拼写检查器"选项卡，光标所在位置后第一处拼写错误的单词被反选。"书写工具"对话框"替换"下拉列表中显示出一系列与被选单词相近的正确单词，从中选定所需词并单击"替换"按钮完成修改。

单击"跳过一次"按钮，不对当前词做修改，继续检查下一处拼写错误。单击"全部跳过"按钮，对所选文本中的全部错误均做忽略处理。当全部文本都被检查并处理后，将弹出如图7-10所示的"拼写检查器"对话框，单击"是"按钮完成检查。

单击"添加"按钮，当前词被加入到系统词库中，在下次纠错时如出现类似的单词将优先显示出来。例如，录入图7-9中的文字，在"拼写检查"时，"stea"被标示，并出现如图7-9所示的对话框，在其中单击"添加"按钮，将"stea"改为"steea"，再次"拼写检查"时，"steea"被反选，并在"替换"列表中显示刚才加入词库的"stea"。

当不需要逐一检查而直接替换时，可单击"自动替换"按钮，将文本中有拼写错误的单词全部替换为系统选择的最接近词。当需要撤消已经执行的操作时，单击"撤消"按钮，取消最近一次操作。单击"选项"按钮，弹出如图7-11所示的"选项"列表，用于设置在检查时的规则，请读者自行试用。在"检查"下拉列表中，可以选择检查的范围，包括"段落""句""同义词""选定的文本""字"等选项。

菜单命令：执行"文本"→"书写工具"→"设置"菜单命令，弹出如图7-12所示的

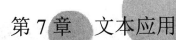

第7章 文本应用

"选项"对话框"拼写"选项卡。单击最上方的复选框，选择是否执行自动拼写检查。在"错误的显示"单选按钮中选择 "显示所有文本框的错误"或"只显示选定文本框的错误"，显示错误的范围。修改"显示"后面编辑框中的数值，设置显示拼写建议的数量。单击"将更正添加到快速更正"前的复选框，选择对"快速更正"设置的影响（快速更正的用法将在7.2.4节中介绍）。单击"显示被忽略的错误"前的复选框，选择对被忽略的错误的显示方式。

快捷键：{Ctrl+F12}。

图7-9 "书写工具"对话框

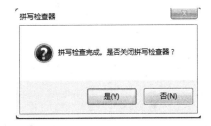

图7-10 "拼写检查器"对话框

图7-11 "选项"列表

图7-12 "选项"对话框"拼写"选项卡

7.2.2 语法检查

菜单命令：执行"文本"→"书写工具"→"语法"菜单命令，弹出如图7-13所示的"书写工具"对话框"语法"选项卡，光标所在位置后第一处语法错误的单词被反选。"书写工具"对话框"替换"下拉列表中显示出一系列修改该错误的方法，并在"新句子"栏中显示选择当前替换方案后的句子。

"语法检查"选项卡中的部分功能与"拼写检查"类似，这里不再详细介绍。

单击"选项"按钮，会出现如图7-14所示的菜单。执行其中的"分析"→"语法分析树"命令，弹出如图7-15所示的"语法分析树"对话框，以树形结构分析当前句子中的语法结构。单击其中的"语系"按钮，切换到"语系"对话框（该对话框也可执行"选项"→"分析"→"语法分析树"命令打开），如图7-16所示，其中顺序分析句子的语法结构。单击对话框中的任意单词，可以看到完整的解释。"语系"对话框中的"语法分析树"按钮用于切换回"语法分析树"对话框。

图 7-13 "书写工具"对话框"语法"选项卡

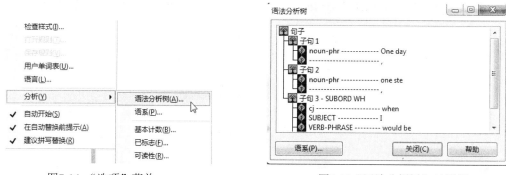

图7-14 "选项"菜单   图7-15"语法分析树"对话框

图 7-16 "语系"对话框

执行"选项"→"分析"→"基本计数"命令，弹出如图7-17所示的"基本计数"对话框，显示出文本中的各项基本要素的数量及要素间的平均关系。执行"选项"→"分析"→"已标志"命令，弹出如图7-18所示的"已标志"对话框，显示出文本中的所有错误信息及数量。执行"选项"→"分析"→"可读性"命令，弹出如图7-19所示的"可读性"对话框，与指定文本对比显示出系统对文本可读性的评价。在上述3个对话框中，都有可以直接切换到其他两个的按钮。

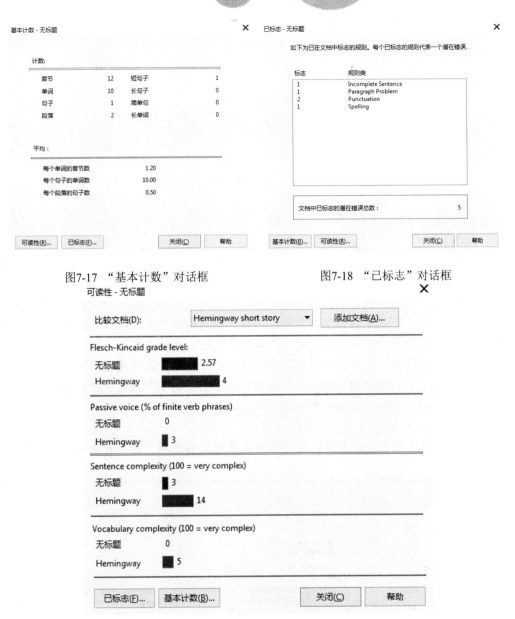

图7-17 "基本计数"对话框　　　　图7-18 "已标志"对话框

图 7-19 "可读性"对话框

7.2.3 同义词

菜单命令：执行"文本"→"书写工具"→"同义词"菜单命令，弹出如图7-20所示的"书写工具"对话框"同义词"选项卡，光标所在位置后第一个单词或所选单词出现在对话框中。按其词性、词义的不同，以树形显示该词的词意及此意义下的同义词。

当某一释义前为"+"时，用鼠标单击"+"展开该释义下的内容，"+"变为"-"。而单击释义前的"-"时，释义下的内容被隐藏，同时"-"变为"+"。

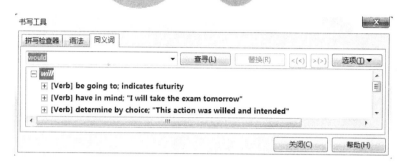

图 7-20 "书写工具"对话框"同义词"选项卡

7.2.4 快速更正

菜单命令：执行"文本"→"书写工具"→"快速更正"菜单命令，弹出如图7-21所示的"选项"对话框"快速更正"选项卡。单击各选项前的复选框，选择"句首字母大写""改写两个缩写，连续大写""大写日期名称""录入时替换文本""自动超链接"等项目。"被替换文本"栏用于设置文本替换的内容。在"替换"及"以"下的编辑框分别输入被替换的内容和要替换为的内容，单击"添加"按钮，此替换方法将出现在"被替换文本"栏中的下拉列表中。而单击下拉列表中的任意一行，该行被反选的同时，"删除"按钮被激活，单击它可以删除被反选的行。设置完毕单击"确定"按钮执行命令。

> ➤ **特别提示**
> 　　在执行"快速更正"命令前，应仔细确认要更正的选项，因为此命令将作用于全部文本。

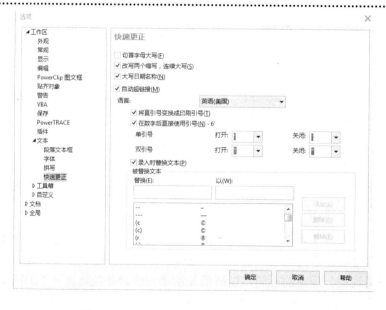

图 7-21 "选项"对话框"快速更正"选项卡

> **操作技巧**
>
> 如果需要多次重复录入较长的段落，可以在录入文本时用简单的符号代替，并在快速更正内做相应设置，将符号替换为所需文本。

7.2.5 文本语言

使用"文本语言"设置的段落在显示上不会变化，但是在语法处理、拼写处理上会发生变化。比如当计算机的默认语言为美式英语，并且安装了英式英语模块时，如使用书写工具检查语法或拼写，美式英语和英式英语的约束都会被认为是有效的。而此时，如果录入的段落文本为英式英语，在某些细节的处理上会不够理想。为了避免这种情况，就需要将文本语言设置为"英式英语"，这样可以防止外文单词被标记为错误的单词。

菜单命令：选定要标记的文本，执行"文本"→"书写工具"→"语言"菜单命令，弹出如图7-22所示的"文本语言"对话框。选择需要的语言，单击"确定"按钮执行。所选的文本在显示上不会变化，但是在语法处理、拼写处理上会发生变化。

图 7-22 "文本语言"对话框

7.3 辅助工具

7.3.1 更改大小写

菜单命令：选定要处理的段落，执行"文本"→"更改大小写"菜单命令，弹出如图7-23所示的"更改大小写"对话框。在"句首字母大写""小写""大写""首字母大写""大小写转换"单选按钮中选择一项，单击"确定"按钮执行操作。其中"首字母大写"是将所选文本中所有单词的开头字母转换为大写。"大小写转换"是将文本中所有的字母大小写反转。

快捷键：{Ctrl+F3}。

图 7-23 "更改大小写"对话框

7.3.2 文本统计信息

使用文本统计信息功能，可对指定文本的行数、字数、字符数、使用的字体和样式名称等文本元素进行统计。

菜单命令：选定要统计信息的文档，执行"文本"→"文本统计信息"菜单命令，弹出如图7-24所示的"统计"对话框，其中显示出文本的各项信息。

> ➤ **特别提示**
> 未指定文本时，使用"文本信息统计"功能统计的是当前文档中所有文本的信息。

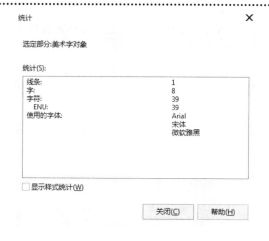

图 7-24 "统计"对话框

7.3.3 显示非打印字符

有一些字符，比如空格、制表位、格式代码等，在打印时是不会以实际字符的形式出现的，在默认状态下也不会显示。如果想在编辑文本时更好地查看这些字符，可以使用"显示非打印字符"命令将其显示。此时添加的每个空格将显示为小黑点，不间断空格显示为圆圈，而空格显示为线条。

菜单命令：选定要统计信息的文档，执行"文本"→"显示非打印字符"菜单命令。

> ➤ **特别提示**
> 非打印字符即使显示出来也不会被打印。

7.4 字符格式

在对文本进行设置时，需要先选定字符。而选定有多种方法，包括使用选择工具、文字工具和形状工具等，采用不同的选定方法在设置字符时可能会有不同的效果。下文如不作特别说明，则意味着可以使用各种方法。

使用选择工具选定文本时，只要单击"选择工具"按钮，再单击要设置的文本即可，该操作针对一次性建立的文本全部。使用文字工具选定文本时，可选择一次性建立的文本的一个部分，也可以选择全部，先单击"文字工具"按钮，再单击要设置的文本，然后将光标移动到要设置部分前按下鼠标，拖动鼠标至设置部分的结尾，释放鼠标完成。使用形状工具选定文本时，先单击"形状工具"按钮，再单击要设置的文本，文本的每个字符的左下方会出现一个"□"，如图7-25所示。单击"■"，变成"⬚"状，表示其标志字符处于被选定状态，如需选定多个字符，选定一个字符后按住Shift键再选定其他的字符。

图 7-25 使用"形状工具"设置字符

> 🏹 **操作技巧**
>
> 　　用"选择工具"选择文本常用于对整个文本的设置；用"形状工具"选定字符常常用于对单一字符的设置；用"文字工具"选定字符则可用于对文本整体或局部的设置。

7.4.1 字体

与Word等文字处理软件一样，CorelDRAW X8中使用的字体来源于系统字体库。因此使用CorelDRAW X8虽然能将指定的文本任意设置成系统中已有的字体，但因为系统字体库的限制，仍不能获得足够丰富的效果，这就需要对系统的字体库进行扩充。下面介绍在系统字体库中添加字体的方法。

从桌面控制栏执行"开始"→"控制面板"命令，如图7-26所示，打开控制面板。选择"外观和个性化"选项，打开如图7-27所示的对话框，单击"字体"按钮，打开如图7-28所示的"字体"窗口，将需要的字体直接复制到该窗口中即可。也可以直接打开"C盘（系统盘）/Windows/Fonts"，如图7-29所示，将需要的字体直接复制到该窗口中。

字体安装文体在网上很容易下载。恰当地应用一些特殊设计的字体在文本处理中会起到画龙点睛的作用，图7-30展示了一些字体的样例。

属性栏：选定要修改字体的段落，在属性栏字体下拉列表中选择字体，如图7-31所示。

泊坞窗：执行"文本"→"文本属性"菜单命令，打开如图 7-32 所示的"文本属性"泊坞窗，在其中的字体下拉列表中设置，该泊坞窗还可用于设置字号、字距、字符效果、字符位移、语言脚本。

属性栏：单击属性栏中的 $^A_{\bullet}$ 图标。

快捷键：打开"文本属性"泊坞窗：{Ctrl+T}。

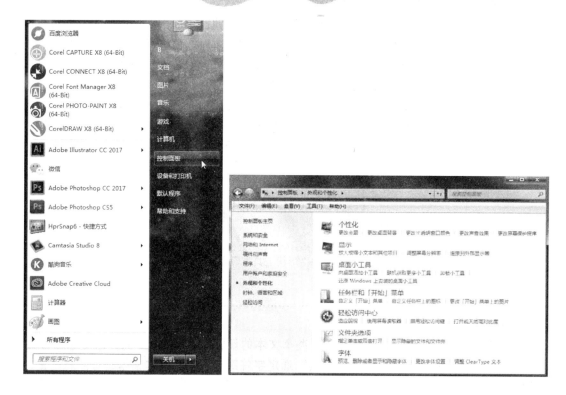

图 7-26 开启"控制面板"　　　　　　　图 7-27 控制面板"外观和个性化"

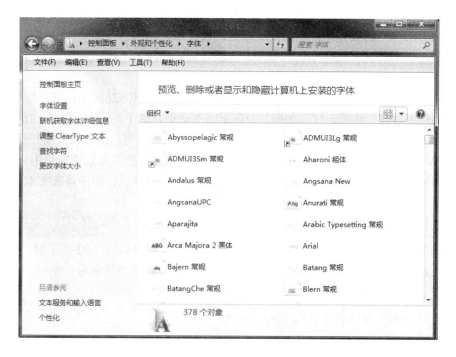

图 7-28 从控制面板进入"字体"窗口

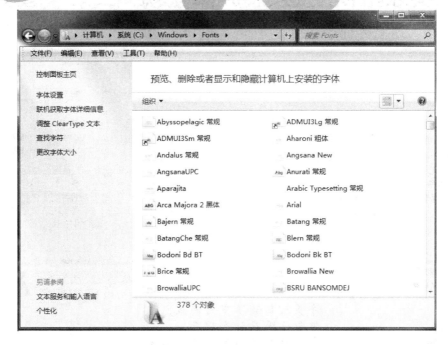

图 7-29　从系统盘进入"字体"窗口

图 7-30　字体样例

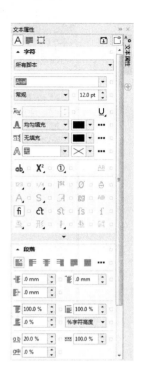

a）设置方法　　　　　b）"方正魏碑简体字体"的效果

图 7-31 使用属性栏设置字体　　　　　　　图 7-32 "文本属性"泊坞窗

7.4.2 字号

　　属性栏：选定要修改字号的段落，在属性栏字号下拉列表中选择字号，如图7-33所示。

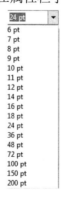

图 7-33 使用属性栏设置字号

　　菜单命令：当需要更改字号的文本是段落文本的全部时，选定其所在的文本框，调整文本框的大小，执行"文本"→"段落文本框"→"使文本适合框架"菜单命令，文本的字号会自动调整到恰好充满文本框的状态。

7.4.3 字距

泊坞窗：执行"文本"→"文本属性"菜单命令，打开"文本属性"泊坞窗，使用"字距调整范围"编辑框 设置字距，其值可正可负。数值越大则字符间距越大。

7.4.4 字符倾斜、位移

字符的倾斜和位移用于对文本中的一个或几个字符进行设置，图 7-34 显示出使用此命令对单词"Jump"进行修饰的效果。

　　a）原对象　　　　　b）-30°倾斜字母"J"　　　c）放大字母"J"并（-11，6）移动

图 7-34　使用"字符倾斜、位移"修饰单词

属性栏：用"形状工具"选定要设置的字符，属性栏里的字符倾斜、位移栏被激活，如图7-35所示。在 ⌀ 后的编辑框里设置字符倾斜角度，在 ×⊣ 后的编辑框里设置字符水平位移量，在 Y⊤ 后的编辑框里设置字符垂直位移量。

泊坞窗：执行"文本"→"文本属性"菜单命令，打开"文本属性"泊坞窗，字符位移栏如图 7-36 所示。在编辑框内分别设置水平和垂直位移量，以及倾斜角。

图 7-35　属性栏"字符位移"栏　　　　　　图 7-36　使用泊坞窗设置字符位移

7.5　字符效果

7.5.1 粗体、斜体

属性栏：选定要设置的文本，单击属性栏里的 B 图标，将选定的文本在粗体与普通粗细间切换；单击属性栏里的 I 图标，将选定的文本在斜体与正体间切换。

泊坞窗：执行"文本"→"文本属性"菜单命令，打开"文本属性"泊坞窗。选定要设置的文本，在第二个下拉列表中选择"常规""常规斜体""粗体""粗体-斜体"中的一项，如图7-37所示，设置字体样式。

快捷键：粗体{Ctrl+B}；斜体{Ctrl+I}。

图 7-37 使用"文本属性"泊坞窗设置字体样式

7.5.2 上下划线、删除线

属性栏：选定要设置的文本，单击属性栏里的 U 图标，将选定的文本以下划线标志。

泊坞窗：执行"文本"→"文本属性"菜单命令，打开"文本属性"泊坞窗，单击 U 图标，打开下划线样式列表，如图7-38所示。字符删除线和字符上划线列表如图7-39所示。在下拉列表中可以选择删除线和上划线样式。

快捷键：下划线：{Ctrl+U}。

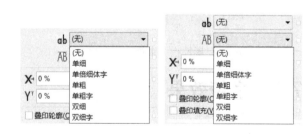

图 7-38 "文本属性"泊坞窗"下划线"栏 　　　　图 7-39 字符删除线和上划线

7.5.3 字符大小写

这里所说的"字符大小写"不同于7.3.1中的字母大小写，是指大写字母在尺寸上的大小。不管使用"大写"还是"小写"，字母都将成为大写字母。

属性栏：用"形状工具"选定要设置的文本，单击属性栏里的 AB 图标，将字符设置为小型大写字符；单击属性栏里的 AB 图标，将字符设置为全大写字符，即常型大写字符。

泊坞窗：执行"文本"→"文本属性"菜单命令，打开"文本属性"泊坞窗的"字符效果”栏，如图7-40所示。

文本属性
文本属性
无
无
全部大写字母
标题大写字母
小型大写字母(自动)
全部小型大写字母
从大写字母更改为小型大写字母
小型大写字母(合成)

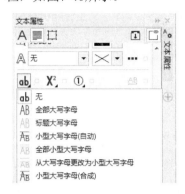

图 7-40 使用“文本属性”泊坞窗设置大小写

无
上标(自动)
下标(自动)
上标(合成)
下标(合成)

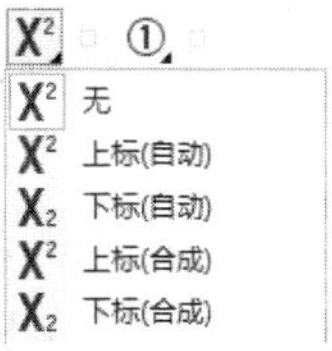

图 7-41 使用“文本属性”泊坞窗设置上下标

7.5.4 字符上下标

属性栏：用“形状工具”选定要设置的文本，单击属性栏里的X^2图标，将字符设置为上标；单击属性栏里的X_2图标，将字符设置为下标。

泊坞窗：执行“文本”→“文本属性”菜单命令，打开“文本属性”泊坞窗。单击“位置”按钮X^2，在弹出的下拉列表中更改选定字符相对于周围字符的位置，如图7-41所示。

7.6 本文格式

7.6.1 文本对齐

CorelDRAW X8中提供的对齐方式包括左对齐、居中对齐、右对齐、全部对齐、强制调整等5种。对于段落文本，前三种对齐方式都是主要针对于段落的首末行而言（其他行一般是全部充满的状态），图7-42显示出各种对齐方式的效果差异。

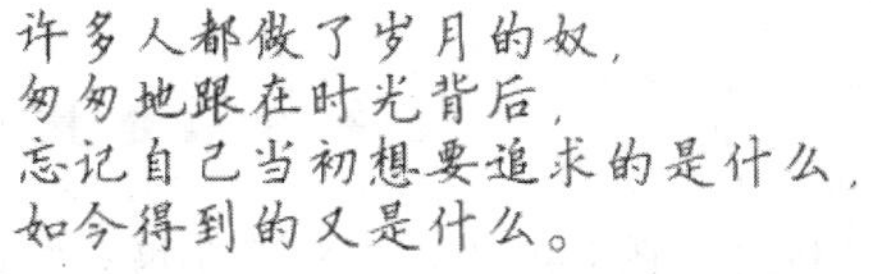

许多人都做了岁月的奴，
匆匆地跟在时光背后，
忘记自己当初想要追求的是什么，
如今得到的又是什么。

a）左对齐

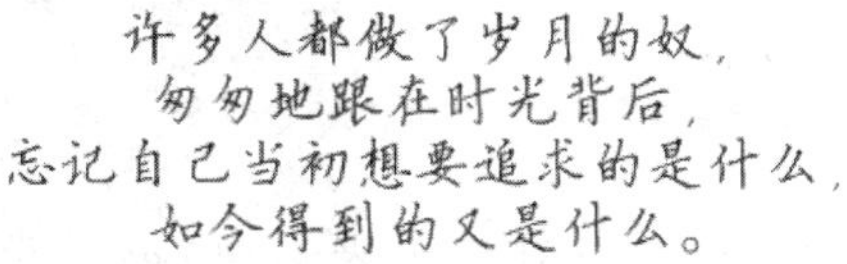

许多人都做了岁月的奴，
匆匆地跟在时光背后，
忘记自己当初想要追求的是什么，
如今得到的又是什么。

b）居中对齐

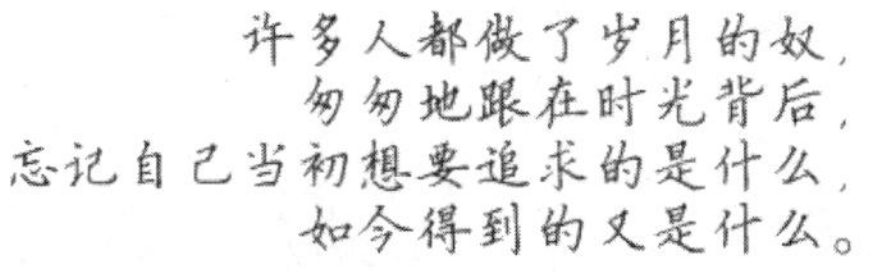

许多人都做了岁月的奴，
匆匆地跟在时光背后，
忘记自己当初想要追求的是什么，
如今得到的又是什么。

c）右对齐

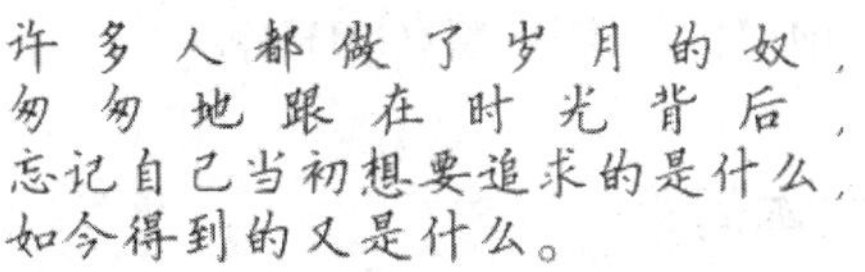

许多人都做了岁月的奴，
匆匆地跟在时光背后，
忘记自己当初想要追求的是什么，
如今得到的又是什么。

d）两端对齐

图 7-42 不同对齐方式的效果差别

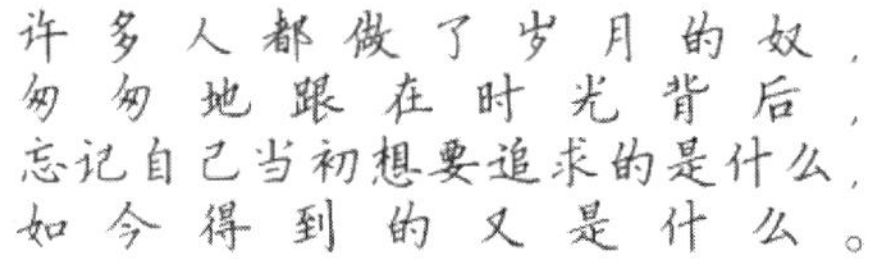

许多人都做了岁月的奴，
匆匆地跟在时光背后，
忘记自己当初想要追求的是什么，
如今得到的又是什么。

e）强制两端对齐

图 7-42 不同对齐方式的效果差别（续）

属性栏：用"选择工具"或"文本工具"选定要设置的文本，单击属性栏里的 ▤▾ 图标，出现如图7-43所示的"文本对齐"列表。在列表中选择一种对齐方式。▤ 表示无对齐，即无强制性的对齐要求。▤、▤、▤、▤、▤ 依次表示左对齐、居中对齐、右对齐、全部调整、强制调整。

在CorelDRAW X8中，字符格式化和段落格式化整合为新的"文本属性"泊坞窗。

泊坞窗（文本属性）：用"选择工具"或"文本工具"选定要设置的文本，打开"文本属性"泊坞窗。单击"段落"折叠按钮 ▼ 展开段落格式化面板，如图7-44所示。在对齐列表中选择对齐方式，如图7-45所示。

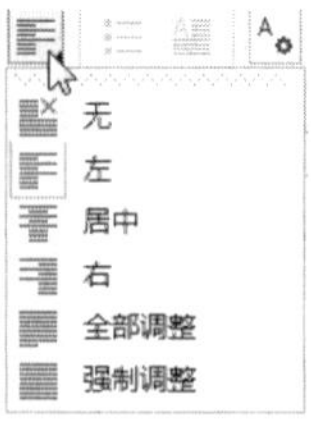

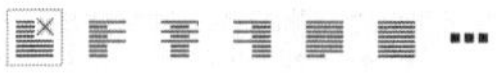

图 7-43 属性栏"文本对齐"列表　　图 7-44　设置段落格式　　图 7-45　"文本属性"泊坞窗"对齐"栏

快捷键：无对齐{Ctrl+N}；左对齐{Ctrl+L}；居中对齐{Ctrl+E}；右对齐{Ctrl+R}；全部对齐{Ctrl+J}；强制调整{Ctrl+H}。

7.6.2　文本间距

泊坞窗：执行"文本"→"文本属性"菜单命令，打开"文本属性"泊坞窗。选择要设置的文本，打开间距栏，如图 7-46 所示。先在第一个下拉列表中选择垂直间距单位，以字符高度%、点%或点大小为准。然后在各编辑框中设置段落前后间距、行间距，语言、字节和字间距。

100.0 %
100.0 %
.0 %
%字符高度
20.0 %
100.0 %
.0 %

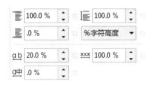

图 7-46 “文本属性”泊坞窗“间距”栏

7.6.3 文本缩进

泊坞窗：执行“文本”→“文本属性”菜单命令，打开“文本属性”泊坞窗中段落格式化面板中的“缩进量”栏，如图 7-47 所示。在“首行”右侧的编辑框设置首行缩进量；在“左”和“右”右侧的编辑框内设置全部所选内容的左、右侧缩进量。

.0 mm
.0 mm
.0 mm

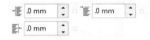

图 7-47 “文本属性”泊坞窗“缩进量”栏

7.6.4 文本方向

文本方向是指文本中文字的排列方向。CorelDRAW里的竖排文本是汉语传统的排版方法，竖向从右向左换行，并使用竖排文本的标准标点，图7-48显示了横、竖排文本的效果。

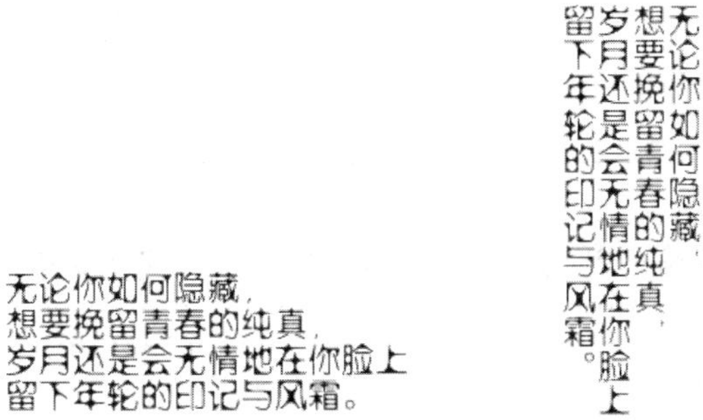

无论你如何隐藏，
想要挽留青春的纯真，
岁月还是会无情地在你脸上
留下年轮的印记与风霜。
无论你如何隐藏
想要挽留青春的纯真
岁月还是会无情地在你脸上
留下年轮的印记与风霜。

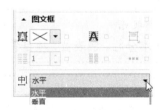

a）横排文本　　b）竖排文本

图 7-48 横、竖排文本

图文框
1
水平
水平
垂直

图 7-49 “文本属性”泊坞窗“文本方向”栏

属性栏：用“选择工具”或“文本工具”选定要设置的文本，单击属性栏里的 或 图标，将文本设置为水平方向或垂直方向。

泊坞窗：执行“文本”→“文本属性”菜单命令，在“文本属性”泊坞窗中单击“图文框”折叠按钮展开图文框格式化面板，如图7-49所示。在“文本方向”下拉列表中选择“水平”或“垂直”。

快捷键：水平方向{Ctrl+,}；垂直方向{Ctrl+.}。

7.7 文本效果

7.7.1 文本分栏

菜单命令：选定要编辑的文本，执行"文本"→"栏"菜单命令，弹出如图7-50所示的"栏设置"对话框。在"栏数"编辑框内填入分栏数。若选中"栏宽相等"选项，系统根据文本框的宽度及分栏数计算各栏宽度和栏间宽度，并显示在列表中。

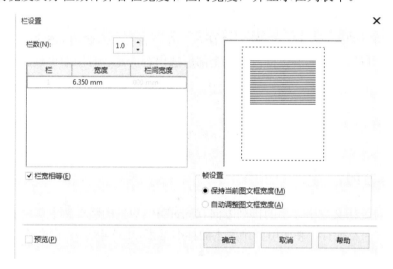

图 7-50 "栏设置"对话框

> ➤ **特别提示**
>
> 文本分栏、制表位、项目符号、首字下沉命令适用于段落文本，对美术字文本无效。

> ➤ **特别提示**
>
> 文本分栏常用于出版物排版。

> ➤ **操作技巧**
>
> "分栏"是针对整个文本框的命令，即使选择一部分文本进行操作也会对此文本框的全部文本进行分栏处理。如果只想把文本的一部分分栏，可以选择将文本置于两个文本框中。

当需要调整栏宽与栏间宽的关系时，单击"宽度"或"栏间宽度"下方的数值，填入合适的数值。如果在"帧设置"栏中选择"保持当前图文框宽度"，则调整"宽度"或"栏间宽度"值中的一个后，另一个会随之变化；如果选择"自动调整图文框宽度"，则调整"宽度"或"栏间宽度"值中的一个后，另一个不会发生变化。

如果需要创建不等宽的分栏，单击"栏宽相等"前面的复选框，使其处于非选定状态。在编辑框内设置各栏宽即可。

7.7.2 制表位

菜单命令：用"选择工具"或"文本工具"选定要编辑的文本，执行"文本"→"制表位"菜单命令，弹出如图7-51所示的"制表位设置"对话框，同时标尺上也会出现制表位的标志，如图7-52所示。制表位对话框的使用方法与栏设置对话框相似，具体方法请读者自行摸索。

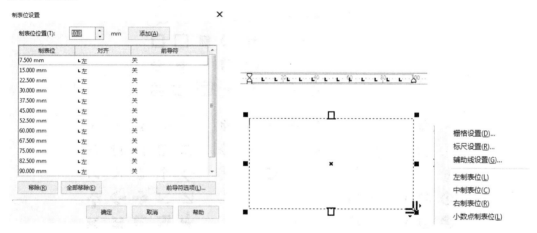

图 7-51　"制表位设置"对话框　　　　图 7-52　标尺上的制表位标志　　图 7-53　制表位菜单

快捷菜单：把光标移动到标尺上，单击鼠标右键，在弹出的如图 7-53 所示的快捷菜单中执行"在制表位""中制表位""右制表位""小数点制表位"命令完成制表位设置。

7.7.3 项目符号

项目符号是用在指定文本每个段落开头位置前起提示作用的符号，在CorelDRAW X8中预设了200余种样式，如图7-54所示。

> ➤ **操作技巧**
>
> 项目符号的颜色可以使用调色板改变，操作方法与改变文本的颜色一样。

菜单命令：用"选择工具"或"文本工具"选定要编辑的文本，执行"文本"→"项目符号"菜单命令，弹出如图7-55所示的"项目符号"对话框。单击"使用项目符号"前面的复选框，使其处于被选定状态，外观栏被激活。在其中选择符号的样式，设置符号的大小和基线位移。在"间距"栏的编辑框中设定文本图文框到项目符号的距离和项目符号到文本的距离。

单击"项目符号的列表使用悬挂式缩进"前面的复选框，选择是否对项目符号采用悬挂式缩进。当未采用"悬挂式缩进"时，有符号行与无符号行的行首不会对齐；而采用"悬挂式缩进"时，有符号行与无符号行的行首会对齐，图7-56（a）和图7-56 (b)显示了其中的区别。

图 7-54　CorelDRAW X8 中预设的项目符号

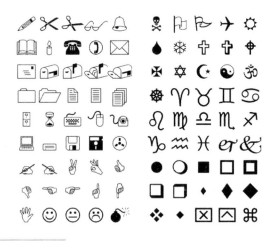

图7-55　"项目符号"对话框

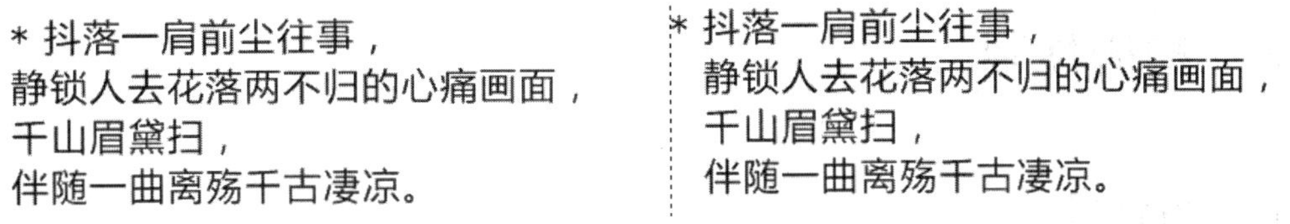
* 抖落一肩前尘往事，
静锁人去花落两不归的心痛画面，
千山眉黛扫，
伴随一曲离殇千古凄凉。
* 抖落一肩前尘往事，
静锁人去花落两不归的心痛画面，
千山眉黛扫，
伴随一曲离殇千古凄凉。

a) 不使用“悬挂式缩进”　　b) 使用“悬挂式缩进”

图　7-56

属性栏：用“选择工具”或“文本工具”选定文本，单击属性栏里的☰图标，切换是否显示项目符号。

> **操作技巧**
>
> 使用菜单命令设置项目符号，使用文字工具将光标置于段落中，单击属性栏里的☰图标，可切换光标所在段落项目符号的显隐状态。

7.7.4 首字下沉

首字下沉常应用于一篇文章的开头或者段落的开始部分，以使文章更加引人注目。使用“首字下沉”效果时，位于段首第一个字字号将变大，在文中占据几行的位置，左侧和上侧与原文本对齐，呈现“下沉”的效果，如图 7-57 所示。

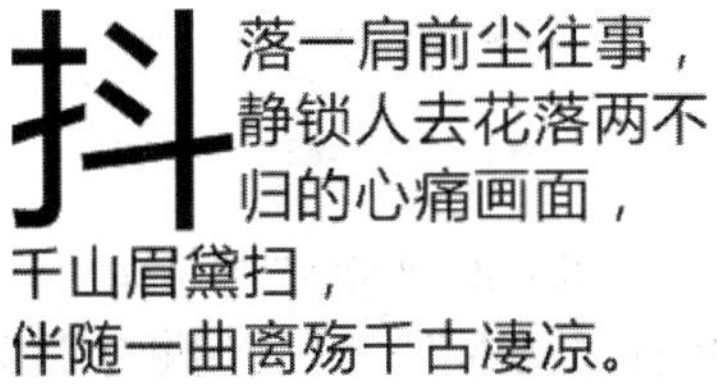
抖
落一肩前尘往事，
静锁人去花落两不
归的心痛画面，
千山眉黛扫，
伴随一曲离殇千古凄凉。

图 7-57 使用“首字下沉”的文本效果

首字下沉
X
使用首字下沉(U)
外观
下沉行数(N):
3
首字下沉后的空格(S):
.0 mm
首字下沉使用悬挂式缩进(E)
预览(P)
确定
取消
帮助

图 7-58 “首字下沉”对话框

菜单命令：用“选择工具”或“文本工具”选定要编辑的文本，执行“文本”→“首字下沉”菜单命令，弹出如图7-58所示的“首字下沉”对话框。单击“使用首字下沉”前面的复选框，使其处于被选定状态，外观栏被激活。在其中的编辑框里设置下沉的行数及首字下沉后的空格。

与“项目符号”相同，首字下沉也可选用“悬挂式”和“非悬挂式”缩进，通过单击“首字下沉使用悬挂式缩进”前面的复选框切换。

属性栏：用“选择工具”或“文本工具”选定要设置的文本，单击属性栏里的图标，选择是否应用“首字下沉”的效果。

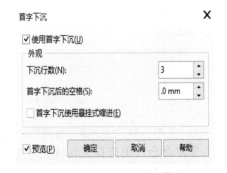

7.8 排版规则

7.8.1 断行规则

"断行规则"用于设置在断行时对一些字符的处理方式。CorelDRAW X8中的默认设置与标准排版规则相同。

菜单命令：用"选择工具"或"文本工具"选定要编辑的文本，执行"文本"→"断行规则"菜单命令，弹出如图7-59所示的"亚洲断行规则"对话框，在其中设置断行的规则。设置完毕后单击"预览"按钮查看效果，单击"确定"按钮执行。

7.8.2 断字规则

断字规则是指对用字母拼成的单词在换行时的处理规则。

菜单命令：执行"文本"→"断字设置"菜单命令，弹出如图7-60所示的"断字"对话框。单击"自动连接段落文本"前面的复选框，其他所有选项被激活。选择是否使用大写单词分隔符，是否使用全部大写分隔单词。在"断字标准"栏内的编辑里设置可断开单词的最小字长，前、后最少字符和到右页边距的距离。

图 7-59 "亚洲断行规则"对话框   图 7-60 "断字"对话框

菜单命令：用选择工具或文字工具选择段落文本，执行"文本"→"使用断字"菜单命令，打开断字功能。

7.9 文本特效

7.9.1 使文本适合路径

"使文本适合路径"是对文本位置进行特殊处理的功能。

菜单命令：先选择要添加文本的图像对象（此步骤非必须，但一般情况使用文本适合路径往往是因为要与图像匹配），如图7-61所示。在任意位置创建文本，如图7-62所示。使用绘图工具绘制曲线或图形作为路径，如图7-63所示。

第 7 章　文本应用

图 7-61 选择图像对象　　　　图 7-62 创建文本　　　　图 7-63 绘制曲线对象

用选择工具或文本工具选定要设置路径的文本，执行"文本"→"使文本适合路径"菜单命令，单击作为路径的曲线对象，文本以蓝色虚线显示，如图7-64所示。移动鼠标，文本随光标位置的变化而变化，并修改文本的大小如图7-65所示。待文本移动到适当位置时，单击鼠标完成，如图7-66所示。

图 7-64 指定文本路径　　　　图 7-65 调整文本大小　　　　图 7-66 完成作品

7.9.2 对齐基线

如果希望将某些移动位置或沿路径分布的字符或字符串还原位置时，可使用"对齐基线"或"矫正文本"操作。

菜单命令：用选择工具选定文本，执行"文本"→"对齐基线"菜单命令。

快捷键：{Alt+F12}。

7.9.3 矫正文本

菜单命令：用选择工具选定文本，执行"文本"→"矫正文本"菜单命令。

7.10　字符和符号

7.10.1　插入字符

泊坞窗：执行"文本"→"插入符号字符"菜单命令，打开"插入字符"泊坞窗，如图7-67所示。在"字体"下拉列表中选择字体；在"字符过滤器"下拉列表中选择字符类型；在字符窗中选择要插入的字符。双击需要的字符，则该字符将插入到指定的位置。

7.10.2　插入格式化代码

"格式化代码"是用于表示格式的符号，如空格的代码。

菜单命令：执行"文本"→"插入格式化代码"菜单命令，弹出如图7-68所示的菜单。在菜单中单击任意选项，即可插入相应格式化代码。

快捷键：非断行连字符{Ctrl+位移+-}；可选的连字符{Ctrl+-}。

快捷键：{Ctrl+F11}。

—	Em 空格(M)	Ctrl+Shift+M
–	En 空格(N)	Ctrl+Shift+N
⏐	¼ Em 空格(E)	Ctrl+Alt+Space
○	非断行空格(S)	Ctrl+Shift+Space
⊞	制表位(T)	
▥	列/图文框分割(F)	Ctrl+Enter
—	Em 短划线(D)	Alt+_
–	En 短划线(A)	Alt+-
-	非断行连字符(H)	Ctrl+Shift+-
ᵐ	可选的连字符(O)	Ctrl+-
▥	自定义可选连字符(C)...	

图 7-67　"插入字符"泊坞窗　　　　　　　　图 7-68 插入格式化代码

7.11　实例——KEVINI

01 新建文件，导入随书光盘"源文件/素材/第7章"文件夹中的文件："酒.jpg"，如图7-69所示。

02 将导入图像的尺寸调整至与页面大小一致，并在页面居中对齐，如图7-70所示。

03 将文件另存在"设计作品"文件夹中，命名为"KEVINI..cdr"。

04 使用文字工具，创建美术字文本"KEVINI"，如图7-71所示。

文件(F)	编辑(E)	视图(V)	布局(

新建(N)... 　　　　　　Ctrl+N
从模板新建(F)...
打开(O)... 　　　　　　Ctrl+O
打开最近用过的文件(R)　　▶

关闭(C)
全部关闭(L)

保存(S)　　　　　　Ctrl+S
另存为(A)... 　　Ctrl+Shift+S
保存为模版(M)...

导入(T)

获取图像(Q)　　　　　▶
搜索内容
导入(I)... 　　　　　Ctrl+I
导出(E)... 　　　　　Ctrl+E
导出为(R)　　　　　　▶
发送到(D)　　　　　　▶

PDF 发布为 PDF(H)

打印(P)... 　　　　　Ctrl+P
合并打印(G)　　　　　▶
打印预览(R)...
收集用于输出(U)...
文档属性(P)...

退出(X)　　　　　　Alt+F4

　　a）操作方法　　　　　　b）操作方法　　　　　　c）操作效果

图 7-69　导入对象

| X: 113.583 mm | ↔ 210.989 mm | 100.0 % |
| Y: 141.2 mm | ↕ 297.688 mm | 100.0 % |

a）操作方法（调整大小）

酒.jpg
w: 210.989 mm, h: 297.688 mm
单击并拖动以便重新设置尺寸。
按 Enter 可以居中。
按空格键以使用原始位置。

对象(C)	效果(C)	位图(B)	文本(X)	表格(T)	工具(O)	窗口(W)	帮助(H)

插入条码(B)...
插入 QR 码
验证条形码

插入新对象(W)...
链接(K)...

符号(Y)　　　　　　▶
PowerClip(W)　　　　▶
变换(T)　　　　　　▶
对齐和分布(A)　　　　▶　　　左对齐(L)　　　　L
顺序(O)　　　　　　▶　　　右对齐(R)　　　　R

合并　　　　　　Ctrl+L　　顶端对齐(T)　　　　T
拆分　　　　　　Ctrl+K　　底端对齐(B)　　　　B

组合(G)　　　　　　▶　　　水平居中对齐(E)　　　E
隐藏(H)　　　　　　▶　　　垂直居中对齐(C)　　　C
锁定(L)　　　　　　▶　　　在页面居中(P)　　　　P
造形(P)　　　　　　▶　　　在页面水平居中(H)
　　　　　　　　　　　　　在页面垂直居中(V)
转换为曲线(V)　　　Ctrl+Q
将轮廓转换为对象(E)　Ctrl+Shift+Q　　对齐与分布(A)　　Ctrl+Shift+A
连接曲线(J)
叠印填充(F)
叠印轮廓(O)
叠印位图(V)
对象提示(H)

对象属性(I)　　　　Alt+Enter
对象管理器(N)

　　b）操作方法（页面居中）　　　　　　c）操作效果

图 7-70　调整对象大小并居中对齐

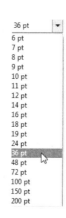（上方 KEVINI）

a）操作方法　　　　　　　　　　　　　b）操作效果

图 7-71 创建美术字文本

05 将文本"KEVINI"设置为：字体Arial，字号36pt，颜色（C=68，M=97，Y=98，K=66），如图7-72所示。

a）设置字体　　　　　　　　　　　　b）设置字号

c）设置颜色　　　　　　　　　　　　d）操作效果

图 7-72 设置文本属性

06 使用文字工具，创建段落文本"the best for you"，如图7-73所示。

07 将文本"the best for you"设置为：字体华文行楷，字号24pt，颜色（C=41，M=100，Y=99，K=8），如图7-74所示。

第 7 章　文本应用

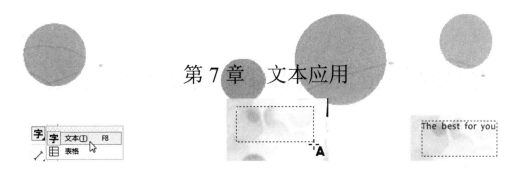

a）操作方法　　　　　　　b）操作方法　　　　　　　c）操作效果

图 7-73 创建段落文本

a）操作方法（设置字体）　　　　b）操作方法（设置字号）

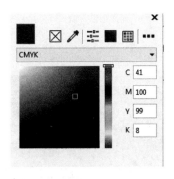

c）操作方法（设置颜色）　　　　d）操作效果

图 7-74 设置文本属性

08 将文本"the best for you"移动到"KEVINI"的下方，并调整好位置。如图7-75所示。

09 使用文字工具，创建文本"浓浓醇情，依依我心"，字号为24pt，如图7-76所示。

10 使用椭圆形工具绘制1个椭圆形，尺寸与图像下方的光影大小接近，如图7-77所示。

图 7-75 调整文本位置 　　　　　　　　　　　图 7-76 创建段落文本

　　　　a）操作方法　　　　　　　　　　　　　b）操作效果

图 7-77 绘制矩形

11 将段落文本"浓浓醇情，依依我心"转换为美术字文本，然后使用"使文本适合路径"操作，以椭圆形对象为路径，处理美术字文本"浓浓醇情，依依我心"，如图7-78所示。

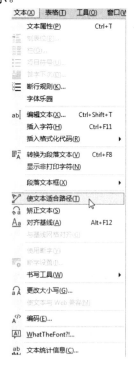

（b）操作方法

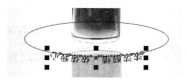

　　　a）操作方法　　　　　　　　　　　　　c）操作效果

图 7-78 使文本适合路径

12 使用"镜像文本"工具，对文本"浓浓醇情，依依我心"做水平镜像，如图7-79所示。

a）操作方法　　　　　　b）操作效果

图 7-79 段落文本水平镜像

13 使用"镜像文本"工具，对文本"浓浓醇情，依依我心"做垂直镜像，如图7-80所示。

a）操作方法　　　　　　b）操作效果

图 7-80 段落文本水平镜像

14 将文本"浓浓醇情，依依我心"设置为：字体方正魏碑简体，字号24pt，填充色（C=99，M=67，Y=38，K=0），如图7-81所示。

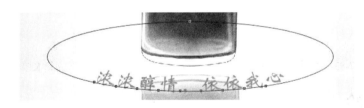

图 7-81 设置文本属性

15 使用形状工具选中并删除椭圆形对象，如图7-82所示。

图 7-82 删除椭圆形对象

16 关闭显示的文本框，如图7-83所示。

17 保存操作，完成作品，如图7-84所示。

图 7-83 删除椭圆形对象　　　　　　　　图 7-84 作品 "KEVINI"

7.12　实验

7.12.1 实验——诗情画意

完成一幅古诗配画作品。

> ➤ **操作技巧**
>
> 可以先选择图像及诗作，注意诗、画意境的一致性，诗歌不宜过长，画的颜色不太复杂或变化太大，以防文字难以选择颜色。可以参考7.11节中的步骤完成作品，文字建议竖排，较为随意的行书、草书都是合适的字体。

7.12.2 实验——图文混排

设计制作一份工作进度表。

第 7 章　文本应用

　　工作进度表中除了有文字还会有一些表格、图案。使用CorelDRAW X8中的文字工具可以完成一些用文字处理软件完成的任务，在做图文混排时，CorelDRAW X8还具有一定优势。设计工作进度表的时候，应首先保证作品清晰、明了，传达信息准确，然后再去考虑图面效果。颜色搭配以突出文字为主，字体不要过多、过乱。可以以时间线安排作品画面结构。图7-85用以给读者参考。图7-86也是图文混排的实例，是一项体育活动的底图，类似于大家熟悉的"跳格子"。

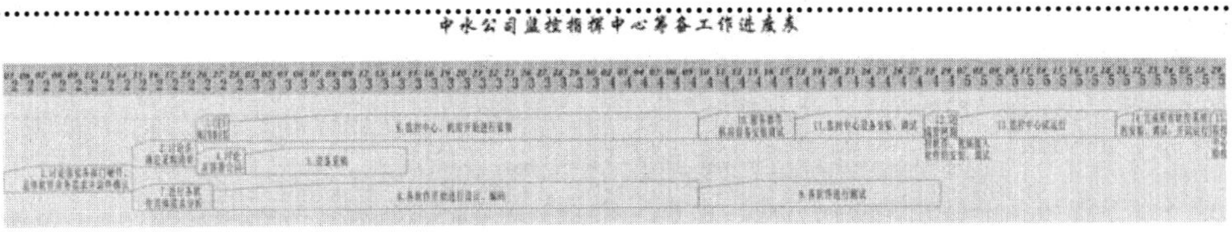

图 7-85　工作进度

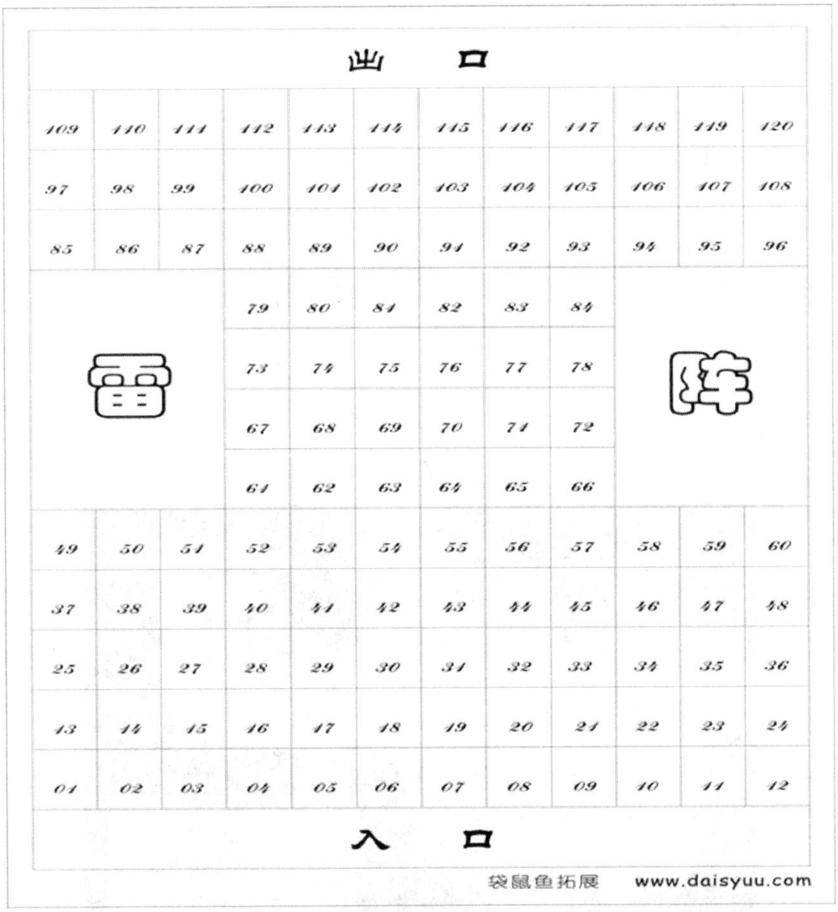

图 7-86　穿越雷阵

7.12.3 实验——台历模板

制作一套儿童台历模板。

> ➤ **操作技巧**
>
> 提示：台历模板要包括文本、图形对象，还要留有面积较大、形状较为规整的空间，以便加入个性化照片等。要注意各对象之间的层次关系。在创建表示时间的文本时，要注意文本之间的行、字间距。图7-87 ~ 图7-89是台历模板的效果，使用文本工具，结合前面章节学习过的操作方法，还可以制作宣传画、各种照片背景等。

图 7-87 童年录影

图 7-88 月光遐想

第 7 章　文本应用

图 7-89　心语心愿

7.13　思考与练习

1．不能用于选定的文本的工具是（　　）。

　　A．文字工具　　　B．选择工具　　　C．形状工具　　　D．手绘工具

2．无论是创建美术字文本还是段落文本，在创建完毕后使用选择工具选择文本，在文本的周围都会出现矩形文本框，在改变文本框的大小时，（　　）中的文字大小会随之发生改变。

　　A．美术字文本　　　B．段落文本　　　C．美术字文本和段落文本　　　D．均不

3．在对（　　）进行设置时，用户不可以自行编辑样式。

　　A．上下划线　　　B．删除线　　　C．上下标　　　D．格式化代码

4．设置文本间距时，不能作为参考量的是（　　）。

　　A．字符高度　　　B．字符高度的百分比

　　C．点大小　　　　D．点大小的百分比

5．在进行文本分栏时，要求等宽分为2栏，并选择自动调整图文框宽度选项，如果图文框宽20cm、页面宽30cm、设置栏宽8cm，那么栏间距应为（　　）cm。

　　A．10　　B．4　　C．6　　D．不确定

6．执行"首字下沉"操作时，可以使用的缩进方式包括（　　）。

　　A．悬挂式缩进　　　　B．非悬挂式缩进和悬挂式缩进

　　C．非悬挂式缩进　　　D．不能使用缩进

7．使用"使文本适合路径"操作时，不能作为路径的对象是（　　）。

　　A．圆形　　B．直线　　C．多边形　　D．位图

第 8 章　特效应用

本章导读

　　"特效"应用的好坏，是决定设计作品成败的关键。由于特效工具的操作并不复杂，其使用重在反复地摸索和尝试，加上通过前面章节的学习，读者对 CorelDRAW 的操作有了一定的了解，因此本章不再详细介绍各种工具的操作方法，而是展示各种特效的效果。希望通过大量实例展示出的"特效"能激发读者的设计灵感。

学　习　要　点

- 📖 了解 CorelDRAW X8 中的特效功能及作用
- 📖 熟练掌握各种特效工具的使用方法
- 📖 反复尝试使用各种特效工具处理图片
- 📖 思考不同性质的图片所适用的特效处理方法

第8章 特效应用

8.1 色调调整

色调是指黑白之间的一种颜色的各种变化或灰色的范围。位图图像中的像素在从暗（值为 0 表示没有亮度）到亮（值为 255 表示最亮）的范围中分布，值较低的1/3表现为阴影，中间1/3为中间色调，值较高的1/3表现为高光。在理想情况下，图像中的像素应当分布于整个色调范围。

1．选项说明

高反差：用于在保留阴影和高亮度显示细节的同时，调整色调、颜色和位图对比度，图8-2显示对图8-1的图像进行处理后的效果（图8-3~图8-9均使用图8-1作为原始图像进行处理）。

图 8-1 原图像

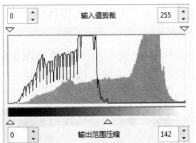

图8-2 高反差

局部平衡：用来提高边缘附近的对比度，以显示明亮区域和暗色区域中的细节，可以在此区域周围设置高度和宽度来强化对比度，图8-3显示出宽度、高度均为130时图像效果。

取样/目标平衡：允许用户使用从图像中选取的色样来调整位图中的颜色值，可以从图像的黑色、中间色调以及浅色部分选取色样，并将目标颜色应用于每个色样，图8-4显示了如柱状图调整后的对象效果。

调合曲线：用来通过控制各个像素值来精确地校正颜色，更改像素亮度值，可以更改阴影、中间色调和高光，图8-5显示了如柱状图调整后的对象效果。

亮度-对比度-强度：可以调整所有颜色的亮度以及明亮区域与暗色区域之间的差异，图8-6 显示出亮度为-50，对比度、强度均为50时的效果。

颜色平衡：用于将青色或红色、品红或绿色、黄色或蓝色添加到位图中选定的色调中，图8-7为青-红、品红-绿均为50，黄-蓝为–100时的图像效果。

图 8-3 局部平衡

图 8-4 取样/目标平衡

图 8-5 调合曲线

图 8-6 亮度-对比度-强度

伽玛值：用来在较低对比度区域强化细节，不会影响阴影或高光，图8-8 为伽玛值为3.00时的效果。

色度-饱和度-亮度：用来调整位图中的色频通道，并更改色谱中颜色的位置，这种效果可以更改颜色及其浓度，以及图像中白色所占的百分比，图8-9是色度、饱和度、亮度分别为-180、50、0时的效果。

图 8-7 颜色平衡

图 8-8 伽玛值

2．菜单命令

高反差：执行"效果"→"调整"→"高反差"菜单命令，在弹出的对话框中用鼠标拖动控制滑块，调整交互式柱状图的平衡曲线。

第 8 章 特效应用

局部平衡：执行"效果"→"调整"→"局部平衡"菜单命令，在弹出的对话框中修改宽度、高度取样值。

图 8-9 色度-饱和度-亮度

取样/目标平衡：执行"效果"→"调整"→"取样/目标平衡"菜单命令，在弹出的对话框中用鼠标拖动控制滑块，调整平衡曲线。

调合曲线：执行"效果"→"调整"→"调合曲线"菜单命令，在弹出的对话框中用鼠标拖动调和曲线。

亮度-对比度-强度：执行"效果"→"调整"→"亮度/对比度/强度"菜单命令，拖动滑块或在相应编辑框内修改亮度、对比度、强度值。

颜色平衡：执行"效果"→"调整"→"颜色平衡"菜单命令，在弹出的对话框中选择执行范围，拖动滑块或在相应编辑框内设置各色频通道值。

伽玛值：执行"效果"→"调整"→"伽玛值"菜单命令，在弹出的对话框中拖动滑块或在编辑框内设置伽玛值。

色度-饱和度-亮度：执行"效果"→"调整"→"色度/饱和度/亮度"菜单命令，拖动滑块或在弹出的对话框中的相应编辑框内修改色度、饱和度、亮度值。

3．快捷键

亮度/对比度/强度{Ctrl+B}；颜色平衡{Ctrl+Shift+B}；色度/饱和度/亮度{Ctrl+Shift+U}。

8.2 变换及校正

"变换"及"校正"命令用于将位图对象的颜色和色调进行调整。

1．选项说明

去交错：用于从扫描或隔行显示的图像中移除线条。图8-10为原图像，图8-11是使用扫描奇数行，替换方法插补对图8-10的原图像进行处理后的效果。（图8-12~图8-14均使用图8-10作为原始图像进行处理）。

反显：用于反转对象的颜色，使对象形成摄影负片的外观，如图8-12所示。

极色化：用于减少图像中的色调值数量，可以去除颜色层次并产生大面积缺乏层次感的颜色，图8-13显示当层次值为6时的处理效果。

2．菜单命令

去交错：执行"效果"→"变换"→"去交错"菜单命令，在弹出的对话框中选择扫描行及替换方法。

图 8-10　原图像　　　　　　　图 8-11　去交错　　　　　　　图 8-12　反显

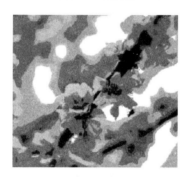

图 8-13　极色化

反转颜色：执行"效果"→"变换"→"反转颜色"菜单命令。

极色化：执行"效果"→"变换"→"极色化"菜单命令，在弹出的对话框中拖动滑块或在编辑框内输入数值设置层次值。

8.3　交互式操作

"交互式操作"是一系列可以实时显示效果，便于用户使用的操作命令。除了本节将介绍的交互式立体化、交互式透明、交互式阴影外，还包括前面的章节介绍过的交互式调和、交互式轮廓图、交互式变形、交互式填充、交互式网状填充等。

"立体化"是通过创建矢量立体模型使对象具有三维效果，实际上是连接投射对象上的点以产生三维幻觉。"透明"是通过降低上层图像的可视性在一定程度上达到下层对象的可视。"阴影"是模拟光从平面、右、左、下和上等五个不同的透视点照射在对象上的效果。

8.3.1　交互式立体化

工具箱：选定对象，单击工具箱中的 图标，弹出如图8-14所示的"交互式"工具栏。

单击其中的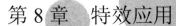图标，把光标移动到对象上，如图8-15所示，按下鼠标左键，向创建立体化效果的方向拖动鼠标，对象上出现立体化效果控制线，释放鼠标出现立体化效果，如图8-16所示。双击对象，对象上出现三维旋转控制线，如图8-17所示，把光标移动到控制线附近按下鼠标，向需要旋转的方向拖动，对象随之旋转，到合适位置释放鼠标左键。

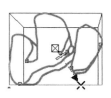

图 8-14 "交互式"工具栏　　　　　图 8-15 原对象　　　　　图 8-16 立体化效果控制线

泊坞窗：执行"效果"→"立体化"菜单命令，打开如图8-18所示的"立体化"泊坞窗，在其中详细设置立体化效果的属性。

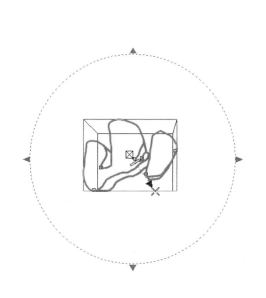

图 8-17 三维旋转控制线　　　　　　　　图 8-18 "立体化"泊坞窗

8.3.2 交互式透明

工具箱：选定对象，单击透明度工具图标，把光标移动到对象上，如图8-19所示；按下鼠标左键，对象上出现透明效果控制线，如图8-20所示；向创建透明效果的方向拖动鼠标指针，释放鼠标左键，出现透明效果。用鼠标拖动控制线，移动位置或改变长度，如图8-21所示；拖动控制线上的长条矩形节点，调整透明效果，如图8-22所示。

1. 均匀透明

透明度是均匀色彩或立体化的透明程度，均匀透明可应用在任何CorelDRAW X8创建的封闭路径对象中，下面简单介绍一下均匀透明的运用方法。

（1）在工具箱中单击▲图标，使用选择工具选择多边形对象。

图 8-19 原对象 　　　　　　　　　图 8-20 透明效果控制线

图 8-21 调整透明效果 　　　　　　　图 8-22 透明效果

（2）在工具箱中单击▨图标，这时属性栏变成如图8-23所示。

图 8-23 "透明度工具"属性栏

（3）单击属性栏中"均匀透明度"图标▟，如图8-24所示。

图 8-24 "均匀透明度"属性

（4）拖动滑块，设置填充的透明度。数值越低，填充的透明度就越低，越高的数值填充的透明度就越高，如图8-25所示。在透明度操作下拉列表中选择蓝色，如图8-26所示。

（5）要进一步调整透明度，可单击属性栏中的❋图标，这时出现如图8-27所示的效果。结合属性栏中的"透明度操作"下拉列表，可以实现非常多的均匀透明效果。

2．渐变透明

线性渐变透明度：指透明度以直线形式流过对象。

椭圆形渐变透明度：透明度以对象中心为圆心的同心圆路径。

第 8 章　特效应用

锥形渐变透明度：指透明度从对象中心以射线的路径流过对象。

矩形渐变透明度 ：指透明度从对象中心以同心方形路径流过对象。

选择你所要使用的渐变透明的类型，下面简单介绍一下渐变透明的运用方法。

图 8-25 设置标注透明度后的效果　　　图 8-26 蓝色的透明度操作　　　图 8-27 冻结效果

（1）先创建一个对象，在工具箱中单击 ▶ 图标，选择对象。

（2）在工具箱中单击 图标；将启用"透明度工具"属性栏。

（3）单击属性栏中"渐变透明度"图标，在所对应的渐变类型中选择"椭圆形渐变透明度"，则该属性栏如图8-28所示。

图 8-28 椭圆形渐变

（4）首先在透明开始处位置，然后拖动鼠标，拖动透明亮度键，以决定不透明程度，如图 8-29所示。

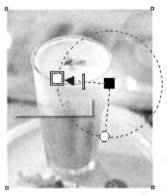

图 8-29 设置透明度

如要修改结束点的透明度，选中末端手柄，然后拖动透明度滑块。结合起始点和结束点的位置，控制线性渐变透明的方向。更改渐变的角度后影响渐变透明度的外观。

绘图窗口中的透明度滑动条由箭头、起始手柄、末端手柄和滑块组成。滑块上的灰色填充代表了透明度的高低。灰度越高，透明度越高，黑色时为全透明；灰度越低，透明度越低，白色时为不透明。可以拖动调色板上的颜色至3种手柄，此时会按拖动颜色的灰度来设置手柄的灰度。滑块可以用来设置渐变透明度，可以在属性栏上单击 图标，在弹出的对话框中作新的设置。

3．向量图样透明度

向量图样透明度和向量图样填充相似。可参看前面章节的介绍，下面简单介绍向量图样透明度的运用方法。

（1）在工具箱中单击■图标，这时属性栏如图8-23所示。

（2）在属性栏中的选择"向量图样透明度"，并在样式下拉列表框中选择一个底纹库，然后选择一种所需底纹，如图8-30所示。

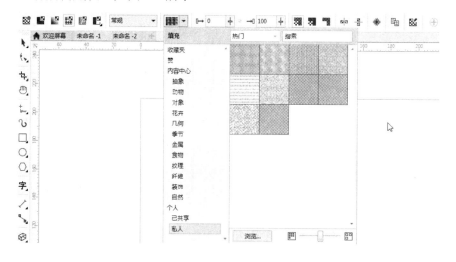

图 8-30　选择"向量图样透明度"

4．位图图样透明

在工具箱中单击■ 图标后，在属性栏中选择一种图样透明方式，如"位图图样透明度"，这时属性栏将变成如图8-31所示。

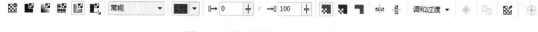

图 8-31 "位图图样透明" 属性栏

图样透明与前面介绍的图案填充非常相似。操作时用户可以控制图样的透明度，并可选择透明的图案类型。单击 ■▼ 图标，打开图样选择框，如图 8-32所示。可以供选择透明填充的图样类型，下面简单介绍一下图样透明的运用方法。

（1）在工具箱中单击■图标，这时属性栏变成如图8-23所示。

（2）在属性栏中选择"位图图样透明度"。

（3）单击"透明度挑选器" ■▼ 图标，打开图样选择框，选择需要的图样，单击"应用"按钮■，则将图样应用到图形中，如图8-33所示。

（4）如果要进一步控制图样透明度，可在属性栏上单击■图标， 在弹出的对话框里详细设置图样透明度。

（3）拖动前景透明度滑块和背景透明度滑块，设置透明度。最后完成其效果。

5．双色图样透明度

双色图样透明度和双色图样填充相似。可参看前面章节的介绍，下面简单介绍双色图样透明度的运用方法。

（1）在工具箱中单击图标，这时属性栏如图8-23所示。

（2）在属性栏中的选择"双色图样透明度"，如图8-34所示。

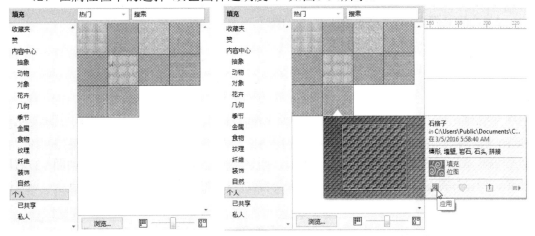

图 8-32 "位图图样"的图样类型　　　　　　　　　　图 8-33　应用图样

（3）单击"透明度挑选器"图标，打开图样选择框，如图8-35所示。选择需要的图样则将图样应用到图形中。

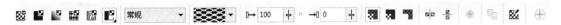

图8-34　"均匀透明度"属性

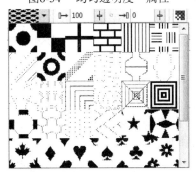

图8-35　图样选择框

6．清除透明度

应用填充工具或调色板来清除透明度。这两种清除透明度的操作，其实透明度的设置依然存在，只是对象没有了填充。清除透明度后再作填充，透明度的设置依然起作用，下面简单介绍一下清除透明度的运用方法。

（1）应用填充工具来清除透明度

1）使用选择工具选择对象。

2）打开填充工具展开菜单，然后选择◻图标无填充，透明效果即可清除。

（2）应用调色板来清除透明度

1）使用选择工具选择对象。

2）在调色板上单击◻图标，透明效果即可清除。

（3）用交互式透明工具彻底清除透明度

1）使用选择工具选择对象。

2）在工具箱中单击"透明度工具" 图标。

3）在属性栏中单击"无透明度"图标 。

8.3.3 交互式阴影

工具箱：选定对象，单击交互式工具栏中的 图标，把光标移动到对象上，如图8-36所示，按下鼠标左键，向创建阴影的方向拖动鼠标指针，对象上出现阴影效果控制线，并以矩形显示阴影范围，如图8-37左图所示。释放鼠标左键出现立体化效果，如图8-37右图所示。用鼠标拖动控制线，移动位置或改变长度，拖动控制线上的长条矩形节点，调整阴影效果。

图 8-36 原对象   图 8-37 阴影效果控制标志及阴影效果

属性栏：在 图标后使用滑块改变阴影羽化值，此值越大，阴影的边缘就越模糊。在 图标后使用滑块改变阴影不透明度，此值越大，阴影效果越深。

下面简单介绍一下交互式阴影的运用方法。

1）单击 图标，打开下拉列表框，如图8-38所示，在此列表框中可以选择阴影的羽化方向，具体有向内、中间、向外以及平均。

选择不同的羽化方向，可以得到不同的羽化效果。选择平均时，阴影最模糊，选择另外的3个选项时， 图标变成可选。

2）单击 图标，即可打开阴影边缘下拉列表框，可以为阴影选择一个下拉的边缘模式。如图8-39所示。阴影和原始对象是动态链接到一起的。对原对象所做的任何更改将会使阴影做出相应的调整。使用交互式阴影工具拖动阴影控制条再次编辑阴影与对象之间的距离。

图 8-38 选择阴影的羽化方向   图 8-39 阴影边缘下拉列表

3）移除阴影效果步骤很简单，首先选中对象，在"效果"菜单命令中选择"清除阴影"命令即可。

使用透镜可以模拟出某些相机镜头创建的效果，透镜效果可用于具有封闭路径的对

第8章 特效应用

象，也可用于延伸的直线、曲线。透镜效果不能应用于已经使用过各种效果的对象。

4）在"效果"菜单命令中单击选择"透镜"命令，或直接按下快捷键Alt+F3，打开"透镜"泊坞窗，如图8-40所示。

图 8-40 "透镜"泊坞窗

图 8-41 "透镜"下拉列表框

CorelDRAW X8提供了多种透镜可供选择，这些透镜放置在预览框下面的下拉列表框中，如图8-41所示。

最常用的是变亮透镜。该透镜可以使透镜下面的对象更加明亮，在比率编辑框中可以设置透镜加亮或者变暗的程度。当取值在0%~100%之间时，可增加对象的亮度；当取值在–100%~0%之间时，会降低对象的亮度。

8.3.4 交互式封套

1．添加封套

下面简单介绍一下添加封套的运用方法。

1）选中准备加封套效果的对象。

2）在工具箱中选择交互式封套工具，所选对象周围会出现一个由多个节点控制的矩形封套。拖动控制点，即可变形所选对象，如图8-42 所示。

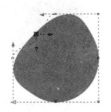

图 8-42 封套控制对象

图 8-43　添加新的封套

3）单击属性栏中的图标，添加新的封套，如图8-43所示。

4）在属性栏中单击+图标，将选定的效果创建为预设封套。

5）与编辑曲线上的节点一样，可以使用属性栏和鼠标对封套上的节点进行移动、添加、删除以及更改节点的平滑属性等操作。封套节点可以通过属性栏上 ⩘ ⩘ ⩘ 区域中的图标更改平滑属性。单击 ⧸ 和 ⌐ 图标改变节点的类型。

2．封套的工作模式

封套的工作模式有4种，分别为封套的直线模式、封套的单弧模式、封套的双弧模式以及非强制模式，如图8-44所示。

图 8-44 封套的工作模式

在封套的直线模式下，直线可以沿水平或垂直方向改变封套的节点位置，但封套的边缘始终保持为直线。在交互式封套工具选取状态下，单击属性栏中的 ⧸ 按钮，进入封套的直线模式，如图8-45所示。

在封套的单弧模式下，可以产生一个由曲线封套节点控制的弧线，应用模式后的具体变形效果如图8-46所示。

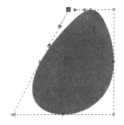 

图 8-45 封套的直线模式　　　　　图 8-46 封套的单弧模式

在封套的双弧模式下，同样会产生一条弧线，但这条弧线同时受到本身节点和两端节点的控制，应用模式后的具体变形效果如图8-47所示。

在封套的非强制模式状态下，这种模式拥有最大的变形余地，可以调节节点以及节点的控制点变形对象。应用模式后的具体变形效果如图8-48所示。

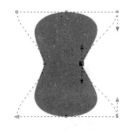 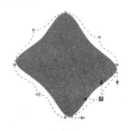

图 8-47 封套的双弧模式　　　　　图 8-48 封套的非强制模式

3．封套的映射模式

使用不同的映射模式使封套中的对象符合封套的形状。单击属性栏上的映射模式下拉列表框，如图8-49所示。列出的映射模式包括：水平、原始的、自由变形、垂直。使用不同的映射模式，可以得到不同的封套效果。

238

第 8 章　特效应用

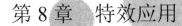

图 8-49　封套的映射摸式

8.4　透镜效果

"透镜"用于改变透镜下方的对象区域的外观，但不改变对象的实际特性和属性。对任何矢量对象、位图，甚至美术字都可以使用透镜。透镜会随使用对象不同而改变属性，即对矢量对象应用透镜时透镜本身会变成矢量图像，而对位图对象使用透镜时透镜会变成位图。

在CorelDRAW X8中，系统预设了变亮、颜色添加、色彩限度、自定义彩色图、鱼眼、热图、反显、放大、灰度浓淡、透明度、线框等11种透镜。

1．选项说明

变亮：透镜可以使对象区域变亮和变暗，并设置亮度和暗度的比率，图8-51显示了对图8-50的位图对象中椭圆形区域作比率为50%的"变亮"调整得到的效果。（图8-52~图8-61均使用图8-50作为原始图像，对椭圆形区域进行处理。）

图 8-50 原图像　　　　　　图 8-51 使明亮　　　　　　图 8-52 颜色添加

颜色添加：透镜可模拟加色光线模型，用对象颜色与透镜的颜色相加得到混合光线的输出效果。图8-52所示为使用比率为50%的月光绿透镜的效果。

色彩限度：是用黑色和透过的透镜颜色查看对象区域，即在处理范围中，除了透镜颜色和黑色外的所有颜色将会被滤掉。图8-53所示为使用黑色透镜用20%的比例处理的效果。

自定义彩色图：是将透镜下方对象区域的所有颜色改为介于指定的两种颜色之间的一种颜色，用户在指定颜色的同时，还可以指定两种颜色的渐进路径，如直线、向前或向后，图8-54选择了颜色从黑到白、向前的彩虹路径。

鱼眼：透镜可以根据指定的百分比变形、放大或缩小透镜下方的对象，图8-55是200%的比率作用下的效果。

热图：透镜用于创建红外图像的效果，通过在透镜下方的对象区域中模仿颜色的冷暖度等级来实现，图8-56所示为对调色板旋转20%。

反显：透镜将透镜下方的颜色变为其CMYK互补色，图8-57是反显处理的效果。

图 8-53 色彩限度　　　　　　　图 8-54 自定义彩色图　　　　　　图 8-55 鱼眼

放大：透镜用于按指定的量放大对象上的某个区域，由于放大后的图像将超出指定区域的面积，为了保证指定区域外的对象不受影响，指定区域内边缘位置的图像将会损失，图8-58为使用数量为1.5X（即1.5倍）放大处理的效果。

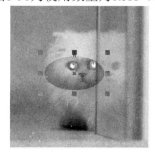

图 8-56 热图　　　　　　　　　图 8-57 反显　　　　　　　　　图 8-58 放大

灰度浓淡：透镜会将透镜下方对象区域的颜色变为其等值的灰度。图8-59所示为选择黑色时的效果。

图 8-59 灰度浓淡　　　　　　　图 8-60 透明度　　　　　　　　图 8-61 线框

透明度：能使对象看起来像着色胶片或彩色玻璃，图8-60所示为使用比率为50%的黑色处理。

线框：透镜用所选的轮廓或填充色显示透镜下方的对象，图8-61所示为轮廓为黑色、填充为白色的处理效果。

2．泊坞窗

执行"效果"→"透镜"菜单命令打开"透镜"泊坞窗。

用绘图工具在位图上绘制一个闭合图形作为指定使用透镜的区域，然后选择透镜类型并进行相应设置（"变亮"：在效果预览框下方的下拉列表中选择"变亮"，设置比率；

第 8 章　特效应用

"颜色添加"：在效果预览框下方的下拉列表中选择"颜色添加"，设置比率和颜色；"色彩限度"：在效果预览框下方的下拉列表中选择"色彩限度"，设置比率和颜色；"自定义彩色图"：在效果预览框下方的下拉列表中选择"自定义彩色图"，设置作用路径并选择颜色；"鱼眼"：在效果预览框下方的下拉列表中选择"鱼眼"，设置比率；"热图"：在效果预览框下方的下拉列表中选择"热图"，设置调色板旋转百分率；"反显"：在效果预览框下方的下拉列表中选择"反显"；"放大"：在效果预览框下方的下拉列表中选择"放大"，设置放大倍数；"灰度浓淡"：在效果预览框下方的下拉列表中选择"灰度浓淡"，选择颜色；"透明度"：在效果预览框下方的下拉列表中选择"透明度"，设置比率和颜色。执行"线框"操作后，位图上闭合图形内部的位置上会发生相应变化）。然后在复选框内选择是否冻结、变化视点和移除表面（当选择"视点"项时，还需要继续对视点位置进行编辑），单击"应用"按钮执行操作。

8.5　位图效果

在CorelDRAW X8中，可以使用位图转换、位图描摹、颜色模式等系列工具对位图对象进行处理。

"位图转换"是指将非位图对象转换为位图格式，在Corel PHOTO-PAINT X8中处理对象，达到调节颜色、对比度等效果。

"位图描摹"是通过对图片精度不同程度地降低以及调色模式的改变，获得体积较小、颜色系统较为简单的图片，以适合网络传输等功能。

"颜色模式"用于转换图片所使用的调色板，以便适应于打印、屏幕显示等不同输出需求。

8.5.1　位图转换

菜单命令：选定矢量对象，执行"位图"→"转换为位图"菜单命令，将矢量对象转换为位图。

选定位图对象，执行"位图"→"编辑位图"菜单命令，进入Corel PHOTO-PAINT X8，编辑位图。

选定位图对象，执行"位图"→"自动调整"菜单命令，由系统自动调节图像的颜色属性。执行"位图"→"图像调整实验室"菜单命令，手动设定图像各项颜色属性。

属性栏：编辑位图，单击 编辑位图(E)... 图标。

8.5.2　描摹位图

使用"描摹位图"系列工具可以将位图对象转换成线条图、徽标、详细徽标、剪贴画、低质量图像或高质量图像。这些种类的图像之间没有绝对的界限。

1. 选项说明

线条图：一般指黑白草图和插图。

徽标：一般指细节和颜色都较少的简单徽标。

徽标细节：一般指包含精细细节和许多颜色的徽标。

剪贴画：一般指包含可变细节量和颜色数的现成的图形。

低质量图像：一般指精细细节不足或精细细节并不重要的相片。

高质量图像：一般指细节相当重要的高质量精细相片。

各种图像的区别主要在于"平滑"和"细节"两个指标。"平滑"可用于平滑曲线和控制节点数，其值越大，节点就越少，所产生的曲线与源对象中的线条就越不接近，图像质量越低，体积越小。"细节"是指处理结果中保留的原始细节量，其值越大，保留的细节就越多，对象和颜色的数量也就越多，图像质量越高，体积越大。图8-64~图8-69分别是使用位图描摹的各种工具对图8-62处理的效果（表8-1为使用各工具时设置的参数）。图8-63则是使用系统根据自动分析结果进行智能处理的"快速描摹"工具处理图8-62的效果。

表8-1 使用各种位图描摹工具处理图8-62时的参数设置

	线条图	徽标	详细徽标	剪贴画	低质量图像	高质量图像
平滑	25					
细节	4	2	2	4	2	4
颜色模式	RGB					
颜色数	48	72	108	45	72	219
背景	移除					
选择颜色	自动					

图 8-62 原图像

图 8-63 快速描摹

图 8-64 线条图

图 8-65 徽标

图 8-66 详细徽标

图 8-67 剪贴画

2. 菜单命令

第8章 特效应用

选定位图对象，"快速描摹"：执行"位图"→"快速描摹"菜单命令；"线条图"：执行"位图"→"轮廓描摹"→"线条图"菜单命令；"徽标"：执行"位图"→"轮廓描摹"→"徽标"菜单命令；"详细徽标"：执行"位图"→"轮廓描摹"→"详细徽标"菜单命令；"剪贴画"：执行"位图"→"轮廓描摹"→"剪贴画"菜单命令；"低质量图像"：执行"位图"→"轮廓描摹"→"低质量图像"菜单命令；"高质量图像"：执行"位图"→"轮廓描摹"→"高质量图像"菜单命令，在弹出的菜单中设置各种参数，单击"确定"按钮执行操作。

图 8-68 低质量图像　　　　　图 8-69 高质量图像　　　　　图 8-70 描摹位图

3．属性栏

单击 图标，弹出如图8-70所示的描摹位图菜单，在其中选择。

8.5.3 颜色模式

颜色模式可用于定义图像的颜色特征。CMYK 颜色模式由青色、品红色、黄色和黑色值组成，RGB颜色模式由红色、绿色和蓝色值组成。尽管从屏幕上看不同颜色模式的图像没有太大的区别，而且在图像尺度相同的情况下，RGB图像的文件大小比CMYK图像的小，但RGB颜色空间或色谱却可以显示更多的颜色。因此，凡是用于要求有精确色调逼真度的Web 或桌面打印机的图像，一般都采用RGB模式。在商业印刷机等需要精确打印再现的场合，一般采用CMYK模式。调色板颜色图像在减小文件大小的同时力求保持色调逼真度，因而适合在屏幕上使用。使用"颜色模式"系列工具，可以将任意对象转换成所有CorelDRAW支持的颜色模式，包括黑白（1 位）、双色调（8 位）、灰度（8 位）、调色板（8 位）、RGB 颜色（24 位）、Lab 颜色（24 位）和CMYK 颜色（32 位）。图8-72~图8-78显示了将图8-71转换到各种颜色模式的效果，图8-72所示为黑白1位，强度为35的loyd-Steinberg转换方法；图8-73所示为灰度8位；图8-74所示为双色8位，单色调，PANTONE Process BLACK C ；图8-75所示为调色板，抵色强度为100的标准递色处理顺序；图8-76所示为24位RGB颜色；图8-77所示为24位Lab颜色；图8-78所示为32位CMYK颜色。

菜单命令：选定位图对象。

黑白1位：执行"位图"→"模式"→"黑白1位"菜单命令，设置转换方法、强度和屏幕类型。

灰度8位：执行"位图"→"模式"→"灰度8位"菜单命令。

双色8位：执行"位图"→"模式"→"双色8位"菜单命令，设置曲线类型，调节平衡曲线柱状图。

图 8-71 原图像

图 8-72 黑白 1 位

图 8-73 灰度 8 位

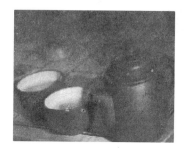

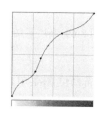

平衡曲线

图 8-74 双色 8 位

图 8-75 调色板

图 8-76 RGB 颜色

图 8-77 Lab 颜色

图 8-78 CMYK 颜色

调色板色：执行"位图"→"模式"→"调色板色（8位）"菜单命令，在"选项"标签里设置平滑度、调色板系统、递色处理顺序、抵色强度，在"范围的灵敏度"标签里查看调整范围敏感度的重要性和亮度，在"已处理的调色板"标签里查看颜色。

RGB颜色：执行"位图"→"模式"→"RGB颜色"菜单命令。

Lab颜色：执行"位图"→"模式"→"Lab颜色"菜单命令。

CMYK颜色：执行"位图"→"模式"→"CMYK颜色"菜单命令，弹出确认转换用预置文件的对话框，单击"确定"按钮。

第8章 特效应用

8.6 滤镜效果

"滤镜"工具用于处理位图对象，从而获得的特殊的视觉表现力。CorelDRAW X8中预设了包括三维效果、艺术笔触、模糊、相机、颜色变换、轮廓图、创造性、扭曲、杂点、鲜明化等10大型滤镜。

下面简要说明一下各种滤镜的效果。

3D效果：滤镜包括浮雕、卷页和透视等效果，用于创建三维纵深感。

艺术笔触：滤镜包括蜡笔、印象派、彩色蜡笔、水彩画以及钢笔画，便于用户展示手工绘画技巧。

模糊：包括高斯式模糊、动态模糊和缩放，以模拟渐变、移动或杂色效果。

相机：可以模拟由扩散滤镜的扩散过滤器产生的效果。

颜色变换：通过减少或替换颜色来创建摄影幻觉效果，包括半色调、梦幻色调和曝光效果。

轮廓图：包括边缘勾画和突出显示，用来突出显示和增强图像的边缘。

创造性：包括布纹、玻璃块、水晶碎片、旋涡和彩色玻璃，可以对图像应用各种底纹和形状。

扭曲：用来使图像表面变形，包括龟纹、块状、旋涡和图块。

杂点：用来修改图像的粒度，包括增加杂点、应用尘埃与刮痕以及扩散以改变图像的粒度。

鲜明化：用来创建鲜明化效果，以突出和强化边缘。

8.6.1 三维效果

"三维效果"系列工具通过对图像的局部作压缩或拉伸处理获得三维纵深感，可得到三维旋转、柱面、浮雕、卷页、透视、挤远/挤近、球面效果。

1．选项说明

三维旋转：滤镜用于表现对象倾斜放置时从平面看的结果，图8-80表现出对图8-79的位图对象垂直、水平方向倾斜量均为20时的效果。（图8-81~图8-93均使用图8-79作为原始图像。）

柱面：可以使被处理的位图对象达到像贴在柱子上的效果，图8-81和图8-82分别为水平、垂直按50%处理的效果。

图 8-79 原图像　　　　　　　图 8-80 三维旋转　　　　　　　图 8-81 柱面（水平）

浮雕：通过勾画图像或选区的轮廓和降低周围色值来产生不同程度的凸起和凹陷效果使位图中的对象出现类似浮雕的效果，图8-83、图8-84和图8-85分别显示出在原始颜色、灰色、黑色及其他材质上做深度为10，层次为100，在45°方向雕刻的浮雕效果。

卷页：通过对页面的一个角进行处理，得到位图所在纸面被卷起的立体效果，图8-86和图8-87分别显示在页面右下角做宽度、高度均为50的垂直、透明卷页和水平、不透明卷页效果。

图 8-82 柱面（垂直）

图 8-83 浮雕（原色）

图 8-84 浮雕（灰色）

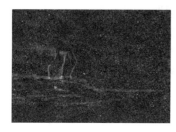

图 8-85 浮雕（黑色和其他）

图 8-86 卷页（垂直、透明）

透视：用于表现"近大远小"的透视效果，图8-88和图8-89分别显示出透视和切变的效果。

图 8-87 卷页（水平、不透明）　　　　图 8-88 透视　　　　图 8-89 透视（切变）

挤远/挤近：对位图对象进行挤压，使得位图的中心与用户的距离较原位置更远或更近，这种效果通过局部的放大或缩小得到，负值为近，正值为远，图8-90、图8-91分别显示出变化值-50和50的挤压效果。

球面：滤镜使对象产生在球面镜下观看的效果，正值放大，负值缩小，图8-92、图8-93分别显示出在优化速度的前提下-50%球面和在优化质量的前提下30%球面效果。

2．菜单命令

三维旋转：执行"位图"→"三维效果"→"三维旋转"菜单命令，设置垂直和水平旋转量。

第8章 特效应用

柱面：执行"位图"→"三维效果"→"柱面"菜单命令，设置柱面方向和百分比。

浮雕：执行"位图"→"三维效果"→"浮雕"菜单命令，设置深度、层次、雕刻方向和材质颜色。

图 8-90 挤远/挤近（近） 　　　　图 8-91 挤远/挤近（远） 　　　　图 8-92 球面（缩小）

图 8-93 球面(放大)

卷页：执行"位图"→"三维效果"→"卷页"菜单命令，设置卷角位置、方向、高度、宽度和透明度。

透视：执行"位图"→"三维效果"→"透视"菜单命令，选择透视种类。

挤远/挤近：执行"位图"→"三维效果"→"挤远/挤近"菜单命令，设置挤压比率。

球面：执行"位图"→"三维效果"→"球面"菜单命令，设置球面比率和优化考虑量。

8.6.2 艺术笔触

"艺术笔触"系列滤镜用于表现手工绘画效果，可以将位图对象表现为使用炭笔、蜡笔、钢笔、水彩、水粉等不同绘画工具，波纹纸、木板等表现介质，以及立体派、印象派等不同艺术流派的绘画效果。

通过对图8-94的不同处理，可以得到如图8-95~图8-79所示的效果。其中，图8-95是大小为5的炭笔画；图8-96是压力为50、底纹为5的单色蜡笔画；图8-97是大小为12、轮廓为25的蜡笔画；图8-98是大小为10、亮度为25的立体派风格；图8-99是笔触为33、着色为5，亮度为50的印象派风格；图8-100是刀片尺寸为15、柔软边缘为2的调色刀作品；图8-101是笔触大小为5、色度变化为30的柔性彩色蜡笔画；图8-102是笔触大小为5、色度变化为3的油性彩色蜡笔画。

通过对图8-103的不同处理，可以得到如图8-104~图8-114所示的效果。其中，图8-104和图8-105分别是采用点画和交叉阴影方式绘制的密度为75、墨水为50的钢笔画；图8-106是大小为5、亮度为50的点彩派风格；图8-107和图8-108分别是多色和白色背景的密度为

25、大小为5的木版画；图8-109和图8-110分别是碳色和颜色的样式为25，笔芯为75，轮廓为25的素描；图8-111是画刷大小为1，粒状为50，水量为50，出血为35，亮度为25的水彩画；图8-112是默认状态下大小为1，颜色变化为25的水印画；图8-113和图8-114分别是颜色和黑白的笔刷压力为10的波纹纸画。

图 8-94 原图像

图 8-95 炭笔画

图 8-96 单色蜡笔画

图 8-97 蜡笔画

图 8-98 立体派风格

图 8-99 印象派风格

图 8-100 调色刀作品

图 8-101 彩色蜡笔画（柔性）

图 8-102 彩色蜡笔画（油性）

第 8 章　特效应用

图 8-103　原图像

图 8-104　钢笔画（点画）

图 8-105　钢笔画（交叉阴影）

图 8-106　点彩派

图 8-107　木版画（多色背景）

图 8-108　木版画（白色背景）

图 8-109　素描（碳色）

图 8-110　素描（颜色）

图 8-111　水彩画

图 8-112 水印画　　　　图 8-113 波纹纸画（颜色）　　　图 8-114 波纹纸画（黑白）

菜单命令：

炭笔画：执行"位图"→"艺术笔触"→"炭笔画"菜单命令，设置大小。

单色蜡笔画：执行"位图"→"艺术笔触"→"单色蜡笔画"菜单命令，设置压力和底纹。

蜡笔画：执行"位图"→"艺术笔触"→"蜡笔画"菜单命令，设置大小和轮廓。

立体派：执行"位图"→"艺术笔触"→"立体派"菜单命令，设置大小和亮度。

印象派：执行"位图"→"艺术笔触"→"印象派"菜单命令，设置笔触、着色和亮度。

调色刀：执行"位图"→"艺术笔触"→"调色刀"菜单命令，设置刀片尺寸和柔软边缘。

彩色蜡笔画：执行"位图"→"艺术笔触"→"彩色蜡笔画"菜单命令，设置笔尖性质、笔触大小和色度变化。

钢笔画：执行"位图"→"艺术笔触"→"钢笔画"菜单命令，设置画法、线条密度和墨水量。

点彩派：执行"位图"→"艺术笔触"→"点彩派"菜单命令，设置大小和亮度。

木版画：执行"位图"→"艺术笔触"→"木版画"菜单命令，设置背影色、密度和大小。

素描：执行"位图"→"艺术笔触"→"素描"菜单命令，设置用笔种类、笔芯和轮廓。

水彩画：执行"位图"→"艺术笔触"→"水彩画"菜单命令，设置画刷大小、颜料粒状、水量、出血和亮度。

水印画：执行"位图"→"艺术笔触"→"水印画"菜单命令，设置大小和颜色变化。

波纹纸画：执行"位图"→"艺术笔触"→"波纹纸画"菜单命令，设置色彩和笔刷压力。

第 8 章 特效应用

8.6.3 模糊

"模糊"系列滤镜通过将原位图对象的取样点按照一定的规则参考其周围点属性进行处理，可模拟出渐变、移动或杂色效果，从而得到更清晰、模糊或柔和的位图对象。

1. 选项说明

平滑：可以减少原位图文件相邻像素的色差，从而增加质量较差的对象的细节。图8-115为原图像、图8-116为使用此滤镜按100%的比率对图8-115处理的结果。（图8-117~图8-123均使用图8-115作为原始图像处理。）

定向平滑：在"平滑"的算法基础上要入了方向性，可能是色差的方向，也可能是位置的方向，图8-94为使用此滤镜按100%的比率处理的结果。

图 8-115 原图像　　　　　　　　图 8-116 平滑　　　　　　　　图 8-117 定向平滑

模糊：通过减少相邻像素之间的颜色对比来平滑图像，它的效果轻微，能非常轻柔地柔和明显的边缘或突出的形状，根据对像素处理方式的不同，可分为锯齿状模糊、高斯式模糊、动态模糊和放射状模糊。"锯齿状模糊"在指定的宽度和高度范围内产生锯齿状波动，图8-118显示的是宽度、高度均为5时均衡的处理效果；"高斯式模糊"可以根据高斯算法中的曲线调节像素的色值控制模糊程度，造成难以辨认的、浓厚的图像模糊，对图像局部作高斯式模糊常用于突出图像的非模糊部分，改变景深，图8-119显示出半径为5.0像素时高斯式模糊的效果；"动态模糊"模仿物体运动时曝光的摄影手法，可以增加图像的运动感，图8-120显示出间隔为50像素，方向为0，在图像外围取样时忽略图像外像素的处理效果；"放射状模糊"从图像的中心向四周做模糊处理，可以使图像表现出从中心向四周渲染的感觉，图8-121显示出数量为10的放射状模糊效果。

图 8-118 锯齿状模糊　　　　　　图 8-119 高斯式模糊　　　　　　图 8-120 动态模糊

低通滤波器：用于保留图像中的低频成分而去除高频成分，图8-122是半径为5、100%比率低通滤波处理的效果。

柔和：通过抑制色差降低图片的鲜明度，获得类似于拍摄时使用了柔光镜的画面感，图8-123是100%处理的效果。

缩放：滤镜实际上也是模糊的一种，它对图像的中心影响不大，对图像的周围影响较为明显，可以简便地达到突出图像中心位置对象的作用，图8-101显示出数量为25的缩放效果。

图 8-121 放射状模糊　　　　　　图 8-122 低通滤波器　　　　　　图 8-123 柔和

2．菜单命令

平滑：执行"位图"→"模糊"→"平滑"菜单命令，设置平滑百分比。

定向平滑：执行"位图"→"模糊"→"定向平滑"菜单命令，设置平滑百分比。

锯齿状模糊：执行"位图"→"模糊"→"锯齿状模糊"菜单命令，设置宽度和高度，选择是否均衡处理。

高斯式模糊：执行"位图"→"模糊"→"高斯式模糊"菜单命令，设置半径。

动态模糊：执行"位图"→"模糊"→"动态模糊"菜单命令，设置间隔、方向，选择图像外围取样时的处理方式。

放射状模糊：执行"位图"→"模糊"→"放射状模糊"菜单命令，设置数量。

低通滤波器：执行"位图"→"模糊"→"低通滤波器"菜单命令，设置强度百分比及半径。

柔和：执行"位图"→"模糊"→"柔和"菜单命令，设置强度百分比。

缩放：执行"位图"→"模糊"→"缩放"菜单命令，设置数量。

智能模糊：执行"位图"→"模糊"→"智能模糊"菜单命令，设置数量。

8.6.4 相机

"相机"系列中的"扩散"滤镜可以模拟扩散过滤器产生的效果，取样像素的颜色将影响其周围像素，同样也会被周边像素的颜色所影响。图8-124为原图像、图8-125展示了使用"扩散"滤镜对图8-124作层次为50的处理效果（图8-126~图8-129均使用图8-124作为原始图像处理）。

菜单命令：执行"位图"→"相机"→"扩散"菜单命令，设定层次值。

图 8-124　原图像　　　　　　　　　　　　图 8-125　扩散

8.6.5　颜色转换

使用"颜色转换"系列滤镜可以创建与原位图文件表现对象相同，但颜色有很大差异的摄影幻觉效果，这些效果通过颜色的减少、增加或替换来获得。

图 8-126　位平面　　　　　　　　　　　　图 8-127　半色调

图8-126使用"位平面"滤镜，对所有位平面作红、绿、蓝均为6的处理得到，处理后的图像通过红、绿、蓝三原色的组合产生的单色色块取代图像中近似的颜色区域。图8-127使用"半色调"滤镜，在最大为3的点半径上做青、品红、黄均为90处理，所应用滤镜使用前景色在图像中产生网板图案，它可以保留图像中的灰阶层次。图8-128使用"梦幻色调"滤镜做层次为50的处理，处理后的颜色改变为明亮的、绚丽的颜色，如桔黄、鲜艳的粉红、青蓝、橙绿等，产生梦幻般的效果；图8-129使用"曝光"滤镜做层次为180的处理，这种滤镜模拟摄影中的曝光技术，改变原对象的灰度等参数。

图 8-128　梦幻色调　　　　　　　　　　　图 8-129　曝光

菜单命令。

位平面：执行"位图"→"颜色转换"→"位平面"菜单命令，设置应用范围和颜色控制量。

半色调：执行"位图"→"颜色转换"→"半色调"菜单命令，设置最大点半径和颜色控制量。

梦幻色调：执行"位图"→"颜色转换"→"梦幻色调"菜单命令，设置层次值。

曝光：执行"位图"→"颜色转换"→"曝光"菜单命令，设置层次值。

8.6.6 轮廓图

"轮廓图"系列滤镜能够通过对相邻像素色差的分板把对象的边缘突出显示出来。

1．选项说明

边缘检测：滤镜仅分析出位图中色差最大的一些像素，以内部黑色填充、白色边缘的线体现，而对其他位置的像素用设置的背景色填充，最终形成2色或3色的图像，图8-130是使用白色背景色，做灵敏度为1的边缘检测的效果。

查找边缘：对位图中色差最大的一些像素的处理方式与"边缘检测"滤镜相似，对色差较大的一些像素将以其他颜色替代。图8-131和图8-132分别是边缘类型为软和纯色、层次均为50的处理效果。

图 8-130 边缘检测　　　　图 8-131 查找边缘（软色）　　　　图 8-132 查找边缘（纯色）

描摹轮廓：这种滤镜是几种滤镜里对非高色差像素表现最真实的一种，图8-133和图8-134分别是边缘类型为下降和上升、层次均为60的处理效果。

2．菜单命令

边缘检测：执行"位图"→"轮廓图"→"边缘检测"菜单命令，设置灵敏度和背景色。

查找边缘：执行"位图"→"轮廓图"→"查找边缘"菜单命令，设置层次值，选择边缘类型。

描摹轮廓：执行"位图"→"轮廓图"→"描摹轮廓"菜单命令，设置层次值，选择边缘类型。

图 8-133 描摹轮廓（下降）　　　　　　　　图 8-134 描摹轮廓（上升）

第 8 章　特效应用

8.6.7　创造性

"创造性"滤镜可以为图像增加底纹和形状，使位图对象出现被印在某些工业产品上的效果或在特殊天气条件时的效果。

1．选项说明

工艺：可以使对象生成工艺拼图、齿轮、弹珠、糠果、瓷砖、筹码等效果。图8-135为原图像、图8-136是使用大小为10，完成率为100%，亮度为50，旋转180°的拼图板处理图8-135的效果。（图8-137~图8-146均使用图8-135作为原始图像处理。）

晶体化：将相近的有色像素集中到一个像素的多角形网络中，使图像出现大量块状体，图8-115是大小为2的晶体化效果。

 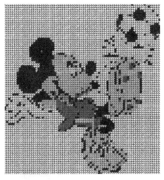 

图 8-135　原图像　　　　　　　图 8-136　工艺　　　　　　　图 8-137　晶体化

织物：可以使对象生成刺绣、地毯勾织、拼布、珠帘、丝带、拼纸等效果，图8-138、图8-139和图8-140分别是大小为25的刺绣、大小为10的珠帘、大小为5的拼纸效果，其完成率、亮度、旋转角度均为100%、50、180°。

框架：可以为位图对象加设有一定透明度的图框，CorelDRAW X8允许用户使用系统预设的框架，也支持用户对框架颜色、透明度、模糊/羽化程度、尺寸、中心位置、旋转角度的修改，图8-141添加了预设框架abstract_1.cpt，并进行蓝色，不透明度80%，模糊/羽化为5的修改；图8-142添加了预设框架abstract_3.cpt，并进行绿色，不透明度80%，模糊/羽化为5的修改。

图 8-138　织物（刺绣）　　　　图 8-139　织物（珠帘）　　　　图 8-140　织物（拼纸）

玻璃砖：可以创造图像贴在玻璃砖上的效果，图8-143是图像贴在宽度、高度均为20的玻璃砖上的效果。

图 8-141 框架（蓝色）　　　　图 8-142 框架（绿色）　　　　图 8-143 玻璃砖

儿童游戏：可以使对象生成儿童游戏中常见的图案，如圆点图案、积木图案、手指绘画和数字绘画等。图8-144是大小为5，完成率为100%，亮度为50，旋转0°的圆点图案；图8-145是详细资料为3，亮度为50的数字绘画。

马赛克：将图像分解成许多规则排列的小方块，并将一个单元内的所有像素的颜色统一产生马赛克，图8-146是大小为10，背景色为C14M10Y30K0，使用虚光的马赛克效果。

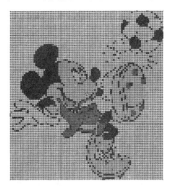  

图 8-144 儿童游戏（圆点图案）　　图 8-145 儿童游戏（数字绘画）　　图 8-146 马赛克

粒子：可以在位图对象上生成一定透明度的星星或气泡粒子。图8-147为原图像，图8-148对图8-147添加了角度为180°、粗细为20、密度为5、着色为75、透明度为0的星星，图8-149~图8-155均使用图8-147作为原始图像处理。图8-149添加了角度为180°，粗细为10，密度为1，着色为75，透明度为0的气泡。

散开：可以使位图出现渲染的效果，图8-150是水平、垂直量均为5的散开效果。

茶色玻璃：使位图出现被茶色玻璃遮罩的效果。图8-151是淡色为40%，模糊为90%，颜色为黑色的茶色玻璃遮罩效果。

彩色玻璃：使图像产生不规则的彩色玻璃格子，格子内的色彩为当前像素的颜色，图8-152是大小为5，光源强度为2，焊接宽度为1，焊接颜色为黑色，三维照明下的彩色玻璃效果。

第 8 章　特效应用

图 8-147 原图像　　　　　图 8-148 粒子（星星）　　　　图 8-149 粒子（气泡）

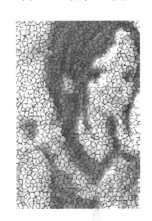

图 8-150 散开　　　　　　图 8-151 茶色玻璃　　　　　图 8-152 彩色玻璃

虚光：能够产生类似给位图加上彩色框架的朦胧的怀旧效果，图8-153是红色椭圆形，偏移量为120，褪色量为75的虚光效果。

旋涡：可以使位图对象出现旋涡的效果。图8-154是大小为1，内部方向、外部方向均为180°，样式为层次的旋涡效果。

天气：可以通过加入颗粒在位图上表现雪、雨、雾的效果。图8-155表现了浓度为50，大小为5，随机变化量为1的雪效果。

2．菜单命令

工艺：执行"位图"→"创造性"→"工艺"菜单命令，选择样式，设置大小、完成率、亮度和旋转角度。

晶体化：执行"位图"→"创造性"→"晶体化"菜单命令，设置晶体大小。

织物：执行"位图"→"创造性"→"织物"菜单命令，选择样式，设置大小、完成率、亮度和旋转角度。

框架：执行"位图"→"创造性"→"框架"菜单命令，在"选择"标签里选择框架，在"修改"标签里设置框架颜色、透明度、模糊/羽化程度、尺寸、中心位置和旋转角度。

儿童游戏：执行"位图"→"创造性"→"儿童游戏"菜单命令，选择游戏种类，并根据所选种类的不同设置大小、完成率、亮度、旋转角度、详细资料等参数。

图 8-153 虚光 　　　　　　　图 8-154 旋涡 　　　　　　图 8-155 天气

玻璃砖：执行"位图"→"创造性"→"玻璃砖"菜单命令，设置玻璃砖的尺寸。

马赛克：执行"位图"→"创造性"→"马赛克"菜单命令，设置块大小、背景色，选择是否使用虚光。

粒子：执行"位图"→"创造性"→"粒子"菜单命令，选择样式，设置粒子的角度、粗细、密度、着色和透明度。

散开：执行"位图"→"创造性"→"散开"菜单命令，设置水平、垂直量。

茶色玻璃：执行"位图"→"创造性"→"茶色玻璃"菜单命令，设置淡色、模糊比例和颜色。

彩色玻璃：执行"位图"→"创造性"→"彩色玻璃"菜单命令，设置大小、光源强度、焊接宽度、焊接颜色和照明方式。

虚光：执行"位图"→"创造性"→"虚光"菜单命令，设置颜色、形状、偏移和褪色调整量。

旋涡：执行"位图"→"创造性"→"旋涡"菜单命令，设置样式、大小及内、外部方向。

天气：执行"位图"→"创造性"→"天气"菜单命令，选择天气种类，设置浓度，大小和随机变化量。

8.6.8　扭曲

"扭曲"滤镜通过伸缩、偏移使图像表面变形，获得特殊的画面效果。

1. 选项说明

块状：将图像分解为随机分布的网点，模拟点状绘画的效果，使用背景色填充网点之间的空白区域。图8-156为原图像，图8-157显示使用宽度、高度均为5，最大偏移为50%，未定义区域为黑色的块状滤镜对图8-156处理的效果（图8-158~图8-168均使用图8-156作为原始图像处理）。

置换：用选定的图案替换位图中的某些区域，产生变形效果，图8-158和图8-159分别显示使用vibrate.pcx和rusty.pcx模板做未定义区域重复边缘、水平、垂直量均为10，平

铺缩放模式的置换效果。

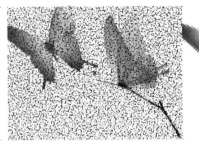

图 8-156　原图像　　　　　　　　图 8-157　块状　　　　　　　图 8-158　置换（vibrate）

　图 8-159　置换(rusty)　　　　　图 8-160　偏移(环绕)　　　　图 8-161　偏移（重复边缘）

　　偏移：将图像的中心位置移动并重新排列，当选择"未定义区域环绕"时，图像类似于按以指定中心位置为交点的水平线和垂直线被剪裁开，剪成的4个矩形部分重新排列。图8-160显示水平、垂直量均为50%的位移值作为尺度的未定义区域环绕偏移效果；当选择"未定义区域重复边缘"时，原对象被剪成的4个矩形部分只有1个被保留，其余的位置用被保留部分移动反向的两个边缘效果连续填充，图8-161显示水平、垂直量均为50%的位移值作为尺度的未定义区域重复边缘偏移效果。

　　像素：使用纯色或相近颜色的像素结块来重新绘制图像。图8-162是像素化模式为射线，对宽度、高度、不透明度分别做4、6、100的调整后的效果。

　　龟纹旋涡：均是通过对图像的不同部分进行伸缩处理达到扭曲的效果，分别模拟龟纹和旋涡的样式，图8-163是主波纹的周期为30，振幅为10，优化速度，垂直波纹的振幅为5，角度为90°的扭曲龟纹效果；图8-164是定向逆时针，优化速度，角的整体旋转为0°，附加度为90°的旋涡效果。

　　　　图 8-162　像素　　　　　　　图 8-163　龟纹　　　　　　图 8-164　旋涡

平铺：以原位图对象为最小单位，按指定尺寸在原位图位置按一定顺序反复出现。图8-165是水平、垂直平铺次数为3，重叠30%的平铺效果。

湿笔画：用于模拟使用一定含水量的颜料绘画时画纸被渲染的效果。图8-166是润湿度为45，处理百分比为100%的湿笔画效果。

涡流：使用较低频率的噪音变异来处理原位图，可以产生杂乱的效果。图8-167是间距为20，擦拭长度为9，条纹细节为60，扭曲为70的样式默认弯曲涡流效果。

| 图 8-165 平铺 | 图 8-166 湿笔画 | 图 8-167 涡流 |

风吹效果：能够模拟风吹过对象时的效果，图8-168是浓度为75，不透明度为100，角度为0°的风吹效果。

图 8-168 风吹效果

2. 菜单命令

块状：执行"位图"→"扭曲"→"块状"菜单命令，设置未定义区域颜色、块尺寸和最大偏移比例。

置换：执行"位图"→"扭曲"→"置换"菜单命令，设置缩放模式，未定义区域处理方式，水平、垂直缩放比例，选择模板。

偏移：执行"位图"→"扭曲"→"偏移"菜单命令，设置水平、垂直位移比例，选择未定义区域处理方式，是否将位移值作为尺度的百分比。

像素：执行"位图"→"扭曲"→"像素"菜单命令，设置像素化模式和宽度、高度、不透明度调整量。

龟纹：执行"位图"→"扭曲"→"龟纹"菜单命令，设置主波纹的周期和振幅，选择优化方式，是否使用垂直波纹（如使用还需设置其按振幅）、扭曲龟纹（如使用还需设置扭曲角度）。

旋涡：执行"位图"→"扭曲"→"旋涡"菜单命令，设置定向方向，优化方式，角

第8章 特效应用

的整体旋转度和附加度。

平铺：执行"位图"→"扭曲"→"平铺"菜单命令，设置水平和垂直平铺次数以及重叠比例。

湿笔画：执行"位图"→"扭曲"→"湿笔画"菜单命令，设置湿润度和处理比例。

涡流：执行"位图"→"扭曲"→"涡流"菜单命令，设置间距、擦拭长度、条纹细节、扭曲量，选择样式和是否弯曲处理。

风吹效果：执行"位图"→"扭曲"→"风吹效果"菜单命令，设置浓度、不透明度和角度。

8.6.9 杂点

"杂点"系列滤镜用来修改图像的粒度，常常用于处理扫描得到的质量不是十分理想的图像。

1. 选项说明

添加杂点：通过向图像中添加一些干扰像素使像素混合产生一种漫射的效果，增加图像的图案感，常用于掩饰图像被人工修改过的痕迹。图8-169为原图像，图8-170是向图8-169添加层次、密度均为50，颜色模式为强度，均匀类型的杂点的效果（图8-171~图8-175均使用图8-169作为原始图像处理）。

最大值：用来放大亮区色调，缩减暗区色调，图8-171是经过半径为2、100%处理后的效果。

| 图8-169 原图像 | 图8-170 添加杂点 | 图8-171 最大值 |

中值：能够减少选区像素亮度混合时产生的干扰，通过搜索亮度相似的像素，去掉与周围像素反差极大的像素，以所捕捉的像素的平均亮度来代替所选中心的平均亮度，图8-172是半径为2的中值滤镜处理后的效果。

最小：用来放大图像中的暗区，缩减亮区，图8-173所示是半径为1、100%处理后的效果。

去除龟纹：能够去除与整体图像不太协调的纹理。图8-174所示是数量为10，优化速度、缩减分辨率输出为原始的处理效果。

去除杂点：滤镜能去除与整体位图不太协调的斑点，图8-175所示是阈值为120的处理效果。

2. 使用菜单命令

添加杂点：执行"位图"→"杂点"→"添加杂点"菜单命令，选择杂点类型、颜色模式，设置层次、密度。

图 8-172 中值　　　　　　　图 8-173 最小　　　　　　　图 8-174 去除龟纹

图 8-175 去除杂点

最大值：执行"位图"→"杂点"→"最大值"菜单命令，设置处理百分比和半径。

中值：执行"位图"→"杂点"→"中值"菜单命令，设置半径。

最小：执行"位图"→"杂点"→"最小"菜单命令，设置处理百分比和半径。

去除龟纹：执行"位图"→"杂点"→"去除龟纹"菜单命令，设置数量、缩减分辨率，选择优化方式。

去除杂点：执行"位图"→"杂点"→"去除杂点"菜单命令，设置阈值，选择是否自动执行操作。

8.6.10 鲜明化

"鲜明化"系列滤镜通过化边缘细节和平滑区域使边缘更为鲜明，对象更为醒目。

1. 选项说明

适应非鲜明化：能够使模糊的图案变得清晰。图8-176为原图像，图8-177显示对图8-176作百分比为50的适应非鲜明化处理时的效果。（图8-178~图8-181均使用图8-176作为原始图像处理。）"定向柔化"滤镜的效果与"适应非鲜明化"滤镜效果相似，可以使模糊的图像在一定的方向上变得清晰，图8-178显示百分比为50时的处理效果。

高通滤波器：用于保留图像中的高频成份而去除低频成分。图8-179显示经百分比为100、半径为1的高通滤波器处理的位图效果。

鲜明化：查找位图边缘像素，并增强它与相邻或者背景像素之间的对比度，以此来突

第 8 章　特效应用

出位图边缘。图8-180显示位图经边缘层次为25%、阈值为0的鲜明化滤镜处理的效果。

图 8-176　原图像　　　　　　图 8-177　适应非鲜明化　　　　　图 8-178　定向柔化

非鲜明化遮罩：突出位图的边缘细节，使得一些模糊区域变得清晰，图8-181显示百分比为100、半径为1、阈值为10的遮罩效果。

图 8-179　高通滤波器　　　　　图 8-180　鲜明化　　　　　　图 8-181　非鲜明化遮罩

2．菜单命令

适应非鲜明化：执行"位图"→"鲜明化"→"适应非鲜明化"菜单命令，设置百分比。

定向柔化：执行"位图"→"鲜明化"→"定向柔化"菜单命令，设置百分比。

高通滤波器：执行"位图"→"鲜明化"→"高通滤波器"菜单命令，设置半径和百分比。

鲜明化：执行"位图"→"鲜明化"→"鲜明化"菜单命令，设置边缘层次及阈值。

非鲜明化遮罩：执行"位图"→"鲜明化"→"非鲜明化遮罩"菜单命令，设置百分比、半径和阈值。

8.7　实例——制作小鱼缸

01 新建一个文件，将其保存，单击工具箱中的"椭圆形工具"按钮○，绘制一个椭圆，按Ctrl+D键复制一个椭圆形并移动到上一个椭圆的上方，作为鱼缸的桌子，如图8－182所示。

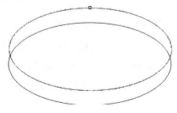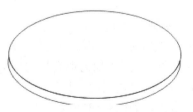

图 8-182　绘制椭圆　　　　　　　图 8-183　使用修剪工具

263

02 将桌面遮住的部分用修剪工具修剪掉。选中两个椭圆形，选择"对象"菜单栏中的"造型"→"修剪"，修剪遮住的部分。如图8-183所示。

03 单击工具箱中的"选择"按钮，选中上面的椭圆，按下快捷键F11，打开"编辑填充"对话框，选择"位图图样填充"选项卡，如图8-184所示，单击"填充挑选器"按钮，打开其下拉列表，如图8-185所示，从中找到需要的图案，单击确定按钮，退出对话框，完成椭圆的填充，同样对小月牙进行填充，如图8-186所示。

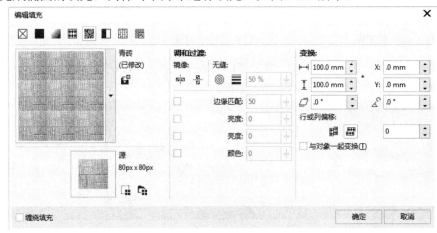

图8-184 "编辑填充"对话框

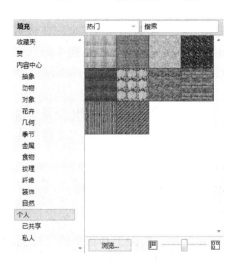

图8-185 "填充挑选器"下拉列表

04 复制一个小月牙，单击工具箱中的"选择"按钮，选中下面的小月牙，单击调色板中的"无填充"按钮⊠，设置小月牙的填充颜色为无。按下快捷键F11，打开"编辑填充"对话框，选择"均匀填充"选项卡，设置小月牙的填充颜色为C=0、、M=0、Y=0、K=50，单击工具箱中的"透明度工具"按钮▒，用鼠标在小月牙上拖动，调整参数，使它达到一种灯光的效果。如图8-187所示。

05 单击工具箱中的"选择"按钮，并按住Shift键的同时，选中两个小月牙，选

择菜单栏中的"对象"→"对齐和分布"→"在页面居中"命令，单击工具箱中的"选择"按钮 ↖，调整桌子的位置，然后用鼠标全选桌面，按下Ctrl+G键，将它们群组在一起。完成灯光效果如图8-188所示。

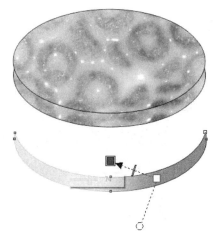

图 8-186　填加图案　　　　　　　　　　　　　图 8-187　灯光效果

06 再为桌面做阴影效果。单击工具箱中的"选择"按钮 ↖，选取绘制好的桌面，在工具箱中选择"阴影"按钮 ▢，在桌面上按下鼠标左键，向斜下方拖动鼠标，阴影效果如图 8-189所示。

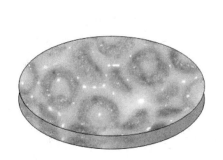

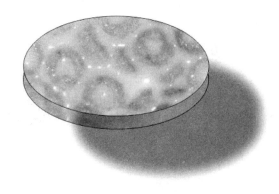

图 8-188　完成灯光效果　　　　　　　　　　图 8-189　阴影效果

07 绘制一个矩形，按下快捷键F11，打开"编辑填充"对话框，选择"渐变填充"选项卡，设置渐变类型为"线性渐变填充"，设置颜色，设置完成后单击"确定"按钮，选中绘制好的矩形再复制3个矩形。

08 选中桌腿并移动桌腿到合适的位置，选择菜单栏中的"对象"→"顺序"→"到图层后面"命令，把所有桌腿安好，如图8-190所示。

09 单击工具箱中的"阴影"按钮 ▢，选取最左边的桌腿，在桌腿上按下鼠标左键，向斜下方拖动鼠标，调整完成后的桌子效果如图12-191所示。

10 单击工具箱中的"椭圆形工具"按钮 ○，绘制一个椭圆，单击工具箱中的"矩形工具"按钮 ▢，绘制一个矩形，把矩形放在椭圆的上面，如图8-192所示。

11 选中矩形和椭圆形，选择菜单栏中的"对象"→"造形"→"修剪"命令，如

图8-193所示，然后将矩形删除。

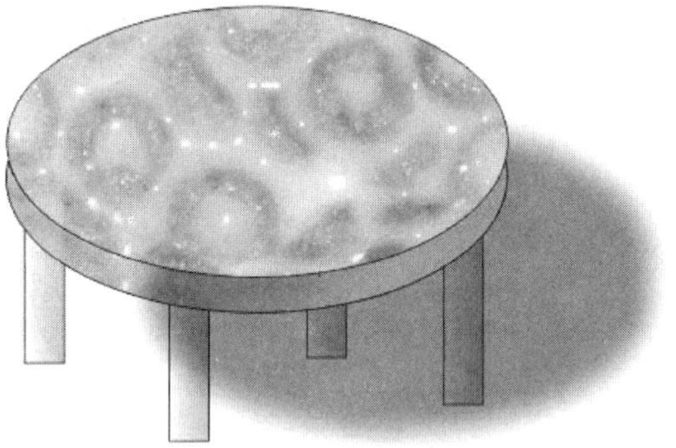

图 8-190 填加桌腿

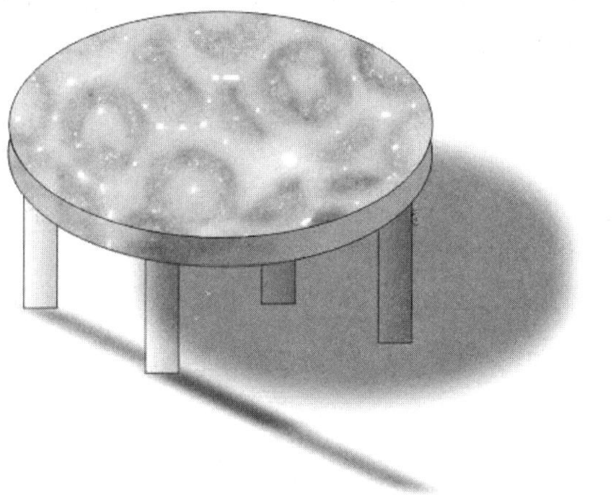

图 8-191 填加桌子阴影

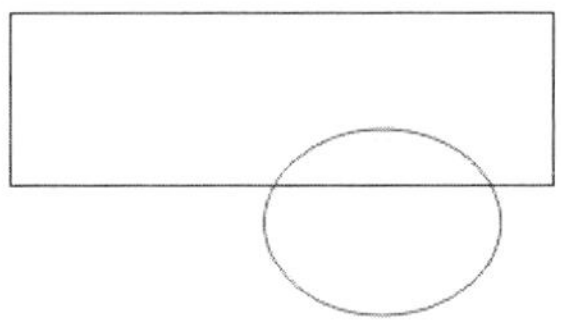

图 8-192 绘制矩形和椭圆

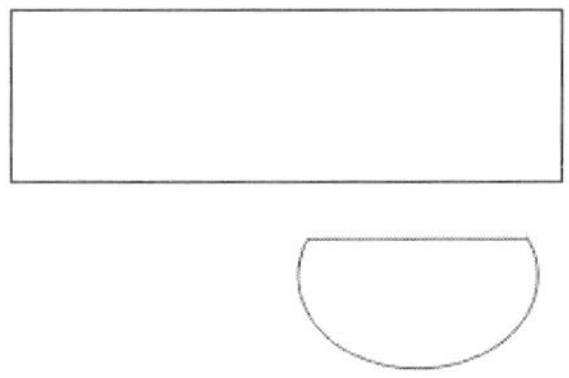

图 8-193 修剪

12 绘制两个圆形，把它们放在合适的位置，选择菜单栏中的“对象”→“造形”→“造型”命令。在弹出的泊坞窗中选择“来源对象”复选框，选择“修剪”命令，然后单击大椭圆，修剪后群组完成鱼缸的绘制，如图8-194所示。

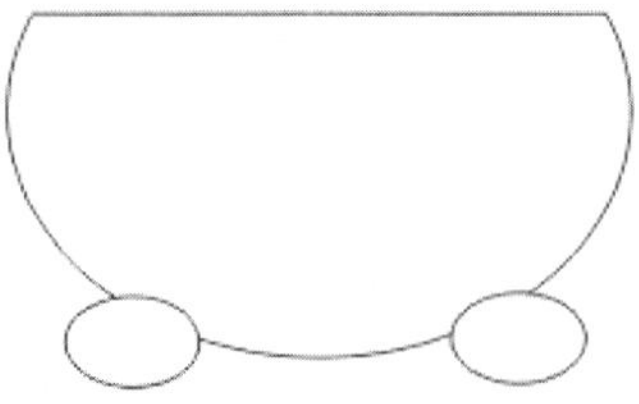

图 8-194 完成鱼缸绘制

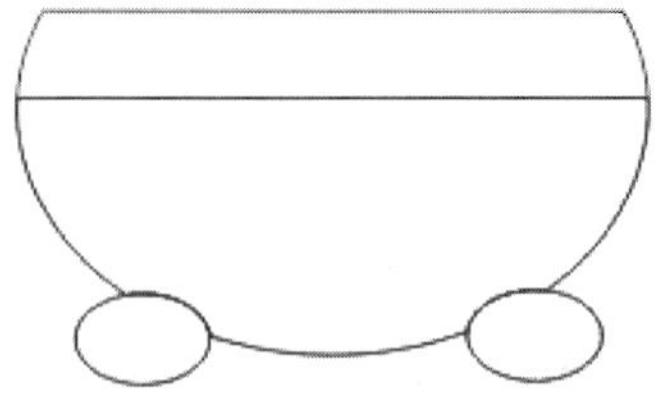

图 8-195 加水

13 单击工具箱中的“矩形”按钮□，绘制一个矩形并将它放在大椭圆上。选中矩形和修剪后的大椭圆，选择菜单栏中的“对象”→“造形”→“造型”命令，在泊坞窗中选择“目标对象”复选框，选择“修剪”命令，然后用鼠标左键单击大椭圆，带水的鱼缸如图8-195所示。

14 单击工具箱中的“选择”按钮，选中鱼缸中装水的部分，按下快捷键F11，打开“编辑填充”对话框，选择“渐变填充”选项卡，设置渐变类型为“线性渐变填充”，颜色为白色到蓝色的过渡，旋转角度为-90°，如图8-196所示。设置完成后单击“确定”

第 8 章　特效应用

按钮，结果如图8-197所示。

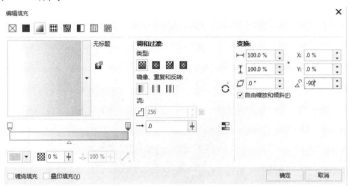

图8-196　"编辑填充"对话框

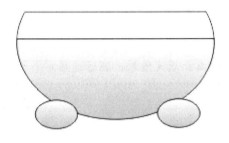

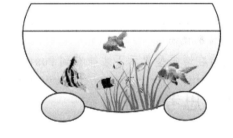

图 8-197　填充颜色

图 8-198　添加鱼

15 单击工具箱中的"艺术笔"工具✎，在其属性栏中单击"喷涂"按钮📄，然后在右侧的下拉列表中选择有绿草的笔头，在绘制好的鱼缸中添加水草，然后打开源文件/素材/第2章/鱼素材，利用复制命令将鱼粘贴到鱼缸页面中，将它们调整到适当的大小，并调整他们的位置，使它们放置在鱼缸适合的位置内，结果如图8-198所示。

16 把绘制好的鱼缸和鱼群组，并将他们放置在已经绘制好的桌子上，调整好位置，结果如图8-199所示。

17 打开源文件/素材/第8章/背景图，利用"复制"命令将背景图粘贴到浴缸页面中，然后调整背景页面顺序，完成最后的绘制，结果如图8-200所示。

图8-199　调整鱼缸位置

图 8-200 完成作品

> 特别提示
> 只有在增强型显示下才能看到 PostScript 底纹的真正填充效果，在普通显示下不能。

8.8　思考与练习

1. 在设置填充透明度时，以下正确的是（　）。

　　A．数值较低，填充的透明度就较高

　　B．数值较高，填充的透明度就较高

　　C．数值较低，填充的透明度就较低

　　D．数值较高，填充的透明度就较低

2. 阴影工具属性栏中包含着（　　）阴影方向。

A．Inside内部　　　　B．Middle中间　　　　　　C．Outside外面　　　　D．Average平均

第 9 章　打印输出

本章导读

　　打印输出是设计工作的最后一个环节，也是展示作品的必要环节，在一定程度上会影响到作品展示的效果和作品发布的成本。本章介绍打印及 PDF、Web 输出的方法，需熟练掌握。

- 📖 熟练使用打印设置功能
- 📖 练习应用打印预览功能观察作品输出效果
- 📖 掌握彩色分色方法
- 📖 了解 PDF 输出、Web 输出功能

CorelDRAW X8中文版标准实例教程

9.1 打印预览

菜单命令：执行"文件"→"打印预览"菜单命令，进入打印预览窗口，如图9-1所示，此窗口与CorelDRAW X7的基本界面风格相似，功能却有不同。窗口中包括菜单栏、标准工具栏、属性栏和工具箱，集中了所有用于打印输出、页面设置、查看页面的功能，而对编辑工具仅保持了能够移动对象的"挑选工具"和改变对象显示尺寸的"缩放工具"。

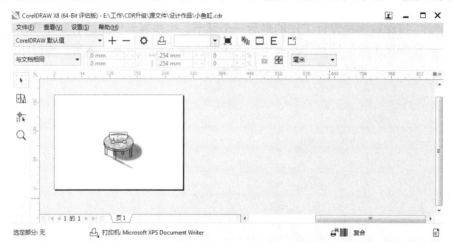

图9-1 "打印预览"界面

> ➤ **特别提示**
>
> 打印预览窗口的快捷键组合在普通界面中不一定有效。

> ➤ **操作技巧**
>
> 单击打印预览窗口右上角的 图标可以切换回普通界面，而不会关闭CorelDRAW X8。

快捷键：打印样式另存为{Ctrl+A}；打印{Ctrl+P}；现在打印该页{Ctrl+T}；关闭打印预览{Alt+C}；标尺{Ctrl+R}；显示当前平铺页{Ctrl+H}；满屏{Ctrl+U}；缩放{Ctrl+Z}；常规{Ctrl+E}；版面{Ctrl+L}；分色{Ctrl+S}；预印{Ctrl+M}；杂项选项{Ctrl+O}；印前检查{Ctrl+I}；打印首选项{Ctrl+F}；帮助主题{Ctrl+F1}。

9.1.1 菜单栏

菜单栏（见图9-2）中的命令分为"文件""查看""设置"和"帮助"4组。未出现在普通界面的命令的使用方法将在本章的其他节中分类介绍。

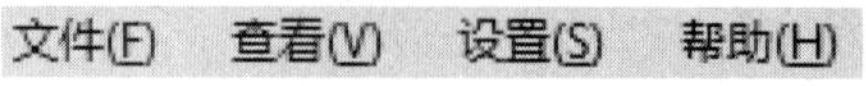

文件(F)　查看(V)　设置(S)　帮助(H)

图 9-2 菜单栏

第 9 章　打印输出

9.1.2 标准工具栏

如图9-3所示，在标准工具栏中，　＋　、－按钮用于保存和删除打印样式；✿按钮用于开启打印选项，使用方法见9.3；🖰按钮用于开始当前打印；▣按钮用于全屏显示；🗐按钮用于启用分色；▢按钮用于设置反色；E按钮用于镜像对象；🗖按钮用于关闭预览界面，返回普通界面。

图 9-3 "标准" 工具栏

9.1.3 工具箱

工具箱（见图9-4）中包括的4个按钮依次为挑选工具⠋、版面布局工具🕮、标记放置工具🛬和缩放工具🔍，其中挑选工具和缩放工具的用法与普通界面无异。

图 9-4 "工具箱" 对话框　　　　　图 9-5 使用 "挑选工具" 时的 "属性栏"

图 9-6 "页面中的图像位置" 下拉列表

当使用 "挑选工具" 时，属性栏变为如图9-5所示状态，选定对象，在左侧的 "页面中的图像位置" 下拉列表，选择对象对于页面的对齐方式，如图9-6所示。后面的编辑框用于更改对象尺寸。

当使用 "版面布局工具" 🕮时，属性栏变为如图9-7所示状态，左侧的下拉列表用于设置当前的版面布局，如图9-8所示；第二个下拉列表，用于编辑的内容设置，如图9-9所示，可编辑 "基本设置" "页面位置" 和 "页边距"；右侧的下拉列表，如图9-10所示，用于设置装订方法，包括 "无线装订" "鞍状订" "校对和剪切" "自定义装订"，选择一种装订方式后系统后自动预留装订所需的空间。。

图 9-7 使用 "版面布局工具" 时的 "属性栏"

图 9-8 "当前的版面布局"下拉列表　图 9-9 "编辑的内容"下拉列表　图 9-10 "装订模式"下拉列表

当使用"标记放置工具" ![icon] 时，属性栏变为如图9-11所示状态，此时可选择将各种设计标记打印在作品上。![icon]、![icon]、![icon]、![icon]、![icon]、![icon] 分别用于切换是否打印文件信息、页码、裁剪标记、校准标记、颜色校准栏、密度计刻度，当按钮处于激活状态时相关信息将被打印。如果想让系统自动分配这些信息在页面上的位置，单击 ![icon] 图标使其处于激活状态；否则关闭此图标，并在编辑框中设置位置。 ![icon] 图标用于开启打印选项。

图 9-11 使用"标记放置工具"时的"属性栏"

当使用"缩放工具"时![icon]，属性栏变为如图9-12所示状态，与普通界面中的缩放工具相同，不再详细介绍。

图 9-12 使用"缩放工具"时的"属性栏"

9.2　打印选项

菜单命令：执行"文件"→"打印"菜单命令，弹出如图9-13所示的"打印"对话框，单击"打印预览"按钮查看打印效果，单击"打印"按钮开始打印。如果还需要设置打印选项，在各选项卡中设置即可。

工具栏：单击 ![icon] 图标开始打印。

快捷键：{Ctrl+P}。

272

第 9 章　打印输出

图 9-13　"打印"对话框"常规"选项卡

9.2.1 常规设置

菜单命令：执行"文件"→"打印"菜单命令，单击"常规"打开"常规"选项卡，如图9-13所示，在其中选择打印机，设置打印范围和打印份数。

9.2.2 颜色

菜单命令：执行"文件"→"打印"菜单命令，单击"颜色"打开"颜色"选项卡，如图9-14所示。在该选项卡中可选择复合打印和分色打印，以便后面的设置。

图 9-14　"打印"对话框"颜色"选项卡

9.2.3 分色（复合）

菜单命令：执行"文件"→"打印"菜单命令，打开"复合"选项卡，如图9-15所示。此选项卡用于打印分色版时的设置，即将绘图中用的所有颜色按照CMYK颜色模式，分成印刷用的4种颜色：青色、洋红、黄色、黑色，以便图像在经过分色处理后，可以输出为4张CMYK分色网片。使用时单击"颜色"选项卡中的"分色打印"前的复选框，并在颜色列表中选择打印的颜色。

图 9-15 "打印"对话框"复合"选项卡

9.2.4 布局

菜单命令：执行"文件"→"打印"菜单命令，单击"布局"标签打开"布局"选项卡，如图9-16所示。在其中设置打印时的图像位置和大小（"位置"是作品相对于输出纸张的位置；"大小"是打印出的作品的大小，不会影响到作品的实际位置和大小），进行出血限制；调整版面布局。

图 9-16 "打印"对话框"布局"选项卡

当设计作品不止1页时，还可以在版面设置选项卡中设置输出时各页面的叠放方式。

9.2.5　预印设置

菜单命令：执行"文件"→"打印"菜单命令，打开"预印"选项卡，如图9-17所示。在这个选项卡中，可以对文件进行一些特殊处理，如在使用胶片作为输出介质时选择"反显""镜像"选项；选择将文件的信息、页码、裁剪、折叠、注册标记等打印在页面上、调整颜色和用墨浓度。

图 9-17　"打印"对话框"预印"选项卡

9.2.6　问题报告

菜单命令：执行"文件"→"打印"菜单命令，打开"无问题"选项卡，如图9-18所示，此选项卡标签上的标识会依实际情况有所不同，如"无问题"或"X个问题"。通过此选项卡可以查看当前状态下打印的潜在问题，如打印设备不匹配等。对于绝大多数问题，本选项卡中还会显示建议的解决方法。

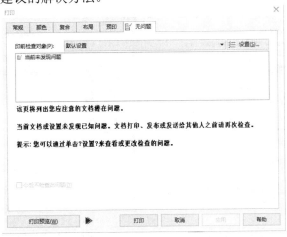

图 9-18　"打印"对话框"无问题"选项卡

9.3 彩色输出

菜单命令：执行"文件"→"收集用于输出"菜单命令，打开"收集用于输出"对话框，如图9-19所示。如果用户已准备好用于输出作业的文件（.CSP），单击复选框选择"选择一个打印配置文件（.CSPfile）来收集特定文件"；如果不能确定作品的输出方式，选择"自动收集所有与文档相关的文件（建议）"项，由系统向彩色输出中心提供配置的文件。单击"下一步"按钮出现如图9-20所示的对话框，包括PDF和CDR两种文件格式，根据需要进行选择，单击"下一步"按钮，打开如图9-21所示的对话框。

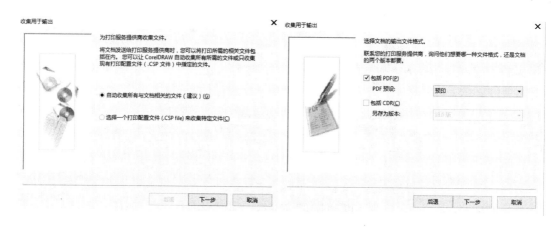

图 9-19 "收集用于输出"对话框 1   图 9-20 "收集用于输出"对话框 2

在如图9-21所示的对话框中选择"包括颜色预置文件"，单击"下一步"按钮，打开如图9-22所示的对话框，选择输出文件的位置，单击"下一步"按钮，打开如图9-23所示的对话框，单击"下一步"按钮进入最后的提示框，确认输出的文件，并单击"完成"结束操作。

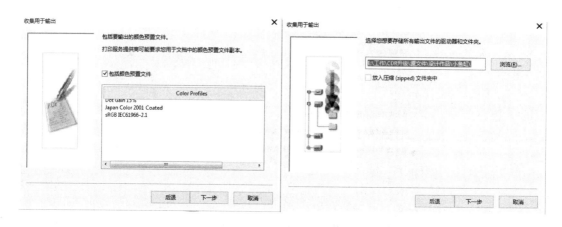

图 9-21 "收集用于输出"对话框 3   图 9-22 "收集用于输出"对话框 4

图 9-23　"收集用于输出"对话框

9.4　PDF 输出

菜单命令：执行"文件"→"发布为PDF"菜单命令，打开"发布至PDF"对话框，如图9-24所示。单击"设置"按钮，在弹出的对话框中进行对PDF文件属性的设置。

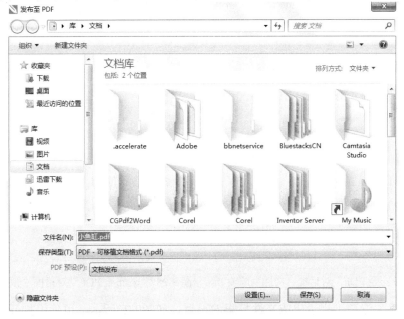

图 9-24　"发布至 PDF"对话框

打开"常规"选项卡，如图9-25所示，先选择导出为PDF文件的范围，可选择当前文档、当前页、文档、指定页或选定内容；再进行兼容性配置，即使用PDF浏览器的版本；还可以设置一些文件信息，如作者、关键字等，以便于检索和标记文档。

在"对象"选项卡中，包含与压缩和字体相关的功能，如图9-26所示，可选择压缩后图像文件的类型及质量，颜色、灰度的位图取样缩减率；设置文本和字体选项。

"文档"选项卡中的功能与书签和编码有关，如图9-27所示。可以选择是否包含超链接、是否生成书签、缩略图和启动时的显示效果，并能够在ASCII85和二进制编码之间切换。

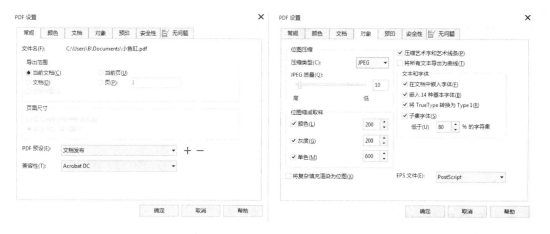

图9-25 "发布至PDF"对话框"常规"选项卡　　图9-26 "发布至PDF"对话框"对象"选项卡

"预印"选项卡则主要用于打印标记的设定，如图9-28所示，可从中选择是否在输出的文件中加入裁剪标记、注册标记、文件信息、尺度比例，并可进行出血限制。

图9-27 "发布至PDF"对话框"文档"选项卡　　图9-28 "发布至PDF"对话框"预印"选项卡

"安全性"选项卡用于生成文件权限的设置，如图9-29所示。可使用打开口令或权限口令保护文件，当使用权限口令保护文件时，又可分别设置打开、打印、编辑权限。在输入口令的时候，输入内容会以"*"显示以保护隐私，并要求输入两次以便确认。当两次输入内容不同时，需重新输入。

"颜色"选项卡如图9-30所示，用于对一些特殊属性以及颜色管理的设置。

"…问题"选项卡的用法与打印选项中的"…问题"选项卡相似，如图9-31所示，用法请参照9.3.6节。

也可从彩色输出中心输出PDF文件。

第 9 章　打印输出

图 9-29　"发布至 PDF"对话框"安全性"选项卡　　　图 9-30　"发布至 PDF"对话框"颜色"选项卡

图 9-31　"发布至 PDF"对话框"无问题"选项卡

9.5　Web 输出

9.5.1 Web 图像优化

　　Web图像优化的主要目的是将设计文件经过压缩等处理缩小文件体积，转换为适用于网络传播的格式，如.gif文件。这种优化方式往往是以降低文件质量为代价的，因此，很难在视觉效果上获得改善。

　　菜单命令：执行"文件"→"导出为"→"Web（W）"菜单命令，打开如图9-32所示的"导出到网页"对话框。CorelDRAW 可让用户导出以与 Web 兼容的文件格式：GIF、PNG 和 JPEG。在指定导出选项时，最多可以使用四种不同的配置设置来预览图像。可以比较文件格式、预设设置、下载速度、压缩、文件大小、图像质量和颜色范围。还可以通过在预览窗口中进行缩放和平移来检查预览，根据设置、高级、转换等选项来优化图像。

图 9-32 "导出到网页"对话框

9.5.2 输出为 HTML

菜单命令：执行"文件"→"导出为"→"HTML"菜单命令，打开"导出到HTML"对话框。打开"常规"选项卡，如图9-33所示，其中的功能包括：设置HTML的排版方式，设置存储输出文件的目标文件夹及网页附加的图像子文件夹名及位置，选择导出的范围是全部还是页面或当前页，设置FTP上传方法。

当需要对FTP上传进行设置时，单击"FTP设置"按钮，在弹出的如图9-34所示的"FTP上载"对话框中填写FTP的地址、登录用户名口令（或匿名登录），必要时还可选择在FTP上存储文件的位置。

图 9-33 "导出 HTML"对话框"常规"选项卡

图 9-34 "FTP 上载"对话框

"细节"选项卡（见图9-35）和"图像"选项卡（见图9-36）分别列表显示将导出的文件中所含的页面和图像，并允许更改页面的标题和文件名，图像的图像名和格式。

图 9-35　"导出 HTML"对话框"细节"选项卡　　图 9-36　"导出 HTML"对话框"图像"选项卡

　　"高级"选项卡如图9-37所示，用于设置Web上的一些特殊效果，如是否保持链接至外部链接文件，是否生成滚动的JavaScript，是否使用CSS版面样式的用户ID，是否对文本样式使用CSS文件。

　　"总结"选项卡如图9-38所示，会显示所有输出文件的体积，并以列表显示在不同传输速度下下载文件所需时间。

图 9-37　"导出 HTML"对话框"高级"选项卡　　图 9-38　"导出 HTML"对话框"总结"选项卡

　　"无问题"选项卡如图9-39所示，用法与打印选项中相似。

9.6　思考与练习

　　1．在"打印预览界面中，不能直接执行的操作是（　　）。

　　　　A．编辑对象填充属性　　　　　　B．设置页面标尺

　　　　C．满屏显示当前对象　　　　　　D．调整版面布局

　　2．"打印选项"中的"分色设置"是基于（　　）颜色模式的设置。

281

A．RGB   B．HSB   C．CMYK   D．Lab

图 9-39 "导出 HTML"对话框"无问题"选项卡

4．在使用PDF输出时，不能对（　）操作单独设置权限。

    A．打开文件   B．打印文件

    C．编辑文件   D．复制文件

5．使用"Web图像优化"操作时，可以使图像的（　）得到优化。

    A．质量   B．颜色   C．分辨率   D．体积

6．下列对话框中没有"问题"选项卡的是（　）。

    A．打印设置   B．打印选项

    C．PDF输出   D．HTML输出

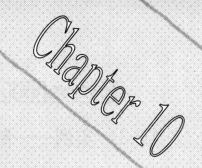

第 10 章　综合应用实例

本章导读

　　通过前面章节的学习，用户对 CorelDRAW X8 的功能有了一定的了解，通过具体事物的设计制作练习，掌握 CorelDRAW X8 在平面设计中的具体应用。

　📖　熟练使用交互式阴影工具

　📖　熟练使用渐变填充工具

　📖　熟练使用钢笔工具、贝塞尔工具等

10.1 实例——制作日历

制作如图10-1所示的日历。

图 10-1　日历效果图

01 启动CorelDRAW X8。

02 选择菜单栏中的"文件"→"新建"命令，创建CorelDRAW文件，然后将其保存。

03 单击工具箱中的"矩形工具"按钮□，在页面中绘制一个矩形，作为所做日历的背景图，如图10-2所示。

图10-2　绘制矩形

04 选中该矩形，按下快捷键F11，打开"编辑填充"对话框，选择"渐变填充"选

第 10 章 综合应用实例

项卡，设置渐变类型为"线性渐变填充"，旋转角度为-90，颜色从浅蓝色到白色，如图10-3所示。设置完成后，单击"确定"按钮，所绘的矩形将显示填充效果。

图 10-3 渐变填充方式

05 制作图画。单击工具箱中的"椭圆形工具"按钮 ◯，在该页面上绘制一个椭圆，如图10-4所示。

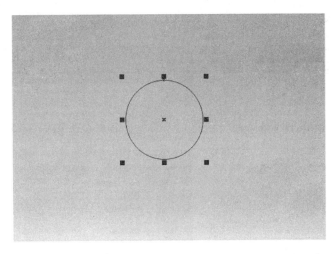

图 10-4 绘制椭圆

06 利用上述同样的方法，再绘制一个小椭圆，如图10-5所示。单击工具箱中的"手绘工具"按钮 ⊾，弹出隐藏的工具子菜单，单击"钢笔工具"按钮 ⚲ 或"贝塞尔工具"按钮 ⚲，在小椭圆形上绘制图形，如图10-6所示。

07 利用上述同样的方法，再绘制一个小椭圆的光圈，如图10-7所示。单击右边调色板上的蓝色，完成一个蓝色椭圆形的颜色填充，如图10-8所示。

08 单击右边调色板上的黄色，完成一个黄色小椭圆形的颜色填充，如图10-9所示。选择此黄色椭圆形并单击鼠标右键，如图10-10所示，选择"顺序"→"向后一层"命令。

09 利用上述同样的方法填充白颜色的椭圆形，并在机器猫的脸上绘制一个椭圆形眼睛，如图10-11所示。

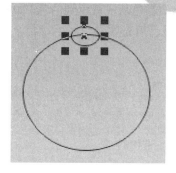

图 10-5　绘制小椭圆

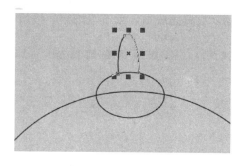

图 10-6　使用钢笔工具

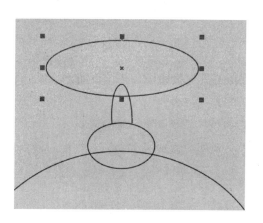

图 10-7　绘制光圈

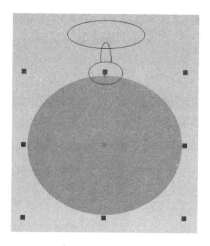

图 10-8　填充蓝色

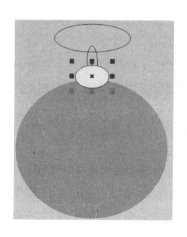

图 10-9　填充黄色

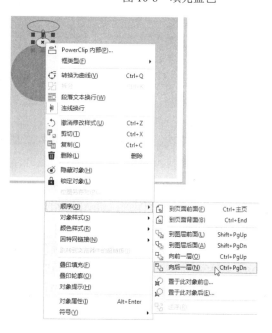

图 10-10　选择向后一层

10 选择绘制好的眼睛，按Ctrl+D键，复制另一侧的眼睛。

11 单击右边调色板上的白色，完成一个白色小椭圆形的眼睛的颜色填充，并在眼睛上绘制两个黑色的小椭圆形，完成眼睛的绘制，如图10-12所示。

12 结合"贝塞尔工具"和"钢笔"工具绘制机器猫的小脸，然后进行调整，如图10-13所示，将机器猫的脸填充为白色，并调整脸的顺序。使用相同的方法绘制机器猫的嘴，然后将其填充颜色，结果如图10-14所示。

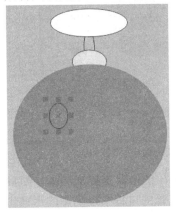  

图 10-11　绘制椭圆形眼睛　　　图 10-12　完成眼睛的绘制　　　图 10-13　绘制机器猫的小脸

图 10-14　填充嘴的颜色

13 使用上述同样的方法绘制机器猫的胡须和鼻子。单击工具箱中的"手绘工具"按钮，弹出隐藏的工具子菜单，单击"贝塞尔工具"按钮，绘制机器猫的身体。调整形状，填充蓝色，并使用轮廓笔设置填充图形的轮廓色为蓝色，选择此蓝色机器猫身体后并单击鼠标右键，选择"顺序"→"向后一层"命令，使机器猫的脸放在身体上，如图10-15所示。

14 利用上述同样的方法，绘制机器猫的脚，然后填充为白色，并放置在机器猫身体的下面。

15 单击工具箱中的"阴影"按钮，设置阴影羽化值为6，使用鼠标拖动图形，在拖动鼠标的过程中以阴影的形式出现下拉阴影的位置，松开鼠标左键，如图10-16所示。

16 选中绘制好的脚之后按"Ctrl+D"键，复制另一侧的脚。使用椭圆工具绘制机器猫的肚子，填充为白色，然后调整肚子的顺序，效果如图10-17所示。

图 10-15　绘制机器猫的身体

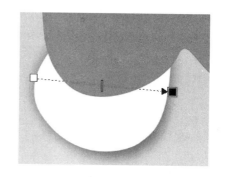

图 10-16　下拉阴影

17 利用上述同样的方法，绘制完成机器猫的细节部分，使机器猫更加逼真，然后单击工具箱中的"阴影"按钮🔲，使用鼠标拖动图形，在拖动鼠标的过程中以阴影的形式出现下拉阴影的位置，松开鼠标左键。效果如图10-18所示，完成机器猫的绘制。

18 单击工具箱中的"文本工具"按钮**字**，在视图上输入文字，选中输入的文本，并在属性栏中设置字体为华文新魏，设置字体大小为35。然后调整文本的最佳位置，如图10-19所示。

图 10-17　绘制机器猫的双脚

图 10-18　完成机器猫的绘制

19 利用上述同样的方法，选择"阴影工具"命令，使用鼠标拖动图形，在拖动鼠标的过程中以阴影的形式出现下拉阴影的位置，向右上方拖动鼠标后松开鼠标左键，效果如图 10-20所示。

20 单击工具箱中的"文本工具"按钮**字**，在视图上创建从星期日到星期一的文字，选中文本星期日到星期一的文字，然后选择菜单栏中的"对象"→"对齐和分布"→"对齐与分布"命令，打开"对齐与分布"对话框，在"对齐"选项卡中设置文字的对齐方式，单击"确定"

按钮。使用同样的方法输入对应的数字日期，然后调整日历中文本框的位置，最后效果如图10-21所示。

图 10-19　输入文字

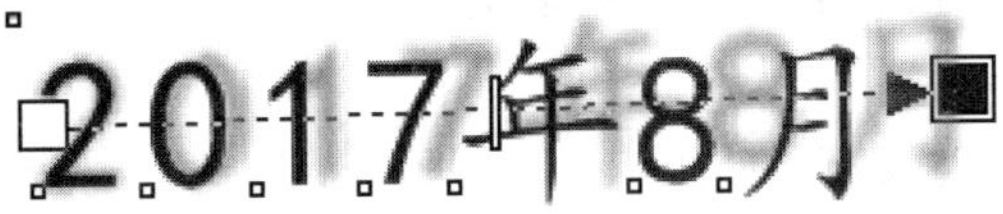

图 10-20　下拉阴影

图 10-21　输入文字

21 使用工具箱中的椭圆工具绘制椭圆形，然后选中椭圆形和背景图形，执行菜单命令 "对象" → "造型" → "相交" 命令，效果如图 10-22 所示。选择半圆形并对其进行复制，如图 10-23 所示。然后将四个半圆形组合，将组合好的半圆形复制并填充颜色，移动到合适的位置，最终效果如图 10-24 所示。

图 10-22　绘制半圆　　　　　　　　　　　　图 10-23　复制半圆形

图 10-24　最终效果图

10.2　实例——制作日历的框架

01 启动CorelDRAW X8。

02 选择菜单栏中的 "文件"→"新建"命令，创建CorelDRAW文件，然后将其保存。

03 单击工具箱中的"多边形工具"按钮○，在属性栏中的参数输入框中输入所需的多边形边数（取值范围为3~500），将多边形的边数设置为"3"，然后按回车键，绘制一个三角形，其效果如图10-25所示。

04 选择菜单栏中的"排列"→"转换为曲线"命令，将绘制的三角形转换为可以编辑的曲线，单击工具箱中的"形状工具"按钮，分别选中三角形3条边中间的节点，拖动鼠标调整节点位置，改变三角形为透视的效果，如图 10-26所示。

图 10-25　绘制三角形　　　　　　　　　图 10-26 透视的效果

05 单击工具箱中的"形状工具"按钮，在右侧的边线上双击添加一个节点，单击工

第 10 章　综合应用实例

具箱中的"立体化工具"按钮⊕，在三角形对象上按下鼠标左键，并拖动鼠标出现立方体三维控制视窗，如图10-27所示。并且在三维视窗的中部出现三维控制线，松开鼠标后完成效果如图10-28所示。

06 单击工具箱中的"形状工具"按钮，拖动底边线中间的节点，调整日历框架的形状和位置，效果如图10-29所示。

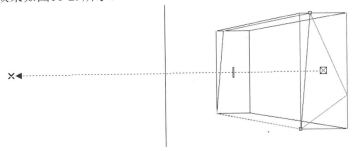

图 10-27　立方体三维控制视窗

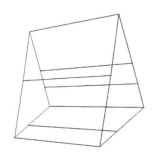

图 10-28　完成效果

图 10-29　调整节点位置

07 选择菜单栏中的"文件"→"导入"命令，在导入对话框中选择一种文件格式（默认为所有文件格式），选定绘制好的文件，单击"导入"按钮，当出现三角形光标后，单击绘图页面以位图的原始大小导入。

08 使用选择工具选择对象，双击导入的位图，图像周围出现旋转手柄和变形手柄，拖动变形手柄调整对象形状。然后单击工具箱中的"形状工具"按钮，单击绘制好的单页日历图像，图像的4个边角会出现4个节点。拖动节点裁剪图形，裁剪过程中可以添加节点、删除节点或将直线转换为曲线再进行编辑。调整位置后的效果如图 10-30所示。

09 选中三角形后单击右边调色栏，填充为蓝色，然后使用钢笔工具绘制一条线段，调整后效果如图10-31所示。

10 单击工具箱中的"椭圆形工具"按钮○，在已绘制的日历架上绘制一个椭圆，单击属性栏的饼形按钮可将椭圆转换成饼形，单击属性栏中的圆弧按钮将椭圆转换成一段圆弧，在属性栏中的角度设置中设置圆弧的起始角度和结束角度，效果如图10-32所示。

11 单击工具箱中的"椭圆形工具"按钮○，在该页面绘制一个椭圆，并填充颜色为黑色，调整大小和位置效果如图10-33所示。

12 更改圆弧的外轮廓粗细，然后将绘制好的挂环复制、粘贴并调整位置，完成最后的绘制，效果如图10-34所示。

图 10-30　调整位置

图 10-31　填充蓝颜色

图 10-32　绘制圆弧

图 10-33　调整大小和位置

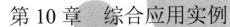

图 10-34　最终效果图

10.3　实例——制作光盘盘封

01 启动CorelDRAW X8。

02 选择菜单栏中的"文件"→"新建"命令，创建CorelDRAW文件，然后将其保存。

03 导入一张位图，并在属性栏中设置图片大小，如图10-35所示。

04 单击工具箱中的"选择工具"按钮 ，选中图片，选择菜单栏中的"位图"→"转换为位图"命令，弹出转换为位图对话框，如图10-36所示。

图 10-35　导入位图　　　　　　　　　图 10-36　"转换为位图"对话框

05 选取位图，选择菜单栏中的"位图"→"艺术笔触"→"立体派"命令，弹出"立体派"对话框，如图10-37所示，设置属性画笔大小为10、亮度为60，单击"确定"

按钮，位图变成立体派艺术效果，如图10-38所示。

图 10-37　立体派对话框

图 10-38　立体派艺术效果

06 单击工具箱中的"椭圆形工具"按钮○，按住Ctrl键同时在绘图页面上拖动鼠标左键，绘制一个正圆，并复制3个同心正圆，分别调整它们的半径大小为150mm、140mm、35mm、15mm，选中所有的椭圆形，然后选择菜单栏中的"排列"→"对齐和分布"→"在页面居中"命令，结果如图10-39所示。

07 选半径为取140mm和35mm的圆对象，然后选择菜单栏中的"排列"→"合并"命令，生成环形的剪切图形。

08 选取绘制好的位图，将其移动到视图中合适的位置，选择菜单栏中的"效果"→"图框精确剪裁"→"置于图文框内部"命令，出现黑色箭头。单击环状剪切图形，位图被精确剪切并放入环状剪切图内，如图10-40所示。

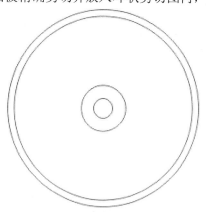

图 10-39　绘制椭圆

图 10-40　填充颜色

09 单击工具箱中的"文本工具"按钮字，输入文字。然后将文字填充颜色，并选择菜单栏中的"排列"→"转换为曲线"命令，将文字转换为曲线，结果如图10-41所示。

10 单击工具箱中的"文本工具"按钮字，在已绘制的光盘上写入光盘名，单击工具箱中的"选择工具"按钮，移动光盘名至适当位置。选择半径为15mm的正圆，用鼠标左键单击调色板，将其填充为白色；选择半径为150mm的正圆，按下快捷键F11，打开"编辑填充"对话框，选择"均匀填充"选项卡，设置如图10-42所示。全选光盘并单击鼠标右键，在弹出的快捷菜单中选择"群组"命令，或者直接按Ctrl+G组合键，结果如图10-43

第 10 章　综合应用实例

所示。

图10-41　输入文字

图 10-42　均匀填充对话框

11 复制几个已经做好的光盘，并改变它们的大小和形状，绘制出多个光盘。最后效果如图10-44所示。

图 10-43　完成一个光盘的绘制

图 10-44　最终光盘效果

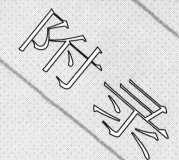

附录：实用知识

本章为读者朋友提供与CorelDRAW X8有关的实用知识。术语表和常用快捷键表可以为学习和使用CorelDRAW X8提供支持。CCP、CCE的考纲和样卷有助于检验CorelDRAW X7的学习效果。

📖 掌握 CorelDRAW X8 术语

📖 熟练使用 CorelDRAW X8 常用快捷键辅助设计

📖 了解 CCP、CCE 认证考试范围

📖 尝试完成 CCP、CCE 认证样卷

附录

附录 1 CorelDRAW X8 术语表

———————————————————**A**———————————————————

凹面：像碗的内部一样内空或内弯。

———————————————————**B**———————————————————

白点：颜色监视器上的白色的测量结果，它会影响高光和对比显示的方式。图像校正中，白点确定了在位图图像中被认为是白色的亮度值。

半径：应用于尘埃与刮痕过滤器，设置用于应用过滤器的受损区周围的像素数目。

半色调：通过从连续色调图像转换为一系列大小不同的点表示不同的色调。

饱和度：通过减去白色来体现颜色的纯度或鲜明度。饱和度为 100% 的颜色不包含白色。饱和度为 0% 的颜色是灰色调。

贝塞尔线：由节点连接而成的线段组成的直线或曲线。每个节点都有控制手柄，允许用户来修改线条的形状。

比例：以指定的百分比按比例地改变对象的水平尺寸和垂直尺寸。

闭合对象：由起始点和结束点相连的路径定义的对象。

边界框：由环绕选定对象的8个选定手柄表示的可视框。

编码：确定文本的字符集，使用户能够用相应的语言正确显示文本。

标尺：按用于确定对象大小和位置的单位标出的水平栏或垂直栏。默认情况下，标尺在应用程序窗口左侧和沿窗口顶部显示，但可以隐藏或移动。

不透明度：使透视对象很困难的对象性质。如果一个对象为100%不透明，视线就不能穿过它。低于100%的不透明级别会增加对象的透明度。

———————————————————**C**———————————————————

CGI脚本：一种外部应用程序，由HTTP服务器执行，响应在 Web 浏览器中执行的动作。

CMY：由青色 (C)、品红色 (M) 和黄色 (Y) 组成的颜色模式，用于 3 色印刷机。

CMYK：由青色 (C)、品红色 (M)、黄色 (Y) 和黑色 (K) 组成的颜色模式。CMYK 印刷可以产生真实的黑色和范围很广的色调。在 CMYK 颜色模式中，颜色值是以百分数表示的，因此一个值为 100 的墨水意味着它是以全饱和度应用的。

裁剪：剪切图像上的多余区域而不影响剩余部分的分辨率。

层叠样式表 (CSS)：HTML 的一种扩展，允许为超文本文档的各部分指定颜色、字体和大小等样式。样式信息可由多个 HTML 文件共享。

插入：把相片图像、剪贴画对象或声音文件导入和放置到绘图中。

拆分调和：单个调和，它被拆分成两个或多个组件，以创建一个复合调和。对象（调和在其中被拆分）将成为该调和的一个组件的结束对象和另一个组件的起始对象。

超链接：一种电子链接，借助它可从文档的一个位置访问此文档的另一位置或其他文档。

尺度线：显示对象大小或对象之间距离或角度的直线。

重新取样：更改位图的分辨率和尺度。固定分辨率重新取样允许图像大小改变时用增加或减少像素的方法保持图像的分辨率。变量分辨率重新取样可让像素的数目在图像大小改变时保持不变，从而产生低于或高于原图像的分辨率。

出血：扩展超出页面边缘的打印图像的部分，以确保图像在装订和修剪后适合纸张的边缘。

垂直线：与另一条线垂直相交的线。

轮廓图：通过在对象边框内部或外部添加等距的同心形状而创建的一种效果。

————————————————————D————————————————————

DeviceN：颜色空间和设备颜色模型的类型。此颜色空间包含多个组件，允许颜色由非标准的三色 (RGB) 和四色 (CMYK) 组件集合定义。

dpi（每英寸的点数）：按每英寸的点数衡量打印机分辨率的一种手段。常用的桌面激光打印机以 600 dpi 分辨率打印。图像排版机以 1270 dpi或 2540 dpi 打印。具有较高 dpi 的打印机能产生较平滑和较清晰的输出。dpi 也用于测量扫描分辨率和表示位图的分辨率。

打开的对象：由起始点和结束点没有连接在一起的路径所定义的对象。

大小：通过改变尺度之一来成比例地改变对象的水平和垂直尺度。例如，可将 1in高、2 in宽的矩形的高度改为 1.5in，达到调整大小的目的。其宽度会根据高度值自动变成 3in。这样，矩形的纵横比 1:2（高比宽）就保持不变。

代码页：DOS 或 Windows 操作系统中的表格，用于定义使用哪种 ASCII 或 ANSI 字符集显示文本。不同的字符集用于不同的语言。

单点透视：通过加长或缩短对象的一侧而创建出来的效果，可造成对象在一个方向从视图中向后退去的印象。

淡色：在相片编辑中，淡色通常指图像上的半透明色。也称为色块。 打印时，淡色指使用半色调屏幕创建的颜色的较亮色调，如专色等。

底色：出现在透明度下面的对象的颜色。根据应用到透明度的合并模式，底色与透明度颜色会有多种不同的结合方式。

底纹填充：分形生成的填充，默认情况下是用一个图像来填充对象或图像区。

递色：在可用的颜色数目有限的情况下用于模拟更多颜色的一种方法。

点：主要用于在排版时定义字型大小的测量单位。1in大约有 72 个点。

叠印：在一种颜色之上打印另一种颜色达到效果。

动画文件：一种支持移动的图像的文件。

动态辅助线：从对象中的下列贴齐点（中心、节点、象限和文本基线）处显示的临时辅助线。

段落文本：一种文本类型，允许应用格式编排选项，并直接编辑大文本块。

断字区：从断字开始的右页边距开始的距离。

对比度：图像深色区与浅色区之间的色调差异。对比度越大，深色与浅色之间的差异越大。

对象：表示在绘图中创建或放置的任何项目。对象包括线条、形状、图形和文本。

多重选择：用"挑选工具"选择多个对象，或用"形状工具"选择多个节点。

————————————————————F————————————————————

FTP（文件传输协议）：在两台计算机之间传递文件的一种方法。

翻转：交互式对象或群组对象，单击或指向它时其外观会改变。

附录

范围灵敏度：一种调色板颜色模式选项，允许给调色板转换指定一种主要颜色。

非打印字符：出现在屏幕但不打印的项目，包括标尺、辅助线、表网格线、隐藏文本以及格式编排符号（如空格、硬回车、标签和缩进）。

分辨率：一个图像文件所包含的细节的量，或者输入、输出或显示设备所能产生的细节的量。分辨率是用 dpi（每英寸的点数）或 ppi（每英寸的像素数）来衡量的。低分辨率会产生颗粒状外观；高分辨率虽然会产生较高质量的图像，但会导致文件太大。

分色：商业印刷中将合成图像中各个颜色拆分开来的过程，目的是产生若干独立的灰度图像，各对应原始图像中的一种主色。

封套：可以放置在对象周围以改变对象形状的闭合形状，由节点相连的线段组成。

浮动对象：无背景的位图。浮动对象也指相片对象或剪切的图像。

符号：可重复使用的对象或群组对象。只定义一次，然后就可以在绘图中多次引用。

符号实例：绘图中符号的一次出现。符号实例自动继承对符号所做的任何更改。

辅助线：可置于绘图窗口中任何位置以辅助对象放置的水平线、垂直线或斜线。

父颜色：一种原始颜色样式，可以保存并应用于绘图中的对象，并依此创建子颜色。

附件：扩展应用程序功能的独立模块。

复合调和：将一个调和中的起始或结束对象与另一个对象进行调和而创建的一种调和。

———————————————G———————————————

GIF：用最小磁盘空间方便地在计算机之间进行交换的一种图形文件格式。

高光、阴影和中间色调：描述位图图像的像素亮度的术语。亮度值的范围为 0（暗）～255（亮），前面1/3为阴影，中间1/3为中间色调，后面1/3为高光。可以通过调整高光、阴影或中间色调将图像中的特定区域调亮或调暗。

隔行扫描：GIF图像的显示方法，在屏幕上以较低的块状分辨率显示基于Web的图像。

工作区：对设置的配置，它指定打开应用程序时各个命令栏、命令和按钮的排列方式。

光度：透明度与应用透明度的对象之间共享的亮度级。

光滑处理：使图像的曲形边缘和倾斜边缘变得平滑的一种方法。

光栅化图像：被渲染成像素的一种图像。可通过将矢量图形文件转换为位图文件创建。

龟纹图样：通过将两个规则形状的图样叠加起来创建的辐射曲线视觉效果。用不同或相同的半色调屏幕从一个不同于原来的角度重新屏蔽图像时产生的不希望出现的效果。

过滤器：将数字信息从一种形式转换为另一种形式的一种应用程序。

———————————————H———————————————

HSB：定义色度、饱和度和亮度的颜色模型。色度决定颜色（黄色、橙色、红色等）；亮度决定感知的强度（较浅或较深的颜色）；饱和度决定颜色深度（从暗到强）。

HTML：万维网创作标准，由定义文档结构和组件的标记组成。创建网页时，这些标记用于标注文本并集成资源（如图像、声音、视频和动画）。

合并：用单一轮廓将两个对象组合成单一曲线对象。来源对象被合并到目标对象上，以创建具备目标对象的填充属性和轮廓属性的新对象。

黑白颜色模式：1 位颜色模式，将图像存储为两种纯色：黑色和白色，没有任何颜色层次。该颜色模式对于线条图和简单图形很有用。要创建黑白相片效果，可以使用灰度颜色模式。

黑点：在位图图像中被认为是黑色的亮度值。

灰度：显示使用 256 种灰色调的图像的颜色模式。每种颜色用0～255之间的一个值来定义，其中 0 代表最深的颜色（黑色），255 代表最浅的颜色（白色）。

绘图：在 CorelDRAW 中创建的一种文档。

绘图窗口：应用程序窗口中可以创建、添加和编辑对象的部分。

绘图页面：绘图窗口中被带阴影效果的矩形包围的部分。

———————————————————J———————————————————

JPEG位图：一种摄影图像格式，压缩率高，文件较小，广泛应用在因特网发布方面。

JPEG 2000位图：JPEG文件的改进版本，允许附加图像信息，可给图像区指定不同的压缩率。

加速器表：包含快捷键列表的文件。不同的表将根据执行的任务被激活。

减色模型：诸如CMYK的颜色模型，它通过减少对象反射光的波长来创建颜色。

剪贴板：用于临时存储剪切或复制信息的区域。这些信息一直保存到有新的信息剪切或复制到剪贴板上，然后被新信息替换。

剪贴画：现成的图像可以导入到 Corel 应用程序中，并可按需要进行编辑。

简单线框视图：轮廓视图，隐藏填充、立体模型、轮廓图、中间调和形状，显示为单色。

渐变：JPEG 图像中让图像以较低的块状分辨率整个显示在屏幕上的一种方法。图像的质量会随图像数据的加载而逐步提高。

渐变步长值：形成渐变填充外观的颜色阴影。填充步数越多，起始颜色到结束颜色的过渡越平滑。

渐变填充：应用到图像某区域的两种或多种颜色的平滑渐变，渐变的路径可以是线性、径向、圆锥或方形。双色渐变填充具有从一种颜色到另一种颜色的直接渐变，而自定义填充可能有多种颜色的渐变。

箭头键：以较小的增量移动或"微调"选定对象的方向键。在屏幕上或对话框中键入或编辑文本时，也可以用于定位光标。

交叉点：两条线相交的点。

交换磁盘：硬盘驱动器空间，应用程序用它来人为地增加计算机上的可用内存数量。

节点：直线段或曲线段的每个末端处的方块点。拖放节点可以改变直线或曲线的形状。

精密微调：通过按下 Shift 键和箭头键来大幅度递增移动对象。精密微调值乘以微调值即可获得对象移动的距离。

均匀填充：用于对图像应用一种纯色的填充的类型。

———————————————————K———————————————————

克隆：对象或图像区域的副本，它链接着主对象或图像区域。对主对象所做的大多数更改会自动应用到其克隆上。

刻度：指针移动的不可见记号。

控制对象：用于创建诸如封套、立体模型、阴影、轮廓图，以及用"艺术笔工具"创建的对象等效果的原始对象。对控制对象所做的更改可以控制效果外观。

附录

控制手柄：从节点开始沿"形状工具"编辑的曲线延伸的手柄，决定曲线穿过节点的角度。

库：包含在 CorelDRAW (CDR) 文件中的符号定义的集合。要在绘图之间共享库，可以将它导出为 Corel Symbol Library (CSL) 文件格式。

快速更正：在键入时自动显示缩写的全文或写错的单词的正确形式的功能。

————————————————L————————————————

Lab：一种颜色模型，包含一个照度（或亮度）组件 L和两个彩色组件"a"（绿色到红色）和"b"（蓝色到黄色）。

LZW：一种无损文件压缩技术，常用于 GIF 文件和 TIFF 文件。

来源对象：在另一对象上执行造形动作（如焊接、修剪或交叉）的对象，继承目标对象的填充和轮廓属性。

连接曲线：起始点和结束点相连的曲线。

立体化：通过从一个对象投射多条直线来创建纵深幻觉，从而应用三维透视的一种功能。

连字：由两个或多个字母结合在一起组成的字符。

链接：将在一个应用程序中创建的对象放置到通过另一个应用程序创建的文档中。链接对象与其源文件保持连接。如果要更改文件中的链接对象，必须要修改源文件。

两点透视：通过加长或缩短对象的两侧而创建的效果，造成对象按两个方向后退的感觉。

亮度：从特定像素发送或反射的光的量。在 HSB 颜色模式中，亮度是衡量一种颜色包含多少白色的一种手段。

路径：构建对象的基本组件。可以由单个直线段或曲线段或许多接起来的线段组成。

轮廓：定义对象形状的线条。

轮廓沟槽：菱形手柄，可以拖放它来更改形状的外形。

轮廓图：通过在对象边框内部或外部添加等距的同心形状而创建的一种效果。

————————————————M————————————————

锚点：在延展、缩放、镜像或倾斜对象时保持静止不动的点。锚点对应于选中对象时显示的 8 个手柄，以及标记为 X 的选择框的中心。

美术字：用"文本工具"创建的一种文本类型。

灭点：选定一个已对其添加透视点的立体模型或对象时出现的标志。灭点标志用立体模型来表示深度（平行立体化）或者立体化表面在扩展时交汇处的点（透视点立体化）。在这两种情况下，灭点都由 X 表示。

模板：信息的预定义集，可以设置页面大小、方向、标尺位置、网格和辅助线信息，也可以包括可修改的图形和文本。

目标对象：用另一对象在其上执行造形动作（如焊接、修剪或交叉）的对象。在将这些属性复制到用于执行动作的来源对象时，目标对象会保持其填充和轮廓属性。

————————————————N————————————————

内容：应用"图框精确剪裁"效果时出现在容器对象内部的对象或群组对象。

————————————————P————————————————

PANOSE字体匹配：在打开的文件中包含并未安装在计算机上的字体时，选择替代字体。可以只替代当前工作会话，也可以永远替代，以便重新打开保存的文件时新字体会自动显示。

PANTONE印刷色：基于CMYK 颜色模型的 PANTONE 印刷色系统中可用的所有颜色。

PNG（可移植网络图形）：专门在联机查看中使用的图形文件格式，可导入 24 位色图形。

PostScript填充：用 PostScript 语言设计的底纹填充的一种类型。

平铺：在大平面上重复一个小图像的技术。平铺常用于为万维网页面创建图样化背景。

平移：在绘图窗口中移动绘图页。

瓶颈：在商业印刷中，通过将后台对象扩展为前台对象而创建的一种补漏形式。

曝光：用于创建图像的灯光数量的摄影术语。

曝光不足：图像中光线不足。

曝光过度：使图像具有褪色外观的过强的光。

――――――――――――――――――Q――――――――――――――――――

启动屏幕：程序启动时出现的屏幕，监视启动过程的进度，并提供版权和注册信息。

前导：文本行之间的间隔，对可读性和外观都很重要。

前导符制表位：放置于文本对象之间的一行字符，帮助读者阅读跨空白区的行，通常用于代替制表位的停止位置，尤其是在右边排齐的文本之前，如在内容列表或目录中。

嵌入：将在一个应用程序中创建的对象放置到通过另一不同应用程序创建的文档中的过程。嵌入的对象完全包含在当前文档中；它们未链接到其源文件。

嵌套群组：行为类似于一个对象的由两个或多个群组组成的群组。

嵌套图框精确剪裁对象：为了形成复杂的图框精确剪裁对象而包含其他容器的容器。

强度：在将浅色像素与较深色的中间色调和深色像素做比较时，强度是衡量位图中浅色像素亮度的一种手段。增加强度将增加白色的鲜明度，而保持真暗色。

切线：一条直线，它与曲线或椭圆在一点上接触，但不在该点与曲线或椭圆相交。

倾斜：垂直、水平或在垂直和水平两个方向上倾斜对象。

曲线对象：带节点和控制手柄的对象，可以为任何形状，包括直线或曲线。

群组：一组对象，其表现如同一个单元。对其执行的操作会同样应用到其中的每个对象上。

――――――――――――――――――R――――――――――――――――――

RGB：一种颜色模式，其中红、绿、蓝这三种浅颜色按不同强度组合起来产生所有其他颜色。每个红、绿、蓝色频都分配 0～255 之间的一个值。监视器、扫描仪和人眼都用 RGB 模式产生颜色或检测颜色。

热点：对象的区域，可以通过单击跳转到由 URL 指定的地址。

――――――――――――――――――S――――――――――――――――――

色调：黑白之间的一种颜色的各种变化或灰色的范围。

色调范围：位图图像中的分布像素从暗（0）到亮（255），前1/3为阴影，中1/3为中间色调，后1/3为高光。理想情况下，像素应当分布于整个色调范围。可用柱状图评估。

附录

色度：可以按名称进行分类的颜色的属性。例如，蓝色、绿色和红色都是色度。

色块：照明或其他情况下相片中通常会出现的淡色。

色频通道：图像的8位灰度版本。每个通道表示图像中的一个颜色级。

色谱：可由任何设备再生成或识别的颜色范围。

色温：描述光的开尔文强度的一种方式。

色样：选择颜色时作样例的系列纯色块中的一个色块。色样也指调色板中包含的全部颜色。

色样：调色板中的纯色块。

上标：一行文本中位于其他字符基线上方的文本字符。

矢量对象：绘图中的特定对象，它是作为线条的集合而不是作为个别点或像素的图样创建的。矢量对象由决定所绘制线条的位置、长度和方向的数学描述生成。

矢量图形：由决定所绘制线条的位置、长度和方向的数学描述生成的图像。矢量图形是作为线条的集合，而不是作为个别点或像素的图样创建的。

手柄：对象被选中后出现在对象边角上的8个黑色方块。拖放单个手柄就可以缩放对象、调整对象大小或镜像对象。

手绘圈选：拖放"形状工具"并控制圈选框环绕的形状时，圈选多个对象或节点，就像绘制手绘线条一样。

书法角度：控制钢笔的方向相对于绘图画面的角度。以书法角度绘制的线条的宽度很小或者为零，但是随着线条的角度从书法角度延伸开去，它的宽度会变宽。

书签：标记因特网上的地址的指示符。

输出分辨率：输出设备（如图像排版机或激光打印机）产生的每英寸的点数 (dpi)。

双色调：双色调颜色模式下的一种图像，即用一到四种附加颜色增强的 8 位灰度图像。

水印：添加到携带图像信息的图像像素的照度组件中的少量随机杂点。这些信息不会在编辑、打印和扫描中遭到破坏。

缩放：缩小或放大绘图的视图。可以放大视图以查看细节，或缩小视图以加宽显示。

缩略图：图像或图例的微型、低分辨率版本。

—————————————————————T—————————————————————

TrueType字体：Apple 公司开发的一种字体规格。TrueType 字体是按屏幕上的外观来打印的，它的大小可以重新调整以达到任何高度。

TWAIN：通过使用成像软件制造商提供的 TWAIN 驱动程序，Corel 图形应用程序可直接从数码相机或扫描仪获得图像。

添加热点：将数据添加到对象或群组对象的过程，使它们可以对事件（如指向或单击）做出反应。例如，可以将一个 URL 指定给某个对象，从而使它成为外部 Web 站点的超链接。

填充：应用到图像的一个区域的颜色、位图、渐变或图样。

调和：通过形状和颜色的渐变使一个对象变换成另一对象而创建的一种效果。

调色板：纯色集合，可以从中选择填充和轮廓的颜色。

调色板颜色模式：一种 8 位颜色模式，显示使用多达 256 种颜色的图像。将复杂图像转换为调色板颜色模式，就可以缩小文件的大小，更精确地控制在转换过程中使用的各种颜色。

调整：修改字符、字之间的距离，以使某个文本块的左边、右边或左右两边排列均匀。

贴齐：强行让正在绘制或移动的对象与网格上的一点、一条辅助线或另一个对象自动对齐。

透明度：使得透视对象很容易的对象质量。

凸面：像球形或圆形的外部一样外弯。

图标：工具、对象、文件或者其他应用程序项的图示表示法。

图层：可以在绘图上放置对象的透明平面。

图框精确剪裁对象：通过将对象（内容对象）放置在其他对象（容器对象）里来创建的一种对象。如果内容对象比容器对象大，内容对象将被自动裁剪。

图框精确剪裁效果：排列对象的一种方法，这种方法允许将一个对象包含在另一个对象里。

图像分辨率：位图中每英寸的像素数，用 ppi（每英寸的像素数）或 dpi（每英寸的点数）计量。低分辨率可能导致位图呈颗粒状，高分辨率可以产生更平滑的图像。

图像排版机：一种高分辨率设备，可创建用在印刷机制版中的胶片或基于胶片的纸张输出。

图像映射：HTML 文档中的一种图形，包含链接到万维网上各个位置、其他 HTML 文档或图形的可单击区域。

图样填充：由一系列重复的矢量对象或图像组成的一种填充。

————————————————————U————————————————————

Unicode：一种字符编码标准，使用 16 位代码集和 65000 多个字符为世界上的所有书面语言定义字符集。

URL（统一资源定位器）：一个唯一的地址，定义网页在因特网上的位置。

————————————————————W————————————————————

Windows 图像获取（WIA）：从外围设备（如扫描仪和数码相机）加载图像的标准界面和驱动程序（由 Microsoft 创建）。

挖空：打印术语，表示下面颜色已经移除，而只有顶部颜色可以打印的一个区域。

完美形状：预定义的形状，如基本形状、箭头、星形和标注。

网格：一系列等距离的水平点和垂直点，用于帮助绘图和排列对象。

网状填充：一种填充类型，允许将色块添加到选定对象内。

微调：递增移动对象。

位深度：二进制位的数目，定义位图中每个像素的阴影或颜色。

位图：由像素网格或点网格组成的图像。

文本基线：假想的水平线，文本字符看上去好像放置在其上。

文本框：一系列虚线组成的矩形框，显示在用"文本工具"创建的段落文本块周围。

文本样式：控制文本外观的一组属性，有美术字样式和段落文本样式两种。

文档导航器：应用程序窗口左下部的区域，包含用于在页面之间移动和添加页面的控件。还显示绘图中活动页面的页码和总页数。

附录

无损压缩:文件压缩的一种,可以保持压缩和解压缩后图像的质量。

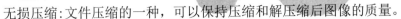

————————————————————X————————————————————

细微调:以小幅度递增移动对象。

下标:一行文本中位于其他字符基线下方的文本字符。

线段:曲线对象中两个节点之间的直线或曲线。

线框视图:绘图的轮廓视图,隐藏填充,显示立体模型、轮廓线和中间调和形状。为单色。

像素:作为位图的最小组成部分的彩色点。

斜接限制:决定以锐角相交的两条线何时从点化(斜接)接合点向方格化(斜角修饰)接合点切换的值。

形状识别:识别手工绘制的形状并将其转换为完美形式的功能,必须使用"智能绘图工具"。

虚显:使用无意义的文字或一系列直线表示文本的一种方法。

旋转:使对象绕旋转中心转动,从而重新定位和定向。

旋转中心:对象围绕其旋转的点。

选取:通过沿对角线拖放"挑选工具"或"形状工具",用点线框包围选取框里的对象来选择对象或节点。

选择框:带有8个可见手柄的不可见的矩形,环绕在用"挑选工具"选择的对象周围。

渲染:从三维模型捕获二维图像。

————————————————————Y————————————————————

颜色补漏:打印术语,用于描述重叠颜色以补偿未对齐分色的方法(重合失调)。此方法可避免在白色页面上邻近颜色之间出现白色长条。

颜色空间:在电子颜色管理中,颜色模型的设备虚拟表示法或色谱。设备颜色空间的边框和轮廓图都由颜色管理软件进行映射。

颜色模式:定义组成图像的颜色的数量和类别的系统。黑白、灰度、RGB、CMYK 和调色板颜色就是几种不同的颜色模式。

颜色模型:一种简单的颜色图表,定义颜色模式中显示的颜色范围。主要有RGB(红色、绿色和蓝色),CMY(青色、品红色和黄色),CMYK(青色、品红色、黄色和黑色),HSB(色度、饱和度和亮度),HLS(色度、光度和饱和度)以及 CIE L*a*b (Lab)等。

颜色预置文件:对设备的颜色处理能力和特性的描述。

颜色值:一组数值,用于定义颜色模式中的颜色。

样式:控制特定类型对象外观的属性集,分图形、文本(美术和段落)及颜色样式三种。

阴影:使对象具有真实外观的一种三维阴影效果。

音标附加符号:书写字符的上方、下方或贯穿书写字符的重音符。

印刷色:商业印刷中的各种颜色,它们都是由青色、品红色、黄色和黑色通过调和而成的。这些颜色与专色不同,专色是单独印刷的纯油墨色(每个专色需要一块印刷板)。

有损压缩:文件压缩的一种,会导致图像质量的明显下降。

羽化:沿阴影边缘的清晰度级。

阈值:位图色调变化的容限级。

元数据:有关对象的信息。元数据的例子包括指定给对象的名称、注释以及费用等。

原点:绘图窗口里标尺相交处的点。

——————————————————————Z——————————————————————

ZIP:一种无损文件压缩技术,它使文件变得更小,处理速度更快。

杂点:位图编辑中处在位图表面上的随机像素,类似于电视机屏幕上的静电干扰。

展开:在商业印刷中,通过将前台对象扩展为后台对象而创建的一种补漏形式。

中点:贝塞尔曲线上的一点,它将贝塞尔曲线分成等长的两部分。

主对象:已被克隆的对象。对主对象进行的大多数改动将自动应用到克隆上。

主图层:主页面上的一个图层,其对象出现在多页绘图的每个页面上。

主页面:控制主网格设置、主辅助线设置,以及主桌面图层和一个初始活动图层设置的页面。

柱状图:由水平条状图组成,绘制了位图图像中的像素亮度值,值的范围为 0(暗)～255(亮)。柱状图的左部表示图像的阴影,中部表示中间色调,右部表示高光。尖图的高度代表每个亮度级别的像素数量。

抓取区:可以拖放的命令栏区域。拖放抓取区可以移动命令栏,而拖放命令栏上任何其他区域都无效。抓取区的位置取决于所使用的操作系统、命令栏的方向和命令栏是否可停放。具有抓取区的命令栏包括工具栏、工具箱和属性栏。

专色:在商业印刷中单独打印的一种纯油墨色,每种专色需要一个印刷板。

装订线:文本中各栏之间的空间,也称为通道。印刷中指由两个对开页的内侧边距之间形成的空白区。

桌面:绘图中的一个区域,可以在此试验和创建对象,以供将来使用。此区域位于绘图页面边框的外面。决定使用这些对象时,可以把它们从桌面区域拖至绘图页面。

子路径:作为一个对象组成部分的路径。

子颜色:作为另外的颜色样式的阴影而创建的一种颜色样式。对大多数可用的颜色模型和调色板而言,子颜色与父颜色共享相同的色度,但是具有不同的饱和度和亮度级。 另请参阅父颜色。

字符:字母、数、标点符号或其他符号。

字距调整:字符之间的间距,以及对该间距的调整。通常,字距调整用于将两个字符拉得比通常情况下更近,例如 WA、AW、TA 或 VA。字距调整提高了可读性,使字母显得更加平衡且更符合比例,尤其是在字体较大的情况下。

字体:一种字样(如 Times New Roman)具有单一样式(如斜体)、粗细(如粗体)和大小(如 10 磅)的字符集。

组合对象:通过组合两个或多个对象然后再转换成单一曲线对象而创建的一种对象。组合对象具备最后选定对象的填充和轮廓属性。偶数个对象重叠的部分不进行填充。奇数个对象重叠的部分则予以填充。原始对象的轮廓仍然可见。

纵横比:图像的宽度与高度之比(数学表达式为 $x:y$)。

附录 2 CorelDRAW X8 常用快捷键

命令	快捷键	命令	快捷键
新建文件	Ctrl+N	打开"文字格式"对话框	Ctrl+T
打开文件	Ctrl+O	编辑文字	Ctrl+Shift+T
保存文件	Ctrl+S	文字对齐基准线	Alt+F12
导入图像	Ctrl+I	打开"选项"对话框	Ctrl+J
导出图像	Ctrl+E	打开"检视管理员"码头工	Ctrl+F2
打印文件	Ctrl+P	打开"图形与文字样式"码头工	Ctrl+F5
复原操作	Ctrl+Z	打开"符号与特殊字符"码头工	Ctrl+F11
重做操作	Ctrl+Shift+Z	更新窗口	Ctrl+W
重复操作	Ctrl+R	激活对话框中的输入框	Alt+R
剪切文件	Ctrl+X	左对齐对象	L
复制文件	Ctrl+C	右对齐对象	R
粘贴文件	Ctrl+V	向上对齐对象	T
再制文件	Ctrl+D	向下对齐对象	B
复制属性自	Ctrl+Shift+A	对象居中对齐	C
贴齐格点	Ctrl+Y	选择全部对象	Ctrl+A
群组对象	Ctrl+G	将对象放到最前面	Shift+PgUp
解散群组	Ctrl+U	将对象放到最后面	Shift+PgDn
组合对象	Ctrl+L	上移一层	Ctrl+PgUp
打散对象	Ctrl+K	下移一层	Ctrl+PgDn
转换成曲线	Ctrl+Q	拼写检查	Ctrl+F12
转换外框成物件	Ctrl+Shift+Q	打开"Visual Basic编辑器"	Alt+F11
打开"透镜"码头工	Alt+F3		

附录 3 CorelDRAW 设计师(CCP)认证考纲

本考纲按CorelDRAW工作页面分类，仅针对考试内容，并非只考核以下内容。准备CCE认证考试应全面学习CorelDRAW相关知识。

Corel公司:	Corel公司背景；Corel公司主要产品；CorelDRAW擅长的作品；CorelDRAW中文版。
正版软件知识:	正版软件序列号；正版软件版本信息。
软件安装知识:	完全安装；安装需要的最少硬盘空间；支持CorelDRAW的操作系统。
套装软件知识简介:	R. A. V. E；CorelTrace；Painter；KPT。
DRAW基础知识:	开始界面；CorelDRAW的文本格式及不能接受的文本格式；CorelDRAW的图像类型。
工具箱知识:	双击"选择"工具；橡皮工具；刻刀工具；度量工具及其种类；延长曲线使闭合；交互式工具；交互式轮廓图的特性；交互式封套工具；交互式变形工具；交互式阴影工具；交互式网格工具；交互式调和工具；新增的交互式工具；填充属性的种类；贝塞尔工具；矩形工具及双击得到的结果；曲线结点的模式；网格工具；立体化功能的作用对象；立体化阴影；渐变填充的类型；轮廓工具；平滑式节点；文本工具标志。
工作区知识:	标题栏的内容；级联菜单；下拉式菜单；对选定对象进行轮廓填充；集锦簿；同比例放大；放大镜工具；创建美术文本；创建水平/垂直尺度线；尺度线上的文字样式；绘制基本图形；单击物体时，物体周围的控制块；挑选工具；调色板填色；渐变工具；自动尺度工具；将拆分后的文字修正；段落文本转换成美术文本；对象导航器的作用；填充工具的参考线上的色块删除的方法；微调的刻度。
文件:	将.CDR文件输出为.PDF格式；导出工作区
编辑:	创建副本；再制；还原命令；复制与克隆；插入条形码；复制与剪切。
视图:	观看隐藏的对象；全屏显示；常用显示模式；
显示模式相关知识:	显示PostScript填充的模式、对颜色过渡显示得柔和、图像清晰的显示模式、只显示对象的轮廓线框的模式。
版面:	切换页面版面格式。
排列:	排序命令的内容；对象精确定位；群组对象执行渐变填充；排列和分布；改变层叠顺序；群组对象的选择；文本对象的对齐方式；多个物体的对齐。
效果:	对美术字增加封套；对段落文本增加封套；封套功能的作用对象；交互式封套的封套编辑模式；调和卷帘窗的快捷键；焊接命令；多个对象的结合；修剪命令；合并及拆分；推拉变形；

负片的制作方法；自由变换工具。

位图：	位图的最小组成单位；转换为位图；对位图进行操作的工具；位图色彩遮罩；颜色模式；颜色变换滤镜。
文本：	字体及其调整；格式化文本命令；切换中英文输入/切换不同输入法；文本编辑的效果；段落文本和美术文本之间的转换；为段落文本添加项目符号；首字下沉；行距与字距；文本适合路径；文本嵌入框架。
表格：	创建新表格；将文本转换为表格；将文本转换为表格；插入单元格；合并拆分单元格；分布删除行列。
工具：	色彩管理器；色彩样式。
窗口：	什么情况下可以使用刷新窗口。
混合知识：	对克隆和再制后的对象进行封套；将做过交互式轮廓图的物体与轮廓对象独立分开。

附录4 CorelDRAW 设计专家(CCE)认证考纲

本考纲按CorelDRAW工作页面分类，仅针对考试内容，并非只考核以下内容。准备CCE认证考试应全面学习CorelDRAW相关知识。

Corel公司：	Corel公司背景；Corel公司主要产品；CorelDRAW擅长的作品；CorelDRAW中文版。
正版软件知识：	正版软件序列号；正版软件版本信息。
软件安装知识：	安装步骤及主要选项；完全安装；安装需要的硬盘空间；支持CorelDRAW的操作系统；CorelDRAW安装。
套装软件知识简介：	R.A.V.E；CorelTrace；KPT；Wordperfect。
工作区：	页面操作；标题栏；级联菜单；下拉式菜单；删除页面辅助线的方法；度量工具的标准；网格、标尺和辅助线；对象导航器及其作用；填充工具的相关知识及作用对象；调整页面宽/高度默认刻度；集锦簿；同比例调整对象大小；创建美术文本；控制方块。
工具栏：	选取文本框的方法；交互式轮廓图；立体化功能的作用对象；弧形；贝塞尔及其来源；矩形工具及双击矩形工具；刻刀工具；放大镜工具；交互式轮廓工具；交互式立体化工具；交互式调和工具；交互式网格工具；交互式工具的种类；双击"挑选"工具；选定对象的轮廓填充；绘制尺度线；绘制基本图形；交互式阴影的羽化边缘；轮廓线；节点编辑及其卷帘窗的快捷键；立体化功能的作用对象；双击选择工具；刻刀工具；交互式封套的封套编辑模式；曲线结点的模式；再编辑喷雾器中生成的图形的步骤；网格工具可产生的最大网格数；选定物体；双击挑选工具可以选择的对象；填充颜色；尺寸标注；延长曲线使闭合；刻刀工具。

| 文件： | 文件格式；开始界面/打印输出；备份文件的后缀；导入的位图类型；将.CDR文件输出为.PDF格式；打样与印刷的成品；页面背景色在打印和输出。 |

文件：　文件格式；开始界面/打印输出；备份文件的后缀；导入的位图类型；将.CDR文件输出为.PDF格式；打样与印刷的成品；页面背景色在打印和输出。

编辑：　再制与克隆；复制与剪切；创建对象副本的方法/条形码；还原命令。

视图：　查看模式；柔和、图像清晰的显示模式。

版面：　设置页面尺寸；改变页面方向。

排列：　选定群组对象中隐藏的对象；二个不相邻的图形执行焊接命令；对齐工具及方式；群组命令；切换群组中单个对象；分布命令的基准；分布和对齐命令；美术文本及其打散；排序工具；自由变换工具。

效果：　封套及封套功能的作用对象；调和工具及可使用调和的对象；合并命令的运算规则；结合工具；交互式封套的映射选项；透镜效果；对美术字增加封套；交互式封套工具的控制点；交互式变形工具的种类；交互式网格工具的色彩填充；交互式网状填充。

位图：　双击位图与PHOTO-PAINT；位图的组成单位；位图转换；图框精确裁剪；对链接的位图的输出；位图转换的颜色模型；颜色变换滤镜的种类；重取样命令。

字体：　字体调整；文字输入；符号对象；段落文本转换成美术文本；字体及字距；文本适合路径；文本嵌入框架；文本格式的种类；项目符号。

工具：　对象管理器；交互式轮廓图工具的轮廓方向；对象导航器；色彩管理器。

窗口：　刷新窗口的作用。

混合知识：　对克隆和再制后的对象进行立体化；对克隆和再制后的对象进行交互式阴影；对做了阴影的物体进行移动复制。

色彩：　色彩的设定；色值的设定；色彩模式。

实际操作：　出血；置入图片的打印输出；打样与印刷成本。

附录5 CorelDraw 设计师（CCP）考试样卷及参考答案

1. 属性栏、泊坞窗、工具栏和工具箱在屏幕上（　）随时打开、关闭、移动。

　　A. 可以　　B. 不可以　　C. 属性栏可以　　D. 工具栏可以

2. "交互式"填充展开工具栏允许使用的工具有（　）。

　　A. 交互式填充工具　　B. 填充颜色　　C. 图样填充　　D. 交互式网状填充

3. 手形工具的作用是（　）。

　　A. 放大所选对象　　B. 控制绘图在窗口显示的部分　　C. 缩小　　D. 镜像

4. 交互式透明工具可对对象进行的操作是（　）。

　　A. 应用透明度　　B. 应用阴影　　C. 应用封套　　D. 应用立体化

5. 创建模板文件的步骤是（　　）。

　　A. 选择文件/另存为　　　　B. 在文件名框中输入文件名

　　C. 保有类型列表框中选择CDT　　　D. 查找要保存的文件夹并保存

6. 在正常关闭程序时，自动备份文件将会（　　）。

　　A. 仍然存在　　　B. 将被自动清除

7. 要撤销、重做或重复某动作，应从（　　）菜单选择。

　　A. 文件　　　B. 编辑　　　C. 位图　　　D. 工具

8. 在CorelDRAW中导出文件的步骤是（　　）。

　　A. 选择文件/导出　　　　B. 选择要导出的对象

　　C. 在文件类型列表框中选择一种文件格式　　　D. 键入文件名并导出

9. 在CorelDRAW中，最基本的预览模式为（　　）。

　　A. 简单线框　　　B. 线框　　　C. 草稿　　　D. 增强

10. 绘制矩形或方形后，（　　）将边角转变为圆角。

　　A. 可以　　　B. 不可以

11. 用图纸工具绘制好的网格，（　　）取消群组。

　　A. 可以　　　B. 不可以

12. 在节点编辑中，选择多个节点的方法是（　　）。

　　A. 用鼠标点选多个节点即可　　　B. 在按住shift的同时，单击每个节点

　　C. 按住Tab键然后单击多个节点　　　D. 同一时间只能选择一个节点

13. 在节点编辑中，选择曲线上的全部节点的方法是（　　）。

　　A. 按住Shift键同时单击每个节点　　　B. 按住Tab同时单击每个节点

　　C. 单击编辑/全选/节点　　　　D. 同时按住shift+ctrl，并单击所有节点

14. （　　）可以在选定曲线对象上添加节点。

　　A. 选择形状工具在曲线上双击

　　B. 选择曲线/钢笔工具，单击曲线上任一点

　　C. 选择排列/节点工具

　　D. 选择形状工具在曲线上单击鼠标右键

15. 连接单个子路径的结束节点的方法，正确的有（　　）。

　　A. 将结束节点拖至起始节点

　　B. 使用形状工具并单击属性栏上的自动闭合曲线按钮

　　C. 用鼠标单击起始节点和结束节点

　　D. 排列/连接曲线

16. 在自定义渐变填充中如果要添加中间色，应该是（　　）。

　　A. 选择添加颜色　　　B. 在颜色条上双击鼠标

　　C. 单击调色板上的一种颜色　　　D. 根本无法添加中间色

17. 在底纹填充中，如果修改底纹中的底纹图样，应（　　）。

　　A. 根本不可以修改底纹库中的底纹图样

　　B. 可以修改，并可保存到另一个库中

　　C. 可以修改，但不能保存到同一底纹库中

D. 可以修改，但不能覆盖其中的底纹

18. 应用网状填充，可以（　　）。
 A. 指定网格列数行数　　　B. 指定网格交叉点
 C. 添加和移除节点　　　　D. 在网格每个节点上编辑和修改颜色

19. 在网状填充中，以下关于手动圈选多个节点的说法正确的是（　　）。
 A. 不可以
 B. 可以
 C. 手动圈选的区域节点将变为黑色
 D. 对圈选好的节点，选择某一颜色，这一区域将变为同一颜色

20. 在将填充复制到另一对象时，下列操作正确的是（　　）。
 A. 打开滴管展开工具栏，然后单击滴管工具
 B. 在属性栏上选择填充类型
 C. 单击要复制其填充的对象，并打开滴管展开工具栏选择颜料桶工具。
 D. 单击要应用填充的对象，滴管选择的颜色即可复制到新对象上

21. 移除对象轮廓的方法是（　　）。
 A. 选定对象后，打开轮廓工具展开栏，单击无轮廓
 B. 选定对象后，鼠标右键单击调色板上的无色
 C. 选定对象后，按住Delete键
 D. 在轮廓图工具中选择无轮廓

22. CMYK颜色模型中，CMYK分别代表的颜色是（　　）。
 A. 棕色、青色、黄色、黑色　　　B. 品红、青色、黄色、黑色
 C. 黑色、黄色、品红、青色　　　D. 青色、品红、黄色、黑色

23. 在使用调色板选择颜色时，如果单击并按住一个色样，屏幕上将显示（　　）。
 A. 该色样　　　B. 弹出式颜色拾取器　　　C. 调色板对话框

24. 下载颜色预置文件的方法是（　　）。
 A. 单击工具/颜色管理
 B. 设备图标下单击颜色配置文件列表框，选择下载预置文件
 C. 启用要下载的预置文件的复选框
 D. 下载并在另存为对话框中选择目标文件夹

25. 如何选定所有对象（　　）。
 A. 同时按住Shift和Tab键并用鼠标点选全部对象
 B. 单击编辑/全选/对象
 C. 按住Ctrl键，然后点选所有对象
 D. 双击选择工具按钮

26. 如果要将一个对象的属性复制到另一对象，正确的操作是（　　）。
 A. 选择目标对象
 B. 选择编辑/复制属性栏
 C. 启用轮廓笔/轮廓色/填充/文本属性任一复制框并确定
 D. 单击将复制属性的对象

27. 要在多页面之间移动对象，正确的操作是（　　）。

　　A．复制对象后，选择新页面并粘贴即可

　　B．对对象使用剪切合并粘贴到

　　C．拖放对象到目标页面的页码标签上，并将对象拖放到该页面上

　　D．用编辑/移动到另一页面命令

28. 对齐对象的正确操作是（　　）。

　　A．选择对象后单击属性栏上的对齐和分步按钮

　　B．选择对象后单击排列/对齐和和分步按钮

　　C．选择对象后单击编辑/对齐和分步按钮

　　D．选择对象后单击版面/对齐和分步按钮

29. 拆分组合的方法，正确的是（　　）。

　　A．选择组合对象，单击排列/拆分曲线

　　B．选择组合对象并单击属性工具栏上的拆分命令

　　C．选择组合对象，并单击版面/拆分

　　D．选择组合对象并单击效果/拆分

30. 要将对象轮廓或路径粗糙，应做的操作是（　　）。

　　A．选定对象　　B．选择形状编辑展开工具栏，再单击粗糙笔刷工具

　　C．指向要粗糙的区域　　D．拖动轮廓

31. 应用封套的正确操作为（　　）。

　　A．选择一个对象　　B．打开交互式工具展开工具栏，单击交互式封套工具

　　C．在属性栏上选择封套模式　　D．单击对象，并拖动节点为对象造型

32. 将对象转换为符号的操作，正确的是（　　）。

　　A．将现有对象拖到泊坞窗

　　B．单击鼠标右键，并选择创建符号

　　C．选择对象，并单击编辑/符号/新建符号

　　D．选择对象，并单击视图/符号

33. 关于将符号还原为对象，以下说法正确的是（　　）。

　　A．通过编辑/符号/恢复对象

　　B．符号还原为对象后，符号仍保留在库中

　　C．右击符号实例，然后单击恢复对象

　　D．符号还原为对象后，符号则从库中消失

34. 对于删除符号，以下说法正确的是（　　）。

　　A．删除的符号会从库中移除

　　B．该符号的所有实例都会从绘图中移除

　　C．该符号的所有实例仍将保留

　　D．该符号的第一个实例将被移除

35. 关于复制调和，以下说法正确的是（　　）。

　　A．无法复制调和

　　B．选择要调和的对象，单击效果选择复制效果/调和，并选择要复制属性的调和

C．复制调和时，目标对象的颜色不改变

D．复制调和时，目标对象的形状不改变

36．改变调和路径的方法是（　　）。

A．选择调和并单击路径属性按钮，单击新路径，最后单击要用于调和的路径

B．从路径分离调和

C．改变选定的手绘调和路径

37．克隆轮廓图的正确步骤是（　　）。

A．选择要勾画轮廓线的对象　　　B．单击效果/克隆效果/轮廓图自

C．单击轮廓对象　　　D．单击编辑/克隆效果/轮廓图自

38．设置轮廓对象的填充颜色的正确方法有（　　）。

A．直接在选中轮廓对象的基础上，用鼠标左键单击颜色即可

B．将某种颜色从调色板拖到末端填充手柄，来改变轮廓图中心的颜色

C．单击属性栏上的对象和颜色加速按钮，来加速填充颜色渐进

D．选择交互式轮廓图工具，并选择轮廓对象，在颜色挑选器里单击一种颜色

39．以下关于透明度说法正确的是（　　）。

A．将透明度置于对象上方时，可以冻结透明度

B．无法将透明度从一个对象复制到另一个对象

C．透明度可应用于对象的填充和轮廓

D．透明度可只应用于填充

40．指定透明度的范围，正确的方法是（　　）。

A．通过刻度调节

B．通过状态栏上的标尺调节

C．通过属性栏上的将透明度应用于列表框中的选项选择填充/轮廓/全部

D．直接设置

41．关于阴影，以下说法正确的是（　　）。

A．阴影是位图

B．阴影可以复制或克隆到选定对象

C．阴影可以移除

D．可以对阴影设置渲染分辨率

42．对标尺可以进行（　　）操作。

A．显示标尺　　　B．隐藏标尺　　　C．设置标尺原点　　　D．选择计量单位

43．删除图层的正确方法是（　　）。

A．单击工具/对象管理器　　　B．单击图层名称

C．单击展开工具栏　　　D．单击删除图层

44．CorelDRAW中有以下（　　）文本格式。

A．段落文本　　B．格式化文本　　C．美术字　　D．曲线化文本

45．段落文本可转换为（　　）。

A．美术字　　B．格式化文本　　C．曲线　　D．无法转换

46．将段落文本或美术字转换为曲线后，以下说法正确的是（　　）。

A．可添加、删除或移动单个字符的节点

B．文本转为曲线后，文本外观保持不变

C．将固定大小的文本框中的段落文本转换为曲线，会删除超出此文本框的任何文本

D．文本转换为曲线后，文本的外观保持不变，且无法再以文本方式编辑

47．首字下沉的正确操作方法是（　　）。

    A．选择段落文本　　　　B．单击文本/格式化文本

    C．单击效果标签　　　　D．从效果类型列表框中选择首字下沉

48．移除环绕样式的正确步骤是（　　）。

（1）单击窗口/泊坞窗/属性

（2）选择环绕的文本或其环绕的对象

（3）从段落文本换行列表框中选择无

（4）在对象属性泊坞窗，单击常规标签

    A．1-2-3-4　　　B．2-1-4-3　　　C．2-4-3-1　　　D．4-2-1-3

49．在CorelDRAW中的位图编辑功能，以下描述正确的是（　　）。

    A．在CorelDRAW中，矢量图形可转换为位图

    B．可将位图导入CorelDRAW中

    C．可对位图添加颜色遮罩、水印、特殊效果

    D．可更改位图图像的颜色和色调

50．导入位图的正确步骤是（　　）。

(1)单击文件/导入

(2)选择存储位图的文件夹

(3)选择文件并单击导入

(4)单击要放置位图的位置

    A．4-1-2-3　　　B．3-2-1-4　　　C．1-2-3-4　　　D．2-3-1-4

51．关于创建翻滚状态，以下说法正确的是（　　）。

    A．不能从克隆创建翻滚

    B．在选择对象基础上，单击效果/翻滚/创建翻滚即可

    C．有常规、指向、按下三种翻滚状态

    D．可以用对象翻滚

52．要为图像创建水融性标记，应选用（　　）滤镜效果。

    A．孔特蜡笔　　　B．印象派　　　C．水彩　　　D．水印

53．关于翻滚的说法正确的是（　　）。

    A．是在单击或指向它们时外观发生变化的交互式对象

    B．一般包括三种状态

    C．可以从克隆对象创建

    D．只能从浏览器中观看翻

54．（　　）不是"发布到Web"对话框中的选项。

    A．常规　　　B．高级　　　C．细节　　　D．大概

55．关于Postscript打印机，以下说法正确的是（　　）。

A．Postscript是一种将打印指令发送到Postscript设备的页面描述语言

B．要确保打印作业的正确打印，可以通过增加平滑度来降低曲线的复杂性

C．包含太多字体的打印作业可能无法正确打印，可设置Postscript选项以便系统报警

D．包含太多专色的打印作业将增加文件大小，可设置Postscript选项以便系统报警

56．设置出血限制的正确步骤是（　　）。

（1）在出血限制框中输入一个值

（2）单击版面布局标签

（3）单击文件/打印

（4）启用出血限制复选框

A．1-2-3-4　　B．4-1-2-3　　C．3-2-1-4　　D．3-2-4-1

57．在Adobe Illustrator中称为结合的命令在CorelDRAW中称为（　　）。

A．合并　　B．群组　　C．结合　　D．相交

58．CorelDRAW提供了（　　）途径来创建绘图中的副本。

A．复制，再制、粘贴　　B．复制、再制、剪贴板

C．再制、克隆、剪贴板　　D．复制、克隆

59．集锦薄是（　　）。

A．泊坞窗　　B．过滤器　　C．文档　　D．FTP

60．创建美术文本正确的方法是（　　）。

A．用文本工具在"绘图窗口"内单击开始键入

B．用文本工具在绘图区拖一个区域并开始键入

C．双击文本工具输入文字

61．用（　　）工具可以产生连续光滑的曲线。

A．手绘　　B．贝塞尔　　C．自然笔　　D．压力笔

62．CorelDRAW（　　）用来绘制工程图纸。

A．可以　　B．不可以

63．CorelDRAW可以生成的图像类型是（　　）。

A．位图　　B．矢量图　　C．位图和矢量图

64．用鼠标单击一个物体时，它的周围会出现（　　）个控制方块。

A．4　　B．6　　C．8　　D．9

65．在CorelDRAW中（　　）还原命令。

A．有　　B．没有

66．通过双击挑选工具可以选择页面中的（　　）对象。

A．全部　　B．文本　　C．辅助线　　D．曲线

67．CorelDRAW中有（　　）种文本格式。

A．1　　B．2　　C．3　　D．4

68．使用（　　）的复制方法可以使复制出的对象和原先的物体同时改变形状。

A．复制　　B．克隆

69．交互式封套工具的控制点（　　）用形状工具调节。

A．可以　　　B．不可以

70．CorelDRAW在渐变过程所选中渐变包括（　　）。

A．线性渐变　　　B．辐射渐变　　　C．锥形渐变　　　D．方形渐变

71．交互式网格工具中可以进行（　　）色的填充?

A．2---5色　　　B．2---10色

C．不能进行多色填充　　　D．没有规定，只要有结点就可以填色

72．在"复制"与"剪切"命令中，谁能保持物体在剪贴板上又同时保留在屏幕上的是（　　）。

A．两者都可以　　　B．复制命令　　　C．剪切命令

73．对两个不相邻的图形执行合并命令，结果是（　　）。

A．两个图形对齐后结合为一个图形　　　B．两个图形原位置不变结合为一个图形

C．没有反应　　　D．两个图形成为群组

74．能够看到PS填充图纹的查看模式是（　　）。

A．框架模式　　　B．正常模式　　　C．增强模式　　　D．草图模式

75．用一条穿过圆的直线对一个圆执行修剪命令结果是（　　）。

A．没有什么反应　　　B．圆被割成两半

C．圆被割成两个部分但还是一个对象　　　D．直线嵌进图中成为一个对象

76．可以使用Interactive Mesh Fill Tool的对象有（　　）。

A．填单色对象　　　B．无填色对象

C．填渐变色对象　　　D．填双色填充对象

77．R.A.V.E.1.0即Corel Real Animated Vector effects1.0是（　　）。

A．网页矢量动画制作软件　　　B．平面矢量软件

C．字处理软件　　　D．三维合成软件

78．单击标题栏下方的菜单项，都会出现一个（　　）。

A．泊坞窗　　　B．下拉式菜单　　　C．弹出式菜单　　　D．帮助菜单

79．将.CDR文件直接输出为.PDF格式，应选择（　　）。

A．File/PDF　　　B．Print/PDF　　　C．File/Publish to PDF　　　D．Help/PDF

80．在如下显示模式中，常用的是（　　）。

A．Simple Wireframe（简单线框）　　　B．Wireframe（线框）

C．Draft（草稿）　　　D．Normal（正常）　　　E．Enhanced（增强）

81．以下能唯一显示PostScript填充的模式是（　　）。

A．Wireframe（线框）　　　B．Draft（草稿）

C．Normal（正常）　　　D．Enhanced（增强）

82．双击矩形工具会得到（　　）。

A．锁定对象　　　B．全选对象

C．默认宽度、长度的矩形　　　D．和工作页面等大的矩形

83．"文本适合路径"把路径删除会（　　）。

A．影响文本，文本恢复原样

B．不影响文本，文本仍受先前路径的影响

C．必须把文本和路径打散后，才能删除路径不影响文本

D．必须把文本和路径打散后，才能删除路径仍会影响文本

84．切换群组中单个对象的选择时要（　）键。

A．按Ctrl　　B．按Shift　　C．按Alt　　D．按Tab

85．段落文本和美术文本之间的转换，方法有（　）。

A．选中需转换的文本后，选文本工具/转换成美术字文本

B．选中需转换的文本后，选编辑工具/转换成美术字文本

C．选定需转换文本后，单击鼠标右键，选择转换成美术字文本

D．选定需转换文本后，单击鼠标左键，选择转换成美术字文本

86．文本编辑中，首字下沉可以做到（　）效果。

A．下沉行数　　B．与文本的距离

C．使文本环绕在下沉字符周围　　D．悬挂缩进

87．立体化阴影可以设置如下哪些效果（　）。

A．阴影旋转角度　　B．阴影透明度

C．阴影羽化程度　　D．阴影颜色和偏移量

88．要加粗线条粗细，应选用（　）。

A．工具箱中的线条工具　　B．工具箱中的轮廓工具

C．工具箱中的自由手工具　　D．工具箱中的填充工具

89．改变层叠排列的对象的顺序，应做的操作是（　）。

A．选中需调整的对象/效果菜单/调整

B．选中需调整的对象/排列/顺序/具体调整

C．选中需调整的对象/鼠标右键/顺序/具体调整

D．选中需调整的对象/版面菜单/调整

90．在RGB颜色模式的基础上，修改位图的颜色，需要的操作是（　）。

A．位图/颜色变换/位平面　　B．效果/调整/颜色

C．效果/封套　　D．位图/模式/应用

91．度量工具中，可以完成如下（　）设置。

A．度量精度　　B．显示度量单位

C．度量前缀　　D．文本在度量线上方

92．Corel公司是（　）最大的软件公司。

A．美国　　B．英国　　C．加拿大　　D．德国

93．Corel公司两大主要产品是？（　）。

A．CorelDRAW和AutoCAD　　B．CorelDRAW 和Wordperfect

C．CorelDRAW 和3Dmax　　D．CorelDRAW和KPT

94．对一矩形作旋转，其正确操作是（　）。

A．单击鼠标右键，并选择旋转

B．双击该矩形并在矩形四周调整以达到旋转效果

C．工具/旋转

D．效果/调整

95．CorelDRAW中，要修改美术文本行距，方法有（　）。

A．在文本(Text)/格式化文本(Format Text)中修改

B．拉动美术文本右下方的文本操纵杆

C．鼠标右键单击"字"工具

D．美术文本无法调整

96．对于文字颜色，（）采用左边工具栏最下面的"交互式填充工具(Interactive fill tool)"。

A．不可以　　　　　　　　　　B．可以

C．对已转换为曲线的文字不可以　　D．对美术文本不可以

参考答案：

1．A　2．AD　3．B　4．A　5．ABCD　6．B　7．B　8．ABCD　9．A　10．A

11．A　12．B　13．AC　14．AB　15．BD　16．BC　17．B　18．ABCD　19．BCD

20．ABCD　21．AB　22．D　23．B　24．ABCD　25．BD　26．ABCD　27．BC　28．AB

29．AB　30．ABCD　31．ABCD　32．AC　33．ABC　34．AB　35．ABCD

36．ABC　37．ABC　38．BCD　39．ACD　40．C　41．ABCD　42．ABCD　43．ABCD

44．AC　45．AC　46．ABCD　47．ABCD　48．B　49．ABCD　50．C　51．ABCD

52．D　53．AB　54．D　55．ABCD　56．D　57．A　58．D　59．A　60．A　61．B

62．A　63．B　64．C　65．A　66．A　67．B　68．B　69．A　70．ABCD　71．D

72．B　73．B　74．C　75．C　76．ABCD　77．A　78．B　79．C　80．D　81．D

82．D　83．B　84．D　85．AC　86．ABCD　87．ABCD　88．B　89．BC　90．A

91．ABCD　92．C　93．B　94．B　95．AB　96．B

附录6 CorelDraw 设计专家（CCE）考试样卷及参考答案

1．注册Corel公司的产品可得到（　）的免费技术支持。

A．10天　　B．30天　　C．90天　　D．100天

2．位图的最小单位是（　）。

A．1/2个像素　　B．1个像素　　C．1/4个像素　　D．1/8个像素

3．手形工具的功能是（　）。

A．移动图形在文档中的位置　　B．移动窗口的位置

C．平移页面在窗口中的显示区域　　D．改变显示区域的大小

4．Postscript 填充在（　）预览模式下可以显示。

A．线框　　B．草稿　　C．增强　　D．普通

5．双击"选择"工具将会选择（　）。

A．绘图页内的所有对象　　B．当前图层中的所有对象

C．文档中的所有对象　　D．绘图窗口内的所有对象

6．在CorelDRAW X8中，将边框色设为"无"的意思是（　）。

A．删除边框　　B．边框透明　　C．边框为纸色　　D．边框宽度为0

7．CorelDRAW X5中，三点椭圆工具与椭圆工具创建的对象的属性（　）。

A．完全一样　　 B．完全不一样　　 C．部分一样　　 D．无法比较

8．CorelDRAW填充属性包括有（　　）种。

A．5　 B．6　 C．7　 D．8

9．用鼠标给曲线添加节点，操作正确的是（　　）。

A．双击曲线无节点处

B．左键单击曲线无节点处，再按数字键盘上的"+"键

C．右键单击曲线无节点处，选择"添加"

D．左键单击曲线无节点处，再单击"添加节点"按钮

10．以下关于绘制压感线条的操作正确的是（　　）。

A．必须使用绘图板　　 B．可用鼠标和上下键来模拟画笔的压力

C．必须使用艺术笔工具绘制　　 D．只要是能绘制线条的工具都能绘制

11．要编辑箭头，应选用（　　）工具。

A．钢笔　　 B．填充　　 C．手绘　　 D．轮廓笔

12．在贝塞尔工具绘制曲线过程中得到一个尖突的方法有（　　）。

A．绘制时按S键　　 B．绘制时按"Make Node a Cusp"键

C．绘制时按C键　　 D．没有办法

13．以下关于色彩的说法正确的是（　　）。

A．黑色有饱和度　　 B．灰度有256个色阶

C．红色是绿色的补色　　 D．RGB模式是包含颜色最多的色彩模式

14．以下关于色谱报警的说法正确的是（　　）。

A．突出显示CMYK颜色中不能被打印的色彩

B．预览不能打印的屏幕颜色

C．突出显示屏幕颜色中过于鲜艳的部分

D．表示突出显示的色彩是可以更改的

15．颜色模式中颜色范围最大的是（　　）。

A．CMYK　　 B．RGB　　 C．Lab　　 D．灰度

16．关于颜色样式的说法正确的是（　　）。

A．可以按颜色样式来创建单个阴影或一系列阴影

B．原始颜色样式称为父颜色，其阴影称为子颜色

C．对大多数可用颜色模型和调色板而言，子颜色与父颜色共享色度

D．子颜色具有不同的饱和度和亮度级别

17．默认调色板包含了CMYK颜色模型中的（　　）种颜色。

A．100　 B．150　 C．99　 D．88

18．选择群组内的对象应加按（　　）键。

A．Alt　　 B．Shift　　 C．Ctrl　　 D．Tab

19．在对齐对象的时候，结果可能是（　　）。

A．点选时以最下面的对象为基准对齐

B．框选时以最下面的对象为基准对齐

C．点选和框选都以最上面的对象为基准对齐

D．点选时以最先选择的对象为基准对齐

20．切换群组中单个对象的可选择（　　）键。

A．按Ctrl　　　　B．按Shift　　　　C．按Alt　　　　D．按Tab

21．对对象A执行克隆命令，再对子对象B执行再制命令得到对象C，现对对象A执行套命令，结果是（　　）。

A．ABC效果一起变　　　　B．B变、C不变

C．BC都不变　　　　D．C变、B不变

22．使用修剪命令时，如果圈选对象，CorelDRAW将修剪（　　）的选定对象。如果一次选多个对象，就会修剪（　　）的对象。

A．最底层　　　B．最上层　　　C．最后选定　　　D．最先选定

23．焊接对象泊坞窗中的"目标对象"是指（　　）。

A．所有焊接对象　　　　　　B．首先选择的对象

C．焊接箭头指向的对象　　　D．焊接后产生的对象

24．在焊接对象的操作中，若原始对象有重叠部分，则重叠部分会（　　）。

A．被忽略　　　B．合并为一个整体

C．重叠区会被清除，并自动创建剪贴洞效果　　　D．重叠区将以相应颜色显示

25．以下对象中能创建为符号的有（　　）。

A．立体化对象　　　B．条形码　　　C．段落文本　　　D．美术字

26．使用"符号"绘制重复对象的主要好处是（　　）。

A．减小文件大小　　　B．容易辨认　　　C．便于记忆　　　D．便于查找

27．对符号进行更名，以下操作正确的是（　　）。

A．双击该符号的名称框，然后键入名称　　　B．双击该符号的图标，然后键入名称

C．对绘图中的任意实例单击右键，选择更名　　　D．选择编辑菜单\符号\更名

28．对绘图中插入符号，以下说法正确的是（　　）。

A．使用库中的"插入"按钮插入符号，符号将出现在第一例实例的位置上

B．可将符号从库泊坞窗/调色板中拖到工作区的任何位置来使用它

C．使用库中的"插入"按钮插入符号，符号将出现在页面正中

D．对实例可以使用变换命令

29．以下关于交互式阴影工具的说法正确的是（　　）。

A．阴影颜色不可变　　　B．开放曲线不能有阴影

C．段落文本可以应用阴影效果　　　D．阴影的不透明度最大值为150

30．对直线应用立体化效果，然后拆分，结果是（　　）。

A．得到一条直线和一个四边形　　　B．得到一个四边形

C．得到五条线段　　　D．得到四条线段

31．透镜能作用的对象有（　　）。

A．矩形　　　B．美术字　　　C．艺术笔　　　D．立体化对象

32．关于调和功能，以下说法正确的有（　　）。

A．群组可与单一对象调和　　　B．位图填充对象可以调和

C．艺术笔对象可以调和　　　　D．位图可以调和

33．对做了阴影的物体进行移动复制，以下（　）说法是错误的。

    A．单击原物体部分进行移动复制，得到物体与阴影效果都被复制

    B．单击原物体部分进行移动复制，得到物体复制体，阴影效果无法复制

    C．单击阴影部分进行移动复制，得到物体与阴影效果都被复制

34．喷雾器中生成的图形可否再编辑，如果可以第一步应该先执行（　）命令。

    A．拆分　　B．解散群组　　C．曲线化　　D．解锁

35．以下关于页面背景说法正确的是（　）。

    A．只能是位图　　B．只能是纯色　　C．不能被打印　　D．可以嵌入文档

36．以下关于主图层的说法正确的是（　）。

    A．多页文档只有一个主图层

    B．多页文档中主图层中的每一个对象都存在于每一页中

    C．可利用主图层制作页眉、页脚

    D．在主图层上绘制图形与普通图层一样

37．CorelDRAW中，移动标尺的按键是（　）。

    A．Ctrl　　B．Shift　　C．Alt　　D．M

38．关于网格、标尺和辅助线的说法正确的是（　）。

    A．都是用来帮助准确地绘图和排列对象

    B．网格可以准确地绘制和对齐对象

    C．标尺也是帮助用户在"绘图窗口"中确定对象的位置和大小

    D．辅助线在打印时不出现

39．关于图层的说法以下正确的有（　）。

    A．图层位置不可互换　　B．图层上的对象可拖放到主图层上

    C．在不同层上的对象可在同一群组中　　D．不可见的层不被打印

40．美术字与段落文本的区别是（　）。

    A．段落文本可应用格式编排选项，并直接编辑大文本块；美术字用来添加短行的文本，以应用大量的效果

    B．段落文本有文本框，美术字没有

    C．美术字可绕曲线排列

    D．美术字可转为曲线

41．如果用户打开的文件中正缺少某几种字体，CorelDRAW会（　）。

    A．自动替换　　B．空出字体　　C．临时替换　　D．出现对话框让用户选择

42．（　）情况下段落文本无法转换成美术文本。

    A．文本被设置了间距　　B．运用了交互式封套

    C．文本被填色　　D．文本中有英文

43．为段落文本添加项目符号时，该项目符号可以定义的内容有（　）。

    A．符号外形　　B．符号大小　　C．悬挂　　D．符号颜色

44．文本编辑中，首字下沉可以做到以下（　）效果。

    A．下沉行数　　B．与文本的距离

C．使文本环绕在下沉字符周围　　D．悬挂缩进

45．Font Navigator的数据库能存储的最大字体数是（　）。

A．100　　B．500　　C．1000　　D．2000

46．使用浮雕滤镜创建凹陷的效果，光源的位置应在（　）。

A．上方　　B．下方　　C．右下角　　D．左上角

47．以下关于艺术笔画滤镜中的炭笔画滤镜的说法不正确的是（　）。

A．炭笔的大小和边缘的浓度可以在1～10的比例之间调整

B．最后的图像效果只能包含灰色

C．图像的颜色模型不会改变

D．既改变了图像的颜色模型也改变了图像的颜色

48．调色板模式允许的最大色彩数是（　）。

A．16　　B．256　　C．65536　　D．8

49．使用浮雕滤镜创建凹陷的效果，应（　）。

A．在图像的右下角放置照射光源

B．在图像的左下角放置照射光源

C．在图像的左上角放置照射光源

D．在图像的右上角放置照射光源

50．以下关于艺术笔画滤镜中的炭笔画滤镜的说法不正确的是（　）。

A．炭笔的大小和边缘的浓度可以在1～10的比例之间调整

B．最后的图像效果只能包含灰色

C．图像的颜色模型不会改变

D．既改变了图像的颜色模型，也改变了图像的颜色

51．以下关于模糊滤镜的说法不正确的是（　）。

A．模糊滤镜的工作原理都是平滑颜色上的尖锐突出

B．模糊滤镜共有9个

C．动态模糊滤镜可用来创建运动效果

D．放射状模糊滤镜距离中心位置越近模糊效果越强烈

52．将CorelDRAW文档以HTML格式发布后文件名是（　）。

A．源文件名.html　　B．源文件名.htm　　C．图形1.htm　　D．document1.htm

53．在CorelDRAW中验证Web文档中的链接的方法是（　）。

A．用链接管理器

B．将预览模式转为浏览器模式

C．鼠标右击，然后单击转到浏览器中的超链接

D．用WEB管理

54．以下关于页面背景说法正确的是（　）。

A．只能是位图　　B．只能是纯色　　C．不能被打印　　D．可以嵌入文档

55．PDF（　）。

A．是全世界电子版文档分发的公开实用标准

B．是一种跨平台的格式

C. 是 Portable Document Format （便携文件格式）的缩写

D. 是一种可加密的压缩文件格式

56. 在CorelDRAW文档中插入条形码，应在（ ）菜单中操作。

A. 文件　　B. 编辑　　C. 工具　　D. 窗口

57. 在CorelDRAW中，（ ）方式开始绘图。

A. 可以创建新的绘图　　　B. 可以打开已有的绘图

C. 可以导入一个绘图文件　　　D. 可以打开一个以 .ps结尾的文件

58. 删除页面辅助线的方法有（ ）。

A. 双击辅助线，在辅助设置面板中选删除命令

B. 在所要删除的辅助线上单击右键选择删除命令

C. 左键选中所要删除的辅助线并按Del键

D. 右键选中所要删除的辅助线并按Del键

59. 为给"段落文本"创建封套效果，可以通过（ ）方法。

A. 通过拖动"段落文本框"的节点创建自定义的封套

B. 从示例封套中选取一种

C. 通过复制其他对象的形状创建封套

D. 用矩形工具将段落文本包围

60. 在制作稿件时，常会遇到"出血"线，那么出血的尺寸为（ ）。

A. 3mm　　B. 5mm　　C. 1mm　　D. 随意

61. 移动物体后单击鼠标右键得到一个副本，这一过程是（ ）。

A. 复制　　B. 再制　　C. 克隆　　D. 重绘

62. 关于图层的说法以下正确的有（ ）。

A. 图层位置不可互换

B. 图层上的对象可拖放到主图层上

C. 在不同层上的对象可在同一群组中

D. 不可见的层不被打印

63. 交互式阴影的羽化边缘效果中不包括?（ ）。

A. 渐变填充透明度　　B. PS填充透明度

C. 均匀填充透明度　　D. 图样和纹理透明度

64. 下列（ ）不属于度量工具中的度量标准。

A. 小数　　B. 分数　　C. 美国建筑标准　　D. 个数

65. 能够断开路径并将对象转换为曲线的工具是（ ）。

A. 节点编辑工具　　B. 擦除器工具　　C. 刻刀工具

66. 交互式调和工具不能用于应用了（ ）的物体。

A、透镜　　B. 群组　　C. 立体化　　D. 交互式阴影

67. 关于网格、标尺和辅助线的说法正确的是（ ）。

A. 都是用来帮助准确的绘图和排列对象

B. 网格可以准确地绘制和对齐对象

C. 标尺也是帮助您在"绘图窗口"中确定对象的位置和大小

D．辅助线在打印时不出现

68．对两个不相邻的图形执行焊接命令，结果是（　　）。

A．两个图形对齐后结合为一个图形

B．两个图形原位置不变结合为一个图形

C．没有反应

D．两个图形成为群组

69．双击选择工具相对于按（　　）键。

A．CTRL+A　　　B．CTRL+F4　　　C．CTRL+D　　　D．ALT+F2

70．下列不属于自由变换工具的是（　　）。

A．自由镜像　　　B．自由旋转　　　C．自由调节　　　D．自由变形

71．刻刀工具不可以（　　）。

A．将一条闭合曲线变为开放曲线

B．分割一块面为两个或多个块面

C．分割一条开放曲线为两段开放曲线

D．将一条开放曲线转化为两条闭合曲线

72．下列不属于曲线结点的模式是（　　）。

A．尖突式节点　　　B．平滑式节点　　　C．对称式节点　　　D．自由式节点

73．选取文本框和链接文本框中的全部文本的方法是（　　）。

A．文本光标三次单击一个段落　　　B．编辑文本时，按下Ctrl +Alt键

C．编辑文本时，按下Ctrl + Shift键　　　D．文本光标双击一个段落

74．有一段文字，其中中文用黑体，英文用其他英文字体，那么这段文章的行距、字距会（　　）。

A．按英文字体变　　　B．按中文字体变

C．一行中有英文的行距按英文，无英文的行距按中文　　　D．中英文的字距相同

75．可以使用Interactive Mesh Fill Tool的对象有（　　）。

A．填单色对象　　　B．无填色对象

C．填渐变色对象　　　D．填双色填充对象

76．如果计算机中残留有CorelDRAW的早期版本，在安装时放入光盘后自动运行的对话框会出现（　　）选项。

A．Modify　　　B．Repair　　　C．Remove　　　D．Delete

77．单击标题栏下方的菜单项，都会出现一个（　　）。

A．泊坞窗　　　B．下拉式菜单　　　C．弹出式菜单　　　D．帮助菜单

78．在菜单命令后跟着一个黑色的小三角符号，表示这个命令（　　）。

A．有快捷键　　　B．有级联菜单　　　C．有帮助菜单　　　D．处于被选中状态

79．只显示对象的轮廓线框的是（　　）。

A．Simple Wireframe（简单线框）　　　B．Wireframe（线框）

C．Normal（正常）　　　D．Draft（草稿）

80．在（　　）情况下调和工具的属性栏无法调控物体。

A．多物体进行调和　　　B．没选中整个调和体

C．对调和体的交互式控制杆已做了调控 D．调和体拾取了新路径

81．迅速进入图框精确裁剪的编辑状态可使用（ ），迅速结束图框精确裁剪的编辑状态可使用（ ）。

  A．Ctrl+单击，Shift+单击   B．Ctrl+单击，Ctrl+单击

  C．Shift +单击，Shift+单击   D．Shift +单击，Ctrl +单击

82．在交互式封套的映射选项中，有四种不同的映射形状，除了默认的自由变形外，下列（ ）也是。

  A．水平   B．原始   C．扩张   D．垂直

83．将美术文本"0"转为曲线，然后再作打散，会得到（ ）。

  A．转为曲线后无法打散，所以此操作不可行

  B．会得到一个实心的"0"

  C．会得到两个大小不等的实心的"0"

  D．会得到一个曲线化的"0"

84．CorelDRAW的字体调整（ ）预览。

  A．可以   B．不可以

85．集锦薄（ ）。

  A．泊坞窗   B．过滤器   C．文档   D．FTP

86．创建美术文本正确的方法是 （ ）。

  A．用文本工具在"绘图窗口"内单击开始键入

  B．用文本工具在绘图区拖一个区域并开始键入

  C．双击文本工具输入文字

87．用（ ）工具可以产生连续光滑的曲线。

  A．手绘   B．贝塞尔   C．自然笔   D．压力笔

88．当由于硬件性能限制当前作图区域的图像不能及时更新时可以使用（ ）命令。

  A．撤消   B．重做   C．刷新窗口

89．在CorelDRAW中（ ）还原命令。

  A．有   B．没有

90．在使用调色板填色时，用鼠标（ ）可以对物体填色。

  A．左键   B．右键

91．在合并对象的操作中，若原始对象有重叠部分，则重叠部分会（ ）。

  A．被忽略

  B．合并为一个整体，看不出重叠效果

  C．重叠区会被清除，并自动创建剪贴孔效果

  D．重叠区将以相应颜色显示

92．在使用"延长曲线使闭合"命令前，应按（ ）键选取曲线上的两个端点。

  A．Tab B．Ctrl C．Shift D．Alt

93．Corel公司两大主要产品是（ ）。

  A．CorelDRAW和AutoCAD   B．CorelDRAW 和Wordperfect

  C．CorelDRAW 和3Dmax   D．CorelDRAW和KPT

附录

94．选取文本中的整个段落的方法是（　　）。

　　A．文本光标三次单击一个段落　　　B．编辑文本时，按下Ctrl +Alt键

　　C．编辑文本时，按下Ctrl + Shift键　　　D．文本光标双击一个段落

95．CorelDRAW中，要修改美术文本行距，方法有（　　）。

　　A．在文本(Text)/格式化文本(Format Text)中修改

　　B．拉动美术文本右下方的文本操纵杆

　　C．鼠标右键单击"字"工具

　　D．美术文本无法调整

【参考答案】

1．B　2．B　　3．C　　4．C　5．D　6．B　7．A　8．B

9．ABCD　　10．BC　11．D　12．C　13．B　14．BD　15．C　16．ABCD　17．C

18．C　19．B　20．D　21．A　22．C　23．C　24．B　25．AD　26．A　27．A　28．ABD

29．C　30．A　31．A　32．AB　33．A　34．A　35．D　36．CD　37．B　38．ABCD

39．B　40．ABC　41．D　42．B　43．ABC　44．ABCD　45．D　46．C　47．D

48．B　49．A　50．D　51．D　52．B　53．AC　54．D　55．ABCD　56．B

57．ABCD　58．ABC　59．ABC　60．A　61．B　62．B　63．C　64．D　65．A

66．A　67．ABCD　68．B　69．A　70．D　71．D　72．D　73．B　74．C　75．ABCD

76．ABC　　77．B　78．B　79．AB　80．AB　81．B　82．ABD　83．C　84．A

85．A　　86．A　87．B　88．C　89．A　90．A　91．C　92．C　93．B　94．A

95．AB